“十二五”普通高等教育本科国家级规划教材

清华大学基础工业训练系列教材

金属工艺学实习

（非机类）第3版

主　编　严绍华
副主编　汤　彬　徐伟国

U0378143

清华大学出版社
北　京

内 容 简 介

本书依据教育部工程材料及机械制造基础课程（金工课程）教学指导组最新制定的普通高等学校非机械类专业机械制造实习（金工实习）课程教学的基本要求，在第 2 版基础上修订而成。其内容包括工程材料基础知识、铸造、锻压、焊接、切削加工基本知识、车工、铣工刨工和磨工、钳工、数控加工和特种加工、增材制造（3D 打印）、非金属制品成形与加工、零件加工工艺及结构工艺性等 12 章，各章后均有复习思考题。内容力求精选，注重新颖性实用性，图文并茂，便于自学。

本书可作为高等理工科院校非机械类专业及部分理科专业学生的机械制造实习（金工实习）教材，也可供广播电视大学、职工大学、高职及高等专科学校选用，并可供有关专业的工程技术人员和技术工人参考。

图书在版编目（CIP）数据

金属工艺学实习：非机类/严绍华主编.—3 版.—北京：清华大学出版社，2017（2023.7 重印）
（清华大学基础工业训练系列教材）
ISBN 978-7-302-46262-0

Ⅰ．①金…　Ⅱ．①严…　Ⅲ．①金属加工－工艺－实习－高等学校－教材　Ⅳ．①TG-45

中国版本图书馆 CIP 数据核字（2017）第 021076 号

责任编辑：赵　斌
封面设计：傅瑞学
责任校对：刘玉霞
责任印制：刘海龙

出版发行：清华大学出版社
　　　　网　　　址：http://www.tup.com.cn，http://www.wqbook.com
　　　　地　　　址：北京清华大学学研大厦 A 座　　　　　邮　　编：100084
　　　　社 总 机：010-83470000　　　　　　　　　　　邮　　购：010-62786544
　　　　投稿与读者服务：010-62776969，c-service@tup.tsinghua.edu.cn
　　　　质量反馈：010-62772015，zhiliang@tup.tsinghua.edu.cn
印 装 者：北京国马印刷厂
经　　销：全国新华书店
开　　本：185mm×230mm　　印　张：17.5　　插　页：1　　字　数：381 千字
版　　次：1992 年 1 月第 1 版　2017 年 2 月第 3 版　　印　次：2023 年 7 月第 11 次印刷
定　　价：45.00 元

产品编号：067056-03

序言

随着教育教学改革的逐渐深入,我国高等工科教育的人才培养正由知识型向能力型转化。高等学校由主要重视知识传授向重视知识、能力、素质和创新思维综合发展的方向迈进,以满足尽快建立国家级创新体系和社会协调发展对各层次人才的需要。

由于贯彻科学发展观和科教兴国的伟大战略方针,我国对教育的投入正逐年加大。在新的教育改革理念的支持下,我国高校的实验室建设、工程实践教学基地建设呈现着前所未有的发展局面。不仅各种实验仪器、设备等教学基础设施硬件条件有了较好的基础,而且在师资队伍建设、课程建设、教材建设、教学管理、教学手段、教学方法和教学研究等方面都取得了长足的进步。

面对发展中的大好形势,清华大学基础工业训练中心在总结长期理论教学和工程实践教学经验的基础上,参照教育部工程材料及机械制造基础课程教学指导组所完成的《工程材料及机械制造基础系列课程教学基本要求》和《重点高等工科院校工程材料及机械制造基础系列课程改革指南》,组织高水平的师资队伍,博采众家之长,策划、编写(包括修订)了这套综合性的系列教材。

在教材的编写过程中,作者试图正确处理下列6方面的关系:理论基础与工程实践、教学实验之间的关系;常规机电技术与先进机电技术之间的关系;教师知识传授与学生能力培养之间的关系;学生综合素质提高与创新思维能力培养之间的关系;教材的内容、体系与教学方法之间的关系;常规教学手段与现代教育技术之间的关系。

由于比较正确地处理了上述关系,使该系列教材具有下列明显的特色:

(1)重视基础性知识,精选传统内容,使传统内容与新知识之间建立起良好的知识构架,有助于学生更好地适应社会的需求,并兼顾个人的长远发展。

(2)重视跟踪科学技术的发展,注重新理论、新材料、新技术、新工艺、新方法的引进,力求使教材内容具有科学性、先进性、时代性和前瞻性。

(3)重视处理好教材各章节间的内部逻辑关系,力求符合学生的认识规律,使学习过程变得顺理成章。

(4)重视工程实践与教学实验,改变原教材过于偏重知识的倾向,力图引导学生通过实践训练,发展自己的工程实践能力。

(5)重视综合类作业,力图培养学生综合运用知识的能力;倡导小组式的创新实践训练,引导学生发现问题、提出问题、分析问题和解决问题,培养创新思维能力和群体协作能力。

(6)重视综合素质提高,引导学生建立责任意识、安全意识、质量意识、环保意识和群体意识等,为毕业后更好地适应社会不同工作的需求创造条件。

(7)重视配套音像教材和多媒体课件的建设,引导教师在教学过程中适度采用现代教育技术,在有限的学时内提高教学效率和效益,同时方便学生预习和复习。

该系列教材还注重文字通顺,深入浅出,图文并茂,表格清晰,使之符合最新国家与部门标准。

该系列教材主要适用于大学本科和高职高专学生,也可作为教师、工程技术人员工作和进修的教科书或参考文献。

尽管作者和编辑付出了很大努力,书中仍然可能存在不尽如人意之处。恳请读者提出宝贵意见,以便及时予以修订。

傅水根

2006 年 2 月 18 日

于清华园

前言

机械制造实习(金工实习)是一门以实践教学为主的技术基础课,是高等理工科院校非机械类有关专业教学计划中重要的实践教学环节之一。本教材第2版出版以来,已经使用多年。在此期间,教育部工程材料及机械制造基础课程(金工课程)教学指导组发布了最新制订的普通高等学校非机械类专业机械制造实习(金工实习)课程教学基本要求,我校和国内许多高校工程实践教学基地建设取得丰硕成果,为本课程改革与建设提供了硬件条件支撑。为适应高校人才培养新要求,进一步提高教材的新颖性和实用性,特对第2版教材进行修订。

这次修订注重总结近十年来我校及国内有关高校本课程教学改革实践经验,在第2版基础上进一步更新教学内容,精选常规加工方法内容,适度增加新技术新工艺内容,注重工程实践能力和创新思维能力培养,保持工程实践性课程教材的特色,为培养高素质人才服务。教材体现如下特点:

(1)符合教育部工程材料及机械制造基础课程(金工课程)教学指导组最新制订的普通高等学校非机械类专业机械制造实习(金工实习)课程教学的基本要求,总结我校及国内有关高校本课程教学改革实践经验,体现该课程教学的基本经验。

(2)不仅注重学生获取知识、分析与解决工程技术实际问题能力的培养,而且力求体现对学生工程素质与创新思维能力的培养。

(3)精选常规加工方法内容,适度引入材料成形和加工新技术、新工艺,以适应现代制造技术的发展。

(4)教材保持原有叙述简练、深入浅出,直观形象、图文并茂,实用性强、方便自学等特点,名词术语和计量单位采用最新国家标准和行业标准。

本书由清华大学基础工业训练中心组织编写。参加编写工作的教师有:李双寿(第1章)、汤彬(第2、11章)、姚启明(第3章)、严绍华(绪论及第4章)、李生录(第5、8章)、徐伟国(第6、7、12章)、左晶(第9章)、张秀海(第10章),并由严绍华担任主编,汤彬、徐伟国担任副主编。

由于编者水平所限,书中难免有缺点与不妥之处,恳请读者批评指正。

编　者

2016年9月

第 2 版前言

本教材第 1 版出版以来,已经使用多年。在此期间,尤其是进入 21 世纪以来,全国金工系列课程改革取得一系列重要成果,许多高校进一步重视实践教育,加强实践教学基地建设,金工实习基地条件出现了很大的发展和变化。为适应新的教育改革形势和高校人才培养新的要求,特对第 1 版教材进行修订。

本教材经修订具有以下特点:

1. 符合教育部机械基础课程教学指导分委员会金工课程教学指导小组制定的《普通高等学校工程材料及机械制造基础系列课程教学基本要求》和《重点高等工科院校金工系列课程改革指南》的精神。考虑到多数院校现有的实习基地条件,本教材在介绍常规机械制造方法基础上,适量增加了常用的机械制造先进技术的内容,如数控加工、特种加工、非金属材料加工等。

2. 不仅注重学生获取知识和分析问题能力的培养,而且力求体现对学生工程素质和创新思维能力的培养。

3. 各章后的复习思考题体现了教学基本要求,以便帮助学生明确实习要求和掌握重点内容。

4. 名词术语和计量单位采用最新国家标准和行业标准。

5. 保持本书第 1 版重点突出、叙述简练、图文并茂、实用性强、方便自学等特点。

本书由清华大学金属工艺学教研室组织编写。参加编写工作的教师有:李双寿(第 1 章)、姚启明(第 2 章)、李家枢(第 3 章)、严绍华(第 4 章)、张学政(绪论及第 6、7、10、11 章)、王坦(第 5、8 章)、左晶(第 9 章),并由严绍华担任绪论和前 4 章主编,张学政担任后 7 章主编。

本书可作为高等工科院校本科非机类专业及部分理科专业、人文专业学生的金工实习教材,也可作为广播电视大学、职工大学、高职及专科学校进行金工实习或金属工艺学教学的参考书。

由于编者水平所限,书中难免有错误与不妥之处,恳请读者批评指正。

编　者
2005 年 6 月

第 1 版前言

本书根据《工程材料和机械制造基础》课程指导小组制定的金工实习教学基本要求,结合我校多年来金工实习教学实践,在我校原金属工艺学实习讲义的基础上修订而成。

金工实习是工科高等院校对学生进行工程训练的重要实践环节之一,它是一门传授机械制造基础知识和技能的技术基础课。本书着重介绍金属的主要成形方法和加工方法、毛坯制造和零件加工的一般工艺过程,所用设备的构造、工作原理和使用方法,所用材料、工具、附件与刀具及安全技术等。

本书编写中力求突出重点和讲求实用,强调可操作性和便于自学,供学生在金工实习期间预习和复习时使用。各章后的复习思考题体现了教学基本要求,可帮助学生明确实习要求和掌握重点内容。

本书由清华大学金属工艺学教研室组织编写。参加编写工作的教师有:严绍华(第 1、4章)、曹聿(第 2 章)、李家枢(第 3 章)、张学政(第 5、7、8 章及绪论)、马二恩(第 6、9 章),并由严绍华担任绪论和前 4 章主编,张学政担任后 5 章主编。金问楷、龚国尚等同志分别对本书讲义初稿进行了审阅,在此表示衷心的感谢。

本书可作为高等工科院校本科非机类专业及部分理科专业学生的金工实习教材,也可作为广播电视大学、职工大学、专科学校及中等专业学校进行金工实习或金属工艺学教学的参考书。

由于编者水平所限,书中难免有错误与不妥之处,恳请读者批评指正。

编　者

目录

 ## 绪　　论

金属工艺学实习(简称金工实习,又称机械制造实习)是一门传授机械制造基础知识的以实践为主的技术基础课,它是理工科院校非机械类有关专业教学计划中的重要实践环节之一。

0.1　金工实习的内容

0.1.1　机械制造过程

金工实习涉及一般机械制造的全过程。机械制造的宏观过程如图 0-1 所示,首先设计图样,再根据图样制定工艺文件和进行工艺准备,然后是产品制造,最后是市场营销。再将各个阶段的信息反馈回来,使产品不断完善。

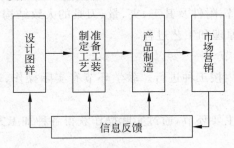

图 0-1　机械制造的宏观过程

一般机械制造的具体过程如图 0-2 所示。原材料包括生铁、钢锭、各种金属型材及非金属材料等。将原材料用铸造、锻造、冲压、焊接等方法制成零件的毛坯(或半成品、成品),再经过切削加工、特种加工制成零件,在毛坯制造和切削加工过程中通常要对工件进行热处理,最后将零件和电子元器件装配成合格的机电产品。

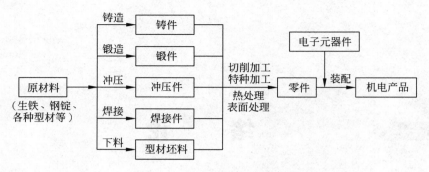

图 0-2　机械制造的具体过程

在实际生产中,习惯把铸造、锻造、焊接和热处理称为热加工,把切削加工和装配称为冷加工。

0.1.2　金工实习的内容和教学环节

1. 金工实习的内容

按照教育部工程材料及机械制造基础课程(金工课程)教学指导组关于普通高等学校机械制造实习(金工实习)教学基本要求的精神,非机械类专业金工实习应安排铸造、锻造、冲压、焊接、热处理、车工、铣工、刨工、磨工和钳工等常规制造方法的实习,以及数控加工、特种加工等先进制造方法的实习。主要实习内容如下:

(1) 常用钢铁材料及热处理的基本知识;

(2) 冷热加工的主要加工方法及加工工艺;

(3) 冷热加工所用设备、附件及其工、夹、量、刀具的大致结构、工作原理和使用方法;

(4) 先进制造方法的原理和工艺过程。

2. 金工实习的教学环节

实习在工程训练中心内按工种进行。教学环节有实际操作、现场演示、专题讲课、综合练习和教学实验等。

实际操作　是实习的主要环节,通过实际操作获得各种加工方法的感性知识,初步学会使用有关的设备和工具。

现场演示　在实际操作的基础上进行,以扩大必要的工艺知识面。

专题讲课　是就某些工艺问题而安排的专题讲解。

综合练习　是运用所学知识和技能,独立分析和解决一个具体的工艺问题,并亲自付诸实践的一种综合性训练。

教学实验　以介绍新技术新工艺为主,以扩大知识面和开阔眼界。

0.2　金工实习的目的和要求

0.2.1　金工实习的目的

金工实习的目的是学习机械制造的基本工艺知识,建立机械制造生产过程的概念,了解机械制造领域的工程文化;在培养一定操作技能的基础上增强工程实践能力;提高综合素质;培养创新意识和创新能力。

(1)学习工艺知识。理工科院校的学生,除了应具备较强的基础理论知识和专业技术知识外,还必须具备一定的机械制造的基本工艺知识。与一般的理论课程不同,学生在金工实习中,主要是通过自己的亲身实践来获取机械制造的基本工艺知识。这些工艺知识都是非常具体、生动而实际的。这些实际知识,对于理工科大学生学习后续课程、毕业设计乃至以后的工作,都是必要的基础。

(2)增强工程实践能力。这里所说的工程实践能力,包括动手能力,向实践学习、在实践中获取知识的能力,以及运用所学知识和技能独立分析和亲手解决工艺技术问题的能力。这些能力,对于理工科大学生是非常重要的。而这些能力只能通过实习、实验、作业、课程设计和毕业设计等实践性课程或教学环节来培养。在金工实习中,学生亲自动手操作各种机器设备,使用各种工、夹、量、刀具,尽可能真刀真枪进行各工种操作培训。在有条件的情况下,还要安排综合性练习、工艺设计和工艺讨论等训练环节。

(3)提高综合素质。作为一名工程技术人员,应具有较高的综合素质,即应具有坚定正确的政治方向,艰苦奋斗的创业精神,团结勤奋的工作态度,严谨求实的科学作风,良好的心理素质及较高的工程素养等。其中工程素养包括市场、质量、安全、群体、环境、社会、经济、管理、法律等方面的意识。金工实习是在校内实践教学基地的特殊环境下进行的,对大多数学生来说是第一次接触各种机械制造设备,第一次用自身的劳动制造产品,第一次通过理论与实践的结合来检验自身的学习效果,同时接受科学作风的教育和训练。学生将亲身感受到劳动的艰辛,体验到劳动成果的来之不易,增强对劳动人民的思想感情,加强对工程素养的认识。所有这些,对提高学生的综合素质,必然起到重要的作用。

(4)培养创新意识和创新能力。培养学生的创新意识和创新能力,最初启蒙式的潜移默化是非常重要的。在金工实习中,学生要接触到几十种机械、电气与电子设备,并了解、熟悉和掌握其中一部分设备的结构、原理和使用方法。这些设备都是前人和今人的创造发明,强烈地映射出创造者们历经长期追求和苦苦探索所燃起的智慧火花。在这种环境下学习,有利于培养学生的创新意识。在实习过程中,还要有意识地安排一些自行设计、自行制作的创新训练环节,以培养学生的创新能力。

0.2.2　金工实习的要求

　　金工实习是实践性很强的课程,不同于一般理论性课程,它没有系统的理论、定理和公式,除了一些基本原则以外,大都是一些具体的生产经验和工艺知识;学习的课堂主要不是教室,而是实习车间或实验室;学习的对象主要不是书本和教师,而是具体产品制造过程和现场教学指导人员。因此,学生的学习方法也应作相应的调整和改变,要善于向实践学习,注重在实际训练过程中学习工艺知识和基本技能;要注意实习教材的预习和复习,按时完成实习报告和实验报告;要严格遵守实习有关规定和安全操作规程,重视人身和设备的安全。下面扼要介绍金工实习对安全的要求。

　　(1) 树立安全第一的思想。安全生产对国家、对集体、对个人都是非常重要的。安全第一,既是完成金工实习学习任务的基本保证,也是培养合格的高质量工程技术人员应具备的一项基本的工程素质。在整个金工实习中,学生要自始至终树立安全第一的思想,时刻警惕,不要有麻痹大意的情绪。

　　(2) 处理好三个辩证关系。在整个实习过程中,一定要处理好安全方面的三个辩证关系:一是虚心学习和主动开创的关系,二是大胆和心细的关系,三是一万和万一的关系。

　　(3) 遵守各项规章制度。要严格遵守各种设备的安全操作规程;上班要穿工作服,女同学要戴工作帽,夏天不准穿凉鞋;热加工要穿劳保鞋,焊接要穿防护袜;在机床上操作时要戴防护眼镜,不准戴手套;在实习现场,要注意上下左右,不得打闹和乱跑,避免碰伤、砸伤和烧伤;不得擅自动用非自用的机床、设备、工具和量具;发生安全事故后,要立即切断电源,保护现场,及时上报,以便总结经验教训。

第 1 章

工程材料基础知识

1.1 工程材料分类

工程材料是指具有一定性能,在特定条件下能够承担某种功能、被用来制造工程构件、机械零件和工具的材料。工程材料种类繁多,可以有不同的分类方法。通常根据材料的化学组成、结合键的特点,分为金属材料、有机高分子材料、无机非金属材料和复合材料四大类。

1.1.1 金属材料

金属材料是指金属元素或以金属元素为主构成的具有金属特性的材料的统称。金属材料通常分为黑色金属和有色金属。黑色金属又称为钢铁材料。有色金属是指除铁、铬、锰以外的所有金属及其合金,又称为非铁金属。金属材料可通过不同成分配制,不同工艺方法来改变其内部组织结构,从而改善性能。加之其矿藏丰富,因而在机械制造业中,金属材料是应用最广泛、用量最多的材料。

1. 钢的分类和编号

(1) 钢的分类

根据钢材的化学成分可分为碳素钢和合金钢两大类。

① 碳素钢 碳素钢是指碳质量分数小于 2.11% 的铁碳合金。实际使用的碳素钢中除含有铁和碳两种主要元素以外,还含有锰、硅、硫、磷等杂质元素。其中,锰和硅是炼钢时为脱氧而加入的有益元素,硫和磷是从炼钢原料中带入的有害杂质。

碳素钢按碳质量分数可分为:低碳钢(碳质量分数小于 0.25%)、中碳钢(碳质量分数为 0.25%~0.60%)、高碳钢(碳质量分数大于 0.60%)。

② 合金钢 为了提高钢的某些性能或获得某种特殊性能,炼钢时特意加入一定量的某一种或几种合金元素,这样得到的钢称为合金钢。根据合金元素质量分数总和多少,合金钢可分为:低合金钢(合金元素质量分数总和小于 5%)、中合金钢(合金元素质量分数总和为

5%～10%）、高合金钢（合金元素质量分数总和大于 10%）。

按钢材的用途分为三类：

① 结构钢   结构钢用于制造各种机器零件及工程结构。制造机器零件的钢还可分为渗碳钢、调质钢、弹簧钢、滚动轴承钢等。制造工程结构的钢包括碳素结构钢和低合金结构钢等。

② 工具钢   工具钢用于制造各种工具。根据工具的用途又可分为刃具钢、模具钢和量具钢。

③ 特殊性能钢   特殊性能钢是具有特殊物理性能或化学性能的钢，包括不锈钢、耐热钢、耐磨钢、磁钢等。

钢材品质的优劣是按钢中硫、磷质量分数多少来区分的，可分为优质钢、高级优质钢和特级优质钢等。

此外，按冶炼时的脱氧程度，可将钢分为沸腾钢（脱氧不完全）、镇静钢（脱氧较完全）和半镇静钢三类。

（2）钢的编号

我国的钢材编号采用国际化学元素符号、汉语拼音字母和阿拉伯数字结合的方法表示。下面介绍几种常用钢材的编号。

① 碳素结构钢   这类钢的牌号由代表屈服点的字母"Q"、屈服点数值、质量等级符号、脱氧方法符号等四个部分按顺序组成。钢的质量等级分为四级，用字母 A、B、C、D 表示，其中 A 级钢的硫质量分数不大于 0.050%，磷质量分数不大于 0.045%；B 级钢的硫、磷质量分数均不大于 0.045%；C 级钢的硫、磷质量分数均不大于 0.040%；D 级钢的硫、磷质量分数均不大于 0.035%。沸腾钢在钢的牌号尾部加"F"，半镇静钢在钢的牌号尾部加"b"，镇静钢不加字母。

② 优质碳素结构钢   这类钢的牌号用两位阿拉伯数字表示。这两位数字表示平均碳质量分数（以万分之几计），若平均碳质量分数小于千分之一，则数字前补零。钢中锰质量分数较高（0.70%～1.00%）时，在数字后加锰元素符号"Mn"。沸腾钢、半镇静钢以及专门用途的优质碳素结构钢，应在牌号中特别标出。如锅炉钢在牌号尾部加"g"，压力容器用钢在牌号尾部加"R"，焊条用钢在牌号头部加"H"。

③ 碳素工具钢   在牌号头部用"T"表示碳素工具钢，其后跟以阿拉伯数字，表示平均碳质量分数（以千分之几计）。钢中锰质量分数较高时，在数字后加元素符号"Mn"，若为高级优质碳素工具钢，则在牌号尾部加"A"。

④ 普通低合金结构钢   这类钢又称为低合金高强度结构钢（简称低合金高强钢），其牌号由代表屈服点的字母、屈服点数值和质量等级符号三部分组成。钢的质量等级用字母 A、B、C、D、E 表示。

⑤ 合金结构钢   这类钢的牌号采用"两位数字＋化学元素符号＋数字"的方法表示。牌号头部的两位数字表示平均碳质量分数（以万分之几计），元素符号表示钢中所含的合金

元素,紧跟元素符号后面的数字表示该合金元素平均质量分数(以百分之几计)。若合金元素的平均质量分数<1.50%,则一般不标数字;若合金元素的平均质量分数为1.50%~2.49%、2.50%~3.49%、3.50%~4.49%、…,则相应地标以2、3、4、…。若为高级优质合金结构钢,则在牌号尾部加"A"。

⑥　合金工具钢　这类钢的牌号采用"数字(或无数字)+化学元素符号+数字"的方法表示。牌号头部的数字表示钢中平均碳质量分数(以千分之几计),当碳质量分数≥1.00%时不标出。化学元素符号及随后的数字的含义和合金结构钢相同。

⑦　特殊性能钢　这类钢的编号方法基本上与合金工具钢相同。牌号头部的数字表示平均碳质量分数(以千分之几计),一般用一位数字表示。若平均碳质量分数小于千分之一时,则用"0"表示;若平均碳质量分数≤0.03%时,则用"00"表示。

表1-1是部分常用钢材的牌号举例。

表 1-1　常用钢材牌号示例

类　别	牌　号	解　释
碳素结构钢	Q215A	屈服点为215MPa的A级镇静钢
	Q235AF	屈服点为235MPa的A级沸腾钢
优质碳素结构钢	08F	平均碳质量分数为0.08%的沸腾钢
	45	平均碳质量分数为0.45%的优质碳素结构钢
碳素工具钢	T8	平均碳质量分数为0.8%的碳素工具钢
	T10A	平均碳质量分数为1.0%的高级优质碳素工具钢
低合金高强钢	Q345A	屈服点为345MPa的A级低合金高强度结构钢
合金结构钢	20CrMnTi	平均碳质量分数为0.20%,铬、锰和钛的平均质量分数均小于1.50%的合金结构钢
	40Cr	平均碳质量分数为0.40%,平均铬质量分数小于1.50%的合金结构钢
	60Si2MnA	平均碳质量分数为0.60%,平均硅质量分数为2%,平均锰质量分数小于1.50%的高级优质合金结构钢
合金工具钢	9SiCr	平均碳质量分数为0.9%,硅和铬的平均质量分数均小于1.50%的低合金工具钢
	W18Cr4V	平均钨质量分数为18%,平均铬质量分数为4%,平均钒质量分数小于1.50%的高速工具钢(按规定高速工具钢的碳质量分数数字在牌号中不标出)
特殊性能钢	2Cr13	平均碳质量分数为0.2%,平均铬质量分数为13%的铬不锈钢
	4Cr9Si2	平均碳质量分数为0.4%,平均铬质量分数为9%,平均硅质量分数为2%的耐热钢

2.　常用铸铁

铸铁是碳质量分数大于2.11%的铁碳合金。工业用铸铁中还含有硅、锰、硫、磷等杂质元素。铸铁与碳素钢比较,虽然力学性能(抗拉强度、塑性、韧性)较差,但具有优良的减震性、耐磨性、铸造性能和切削加工性能，而且生产成本低廉，因而在工业生产中得到广泛应用。

根据碳在铸铁中存在形式的不同，铸铁可分为以下几种。

（1）白口铸铁

其中碳几乎全部以化合物状态（Fe_3C）存在，断口呈银白色，故称白口铸铁。由于这种铸铁的性能硬而脆，很难进行切削加工，所以很少直接用于制造机械零件。有时利用其硬度高、耐磨性好的特点，制造一些要求表面有高耐磨性的机件和工具，如球磨机的内衬和磨球等。

（2）灰铸铁

灰铸铁中碳主要以片状石墨的形式存在，断口呈暗灰色，故称灰铸铁。灰铸铁的铸造性能和切削加工性能很好，是工业上应用最广泛的铸铁。

灰铸铁的牌号由"HT"和三位数字组成，其中数字表示抗拉强度最低值。按国家标准GB 9439—1988《灰铸铁件》的规定，灰铸铁根据 ϕ30mm 的单铸试棒的抗拉强度分为六级，其牌号、力学性能和应用举例见表1-2。

表1-2　灰铸铁的牌号、力学性能和应用举例

牌号	抗拉强度（不小于）/MPa	应 用 举 例
HT100	100	负荷小、不重要的零件，如防护罩、盖、手轮、支架、底板等
HT150	150	承受中等负荷的零件，如支柱、底座、箱体、泵体、阀体、皮带轮、飞轮、管路附件等
HT200	200	承受中等负荷的重要零件，如汽缸、齿轮、齿条、机体、机床床身、中等压力阀体等
HT250	250	要求较高强度、耐磨性、减震性及一定密封性的零件，如汽缸、油缸、齿轮、衬套等；承受高负荷、高耐磨和高气密性的重要零件，如重型机床的床身、机座、主轴箱、卡盘、高压油缸、阀体、泵体、齿轮、凸轮等
HT300	300	
HT350	350	

（3）可锻铸铁

可锻铸铁是由白口铸铁经退火处理而获得的一种铸铁。可锻铸铁中碳主要以团絮状石墨的形态存在。与灰铸铁相比，可锻铸铁具有较高的强度，且具有较好的塑性和韧性，实际上并不可锻。

按国家标准GB 9440—88 和 GB 5612—85 的规定，可锻铸铁分为黑心可锻铸铁、珠光体可锻铸铁和白心可锻铸铁等，其牌号分别由"KTH""KTZ""KTB"和两组数字组成。前一组数字表示抗拉强度最低值，后一组数字表示伸长率最低值。如 KTH300-06 表示抗拉强度最低值为300MPa，伸长率最低值为6%的黑心可锻铸铁；KTZ450-06 表示抗拉强度最低值为450MPa，伸长率最低值为6%的珠光体可锻铸铁；KTB350-04 表示抗拉强度最低值为350MPa，伸长率最低值为4%的白心可锻铸铁。

可锻铸铁适用于制造形状复杂、工作中承受冲击、震动、扭转载荷的薄壁零件,如汽车、拖拉机后桥壳、转向器壳和管子接头等。

（4）球墨铸铁

球墨铸铁中石墨呈球状。球墨铸铁的强度远远超过灰铸铁,而与钢相当。其突出特点是屈强比高,并且具有一定的塑性和韧性。它主要用于制造某些受力复杂、承受载荷大的零件,如曲轴、连杆、凸轮轴、齿轮等。

球墨铸铁的牌号由"QT"和两组数字组成。前一组数字表示抗拉强度最低值,后一组数字表示伸长率最低值。如 QT400-18 表示抗拉强度最低值为 400MPa、伸长率最低值为18%的球墨铸铁。

3．铝及铝合金

铝是自然界蕴藏最丰富的金属,占地壳质量的 8%左右。目前,铝是产量仅次于铁的第二大金属。

（1）纯铝

铝具有以下三大优点,使其在有色金属中占有非常重要的地位。

① 质量轻,比强度大。铝的密度为 $2.7g/cm^3$,仅次于镁和铍;强度低,$\sigma_b = 80 \sim 100MPa$,合金化后的强度大多也不及钢,弹性模量只有钢的 1/3 左右。但就比强度、比刚度而言,铝合金较钢有更大优势,所以飞机的主框架、蒙皮等均选用铝合金。

② 具有良好的导电、导热性,仅次于银、铜、金而居第四位。如按单位质量计,铝的导电性及导热性超过铜,在远距离输电电缆中常用于代替铜线,并常用于做散热零件。

③ 耐蚀性好。纯铝在空气中易氧化而使表面迅速生成一层致密稳定的 Al_2O_3 氧化膜,保护内部的材料不再受到环境侵害。

此外,铝具有银白色的光泽,塑性极好、无低温脆性及无磁性,加上熔点又低（为660℃）,使其易于成形加工。但纯铝的强度太低,一般不用于结构材料,主要用于铝箔、导线及配制铝合金。

（2）铝合金

在纯铝中加入 Cu、Mg、Zn、Si、Mn、稀土等合金元素配制成各种铝合金,再经冷变形强化等来提高强度,以满足工程应用。

变形铝合金　合金元素含量较低,为可以通过压力加工制成各种型材及成形零件的一类合金,按性能的不同,可分为以下几种:

① 防锈铝合金　主要有 Al-Mg、Al-Mn 系合金,合金含量少,塑性及耐蚀性好,易于成形及焊接,强度低,适于要求抗蚀及受力不大的零部件,如油箱、油管、铆钉、日用器皿等。

② 硬铝合金　主要为 Al-Cu-Mg 系合金,其强度高,但抗蚀性及焊接性较差,主要用于制造中等强度的飞行器的各种承力构件,如飞机蒙皮、壁板、桨叶、硬铆钉等。

③ 超硬铝合金　属 Al-Zn-Mg-Cu 系合金,为硬铝中再加锌、铬、锰等合金而制成,其强度更高,热态塑性好,但耐蚀性差,主要用于工作温度较低,受力较大的飞机大梁、螺旋桨

叶等。

④ 锻铝合金　主要为 Al-Cu-Mg-Si 系及耐热性突出的 Al-Cu-Mg-Fe-Ni 系铝合金,具有良好的热塑性、铸造性能、耐蚀性及焊接性,力学性能与硬铝相似,适于锻压成形,故称锻铝。主要用于制造形状复杂的锻件,如导风轮及飞机上的接头、框架、建筑用铝合金门窗型材等。耐热好的 Al-Cu-Mg-Si 系还可用于喷气发动机的压气叶片、超音速飞机蒙皮等。

我国变形铝合金的新牌号采用与国际牌号相似的四位字符体系,根据主要合金元素的不同分为几个系列。每一系列的第一位数字表示主要合金元素,第三和第四位数字表示合金编号,第二位数字或英文字母表示合金的改型,如我国用字母 A 表示原始合金,国际上则用数字 0 表示原始合金。主要变形铝合金的牌号和化学成分见表 1-3。

表 1-3　变形铝合金的主要牌号和化学成分

类　　别	牌　　号	化学成分 $w/\%$					
		Cu	Mg	Mn	Zn	其他	Al
防锈铝合金	5A05(LF5)		4.8～5.5	0.3～0.6			余量
	3A21(LF21)		0.05	1.0～1.6			余量
硬铝合金	2A01(LY1)	2.2～3.0	0.2～0.5				余量
	2A11(LY11)	3.8～4.8	0.4～0.8	0.4～0.8			余量
	2A12(LY12)	3.8～4.9	1.2～1.8	0.3～0.9			余量
超硬铝合金	7A04(LC4)	1.4～2.0	1.8～2.8	0.2～0.6	5.0～7.0	Cr0.1～0.25	余量
	7A09(LC9)	1.2～2.0	2.0～3.0	0.15	5.1～6.1	Cr0.16～0.30	余量
锻铝合金	2A50(LD5)	1.8～2.6	0.4～0.8	0.4～0.8		Si0.7～1.2	余量
	2A70(LD7)	1.9～2.5	1.4～1.8			Ti0.02～0.1 Ni0.9～1.5 Fe0.9～1.5	余量
	2A12(LD10)	3.9～4.8	0.4～0.8	0.4～1.0			余量

注:括号中牌号为旧牌号。

铸造铝合金　合金元素含量较高,熔点较低,适于铸造成形。通常有以下几类:

① Al-Si 系铸造铝合金　具有优良的铸造性能及较好的耐蚀性、耐热性及焊接性,适于制造各种形状复杂的铸铝件,如内燃机活塞、汽缸体、汽缸头、轿车轮毂、仪表壳等,应用量占整个铸铝的 50% 以上。

② Al-Cu 系铸造铝合金　此类合金的强度特别是高温强度较高,主要用于在较高温度(300℃以下)工作的零件,如内燃机汽缸头及活塞等。

③ Al-Mg 系铸造铝合金　此类合金属于高强度和高耐蚀性的合金,密度小,抗冲击,常用于外形较简单、承受冲击载荷、在腐蚀介质下工作的舰艇配件、化工零件等。

④ Al-Zn 系铸造铝合金　此类合金是最便宜的铝合金,其铸造性能好,强度较高,但耐蚀性较差,密度较大,主要用于受力较小,形状复杂的仪器仪表件及建筑装修小配件。

⑤ Al-Li 系铸造铝合金　是近几年开发的新型铝合金,由于锂(Li)的加入使密度降低 10％～20％,而 Li 对 Al 的强化效果十分明显,使其比强度、比刚度大大提高,以达到部分取代硬铝和超硬铝的水平,且耐蚀及耐热性较好,是航空航天工业的新型结构材料。

⑥ Al-RE 系铸造铝合金　为 Al-Si 系合金中加入稀土 RE,铸造性能好且耐热性高,用它制成的内燃机活塞的使用寿命比一般的铝合金高 7 倍以上。

常用铸造铝合金的主要牌号和化学成分见表 1-4。

表 1-4　铸造铝合金的主要牌号和化学成分

组别	牌　号	合金代号	化学成分 w/ ％					
			Si	Cu	Mg	Mn	其他	Al
铝硅合金	ZAlSi7Mg	ZL101	6.5～7.5		0.25～0.45		Ti 0.08～0.20	余量
	ZAlSi12	ZL102	10.0～13.0					余量
	ZAlSi9Mg	ZL104	8.0～10.5		0.17～0.30	0.2～0.5		余量
	ZAlSi5Cu1Mg	ZL105	4.5～5.5	1.0～1.5	0.40～0.60			余量
	ZAlSi7Cu4	ZL107	6.5～7.5	3.5～4.5				余量
	ZAlSi12Cu1Mg1Ni1	ZL109	11.0～13.0	0.5～1.5	0.8～1.3		Ni 0.8～1.5	余量
	ZAlSi5Cu6Mg	ZL110	4.0～6.0	5.0～8.0	0.2～0.5			余量
铝铜合金	ZAlCu5Mn	ZL201	4.5～5.3	4.5～5.3		0.6～1.0	Ti0.15～0.35	余量
	ZAlCu5MnA	ZL201A	4.8～5.3	4.8～5.3		0.6～1.0	Ti0.15～0.35	余量
	ZAlCu4	ZL203	4.0～5.0	4.0～5.0				余量
铝镁合金	ZAlMg10	ZL301			9.5～11.0			余量
	ZAlMg5Si	ZL303	0.8～1.3		4.5～5.5	0.1～0.4		余量
铝锌合金	ZAlZn11Si7	ZL401	6.0～8.0		0.1～0.3		Zn9.0～13.0	余量
	ZAlZn6Mg	ZL402			0.5～0.65		Zn5.0～6.5 Cr0.4～0.6 Ti0.15～0.25	余量

4. 铜及铜合金

铜及其合金是人类应用最早的一种金属。电器工业是用铜大户,世界上有 50％以上的铜用于制造各种电器导电零部件,机械工业用各种铜合金制作轴承、开关、热交换器;建筑行业用于各种装饰及配件。

(1) 纯铜

纯铜颜色为玫瑰红,表面形成氧化膜后呈紫红色,故又称紫铜;因其目前是用电解法获得的,又称为电解铜。纯铜密度为 8.9g/cm³,属重金属,熔点为 1083℃;强度低(但比纯铝高),塑性好,易于加工;其导电性、导热性仅次于银,居第二位,广泛用做电器及热交换产品;纯铜为抗磁性材料,无低温脆性,可用于深度冷冻工业产品及抗磁仪表零件中;纯铜的电极电位较高,在大气、淡水、非氧化性酸液中具有较高的化学稳定性。

纯铜强度低(退火态 $\sigma_b \approx 250$MPa),价格也较贵,一些性能达不到使用要求。因此,常以纯铜为原料加入锌、锡、铝、锰、铁、铍、钛、铬等,配制成一系列铜合金,以达到提高力学性能以及某些物理、化学性能的作用。

(2) 铜合金

① 黄铜　以锌为主要合金元素的铜合金,其色泽似金黄色,故称黄铜。其中仅加入锌元素而构成的黄铜又称为普通黄铜。常用普通黄铜的牌号有 H80、H70、H68 等。"H"表示黄铜,数字表示平均铜质量分数。锌含量较少时,其塑性好,强度较低。锌含量较多时,其强度较高,室温塑性差,而热塑性及铸造性能较好。普通黄铜对海水及大气的耐蚀性较好,且以价廉的锌加入黄铜,使成本较低,应用较广。常用普通黄铜的牌号、化学成分、力学性能及用途见表 1-5。

表 1-5　常用普通黄铜的牌号、化学成分、力学性能及用途

| 牌号 | 化学成分 w/% | | 力学性能 | | | | 用　　途 |
	Cu	Zn	加工状态	σ_b/MPa	δ/%	HB	
H96	95.0～97.0	余量	软硬	250 400	35	—	冷凝管、热交换器、散热器及导电零件、空调器、冷冻机部件、计算机接插件、引线框架
H80	79.0～81.0	余量	软硬	270	50	145	薄壁管、装饰品
H70	68.5～71.5	余量	软硬	660	3	150	弹壳、机械及电气零件
H68	67.0～70.0	余量	软硬	300 400	40 15	150	形状复杂的深冲零件,散热器外壳
H62	60.5～63.5	余量	软硬	300 200	40 10	164	机械、电气零件,铆钉、螺帽、垫圈、散热器及焊接件、冲压件
H59	57.0～60.0	余量	软硬	300 420	25 5	103	

注:软—退火状态;硬—变形加工状态。

为进一步提高普通黄铜的力学性能、化学性能及工艺性能,在普通黄铜的基础上加入铅、铝、硅、锰、锡、镍等一种或多种元素,则相应形成铅黄铜、铝黄铜、硅黄铜等所谓"复杂黄铜"。其编号方法是:H＋主加元素符号＋铜质量分数＋主加元素质量分数。如含铜 62%、含锡 1%、其余为锌的锡黄铜 HSn62-1 耐海水腐蚀性较好,广泛用于船舶零件(如螺旋桨)等;含铜 74%、含铅 3%、其余为锌的铅黄铜 HPb74-3,其耐磨性和切削加工性能较好,曾广泛用于钟表零件。

② 青铜　最早的青铜是指铜锡合金,是历史上应用最早的一种金属,因其外表氧化膜呈青黑色而得名。现在青铜的概念已经延伸为除黄铜、白铜之外的所有铜合金。

锡青铜是以锡为主加元素的铜合金,具有良好的减摩性、抗磁性和低温韧性,耐蚀性比

纯铜及黄铜好些,常用于制作弹簧、轴承、齿轮、电器抗磁零件、耐蚀零件及工艺品等。

铝青铜是以铝为主加元素的铜合金,其价格较低,色泽美观。与锡青铜和黄铜相比,铝青铜具有更高的强度,更好的耐磨性、耐蚀性和耐热性。主要用于海水或高温下工作的高强度耐磨耐蚀零件,如弹簧、船用螺旋桨、齿轮、轴承等,是应用最广的加工青铜。

铍青铜是以铍为主加元素的铜合金,为铜合金中性能最好的合金。其经热处理后,抗拉强度 σ_b 可达 1200～1400MPa,硬度达 350～400HBS,远超过其他所有铜合金,甚至可与高强钢相媲美。此外,还具有优异的弹性、耐磨性、耐蚀性、耐疲劳性、导电性、导热性、耐寒性,并且无铁磁性,撞击不产生火花,有良好的冷热加工性能和铸造性能,可谓铜合金之"王"。常用于制造电接触器、防爆矿用工具、电焊机电极、航海罗盘、精密弹簧、高速高压轴承等。但铍是稀有金属,价格贵,并且有毒,在应用中受到限制。

此外,还有硅青铜、钛青铜、铅青铜等。

青铜的编号方法是:Q+主加元素符号+主加元素质量分数+其他元素质量分数。铸造青铜在编号前加"Z"字。表 1-6 为部分铸造青铜的牌号、化学成分、力学性能及用途。

③ 白铜　白铜是以 Ni 为主加元素的铜合金,因呈银白色而得名,其 Ni 质量分数小于 50%。

仅以 Ni 作合金的普通白铜具有优良的塑性、耐热性、耐蚀性及特殊的导电性。如含镍 19%的白铜 B19,主要用于制造在海水和蒸汽环境中工作的精密仪器零件和热交换器等;因其不易生铜绿,也可制作仿银装饰品。

为提高普通白铜的力学性能、工艺性能或电热性能等特殊性能,而在其中再加入锌、铝、铁、锰等一种或多种元素,则相应地得到锌白铜、铝白铜等"特殊白铜"。锌白铜具有很高的耐蚀性、强度和塑性,成本也较低,适于制造精密仪器零件、医疗器械等。相应地,锰白铜则具有较高的电阻率及热电势,有低的电阻温度系数,常用于制造低温热电偶、热电偶补偿导线、变阻器及加热器等。

1.1.2　非金属材料

在工程上常用的非金属材料有工程塑料、工业陶瓷、橡胶及复合材料等。

1. 工程塑料

(1) 常用工程塑料的种类

塑料是一种人工合成的高分子材料,主要成分为合成树脂。此外,为增强其性能,还常加入一些填料和添加剂。塑料按照其热性能和成形工艺特点,可分为热塑性和热固性两种。热塑性塑料主要由聚合树脂制成,其中加入少量的稳定剂和润滑剂。它随温度升高而变软,随温度降低而变硬,并可多次重复。热固性塑料在制作过程中一旦硬化便不再变软,高温下仍保持原有的硬度。若温度过高,则发生分解,不可再成形。塑料的品种很多,常用的工程塑料有 ABS 塑料、尼龙、聚碳酸酯(PC)和酚醛塑料(PF)等。

表1-6 部分铸造青铜的牌号、化学成分、力学性能及用途

组别	牌号	化学成分 w/%					铸造方法	力学性能			用途
		Sn	Al	Pb	其他	Cu		σ_b/MPa	δ/%	HBS	
锡青铜	ZQSn10	9.0~11.0				余量	S	200	3	80	水管附件、轴承等
							J	250	10	90	
	ZQSn10-2	9.0~11.0			Zn1.5~3.5	余量	S	200	10	70	阀门、泵体、齿轮等
							J	250	6	80	
	ZQSn6-6-3	5.0~7.0		2.0~4.0	Zn5.0~7.0	余量	S	180	8	60	中速中载轴承、螺母等耐磨零件、水管配件、水龙头
							J	200	10	65	
铝青铜	ZQAl10-3-15		9.0~11.0		Fe2.0~4.0 Mn1.0~2.0	余量	S	450	10	110	较高载荷的轴承、轴套和齿轮
							J	500	20	120	
	ZQAl9-4		8.0~10.0		Fe2.0~4.0	余量	S	400	10	100	压下螺母、轴承
							J	450	12	110	
铅青铜	ZQPb30			27.0~33.0		余量	J	60	4	25	高速高压下工作的航空发动机的轴承
	ZQPb12-8			11.0~13.0	Sn7.0~9.0	余量	S	150	6		冷轧机轴承
							J	200	3	65	
	ZQPb10-10			8.0~11.0	Sn8.0~11.0	余量	S	150	3	65	中等载荷的轴承、轴套以及双金属耐磨零件、耐酸铸件
							J	200	5	70	

注：S—砂型，J—金属型。

①　ABS 塑料　　是一种热塑性塑料,由丙腈烯、丁二烯、苯乙烯聚合而成,故称"塑料合金"。它的强度、硬度和韧性较高,具有良好的综合力学性能。制品尺寸的稳定性较好,但耐热性不高。ABS 塑料应用十分广泛,可用于制作齿轮、轴承、泵叶轮、仪表外壳、汽车挡泥板和小轿车的车身等。

②　尼龙　　学名叫聚酰胺,也是一种热塑性塑料。它不但具有较高的强度和韧性,而且具有很好的耐磨、减摩和自润滑性。常用的有尼龙 6、尼龙 66、尼龙 610 和尼龙 1010 等。尼龙广泛用于制造轴承、齿轮、泵叶轮、衬套、导管和螺钉、螺母等。

③　聚碳酸酯(PC)　　聚碳酸酯也是一种热塑性塑料。它具有优良的综合力学性能,特别是冲击韧度高,尺寸稳定性好,具有优良的耐热性和耐寒性;弹性模量高,抗蠕变能力强;无色透明,被誉为"透明金属"。其主要缺点是疲劳强度低,易产生应力开裂。适宜制作承受载荷不大,但对冲击韧性和尺寸稳定性有较高要求的精密零件,如齿轮、心轴、凸轮、蜗轮和蜗杆等。

④　酚醛塑料(PF)　　酚醛塑料是一种热固性塑料,在酚醛树脂中加入适当的填料经固化处理而形成。酚醛树脂有固态和液态两种。固态用于生产胶木粉,经模压成形后使用。若用木屑作填料,可制作电木制品。液态用于生产层压塑料。酚醛塑料的强度好,硬度高,耐热性好,且不易变形。但性脆,不耐冲击。主要用于制作仪表壳体、汽车刹车片、带轮和纺织机的无声齿轮等。

(2) 工程塑料的性能

塑料有很多其他材料所不具备的优良性能:

①　密度小　　塑料的密度一般为 0.83~2.2g/cm³,仅为铝的 1/3~2/3,是最轻的一种工程材料。它的比强度(强度/密度)和比模量(模量/密度)高,这对要求自重轻的交通工具,如车辆、船舶和飞机等,具有特别重要的意义。

②　耐蚀性强　　塑料对酸、碱、盐等化学物质具有良好的抗蚀性。如号称"塑料之王"的聚四氟乙烯在高温下与浓酸、浓碱接触均不起反应,即使在沸腾的"王水"中也毫无损伤。故塑料广泛用于制作在腐蚀环境中工作的机械零件与工程构件。

③　耐磨性高　　塑料有很好的自润滑性和抗胶合性以及对外来杂质的埋嵌性,是很好的滑动轴承材料和耐磨材料。在无润滑和少润滑的摩擦条件下,其耐磨性和减摩性是金属材料所无法比拟的。

④　绝缘性、隔热性和隔声性良好　　几乎所有的塑料都具有良好的电绝缘性能。塑料的导热系数比金属材料小得多,故导热性差,隔热性好。它的消声和吸振能力也较强,因此塑料广泛用于制作绝缘、隔热和隔声材料。

2. 工业陶瓷

(1) 工业陶瓷的种类

普通陶瓷是以粘土、长石、石英等天然硅酸盐矿物为原料生产的,主要用于建筑、电气、日常用品、装饰品和艺术品等方面。工业陶瓷又称特种陶瓷,是采用纯度较高的人工合成无机化合物原料(如金属氧化物、氮化物、碳化物、硼化物、硅化物等)制成的一种性能更好的非硅酸盐无机化合物,主要用于机械、冶金、能源、电子、化工和航空航天等尖端技术领域。

常用的工业陶瓷有氧化铝陶瓷、氮化硅陶瓷、碳化硅陶瓷和氮化硼陶瓷等。

① 氧化铝陶瓷(Al_2O_3)　氧化铝陶瓷是以纯氧化物如 Al_2O_3,SiO_2,MgO 和 ZrO_2 等为原料制成的陶瓷的总称。抗氧化性和耐热性好,能在 1000℃高温下长期工作,硬度仅次于金刚石、碳化硅和立方氮化硼,同时具有良好的耐蚀性和电绝缘性。但脆性大,抗热震性差。主要用于制作高速切削刀具和精密的量规、拉丝模、内燃机火花塞以及高温炉零件等。

② 氮化硅陶瓷(Si_3N_4)　氮化硅陶瓷由氮化硅烧结而成,具有硬度高、摩擦系数低、自润滑性好、抗震性好和耐高温、化学性能稳定等优点。因此,它既是优良的耐磨材料,又是优良的高温结构材料和耐腐蚀材料。

③ 碳化硅陶瓷(SiC)　碳化硅陶瓷由碳化硅烧结而成,其熔点为 2600℃,化学稳定性好,高温强度高,耐磨性和热稳定性好。它是目前高温强度最好的陶瓷,在 1400℃仍可保持500～600MPa 的抗弯强度。主要用作高温结构件,如火箭尾气喷管、浇注金属用的喉嘴、燃烧室内衬、燃气轮机的叶片和轴承等。

④ 氮化硼陶瓷(BN)　氮化硼陶瓷有立方和六方两种。立方氮化硼陶瓷(CBN)用得最多,它是在与制造人造金刚石类似的高温高压条件下形成的。其硬度仅次于金刚石,抗氧化能力强,导热性好。目前主要用作磨料和切削淬硬钢、轧辊、冷硬铸铁等难加工材料的刀具。

(2)工业陶瓷的性能

工业陶瓷具有许多优良的物理、化学和力学性能。这些性能主要取决于陶瓷本身的化学成分和内部结构。

① 高硬度和高耐磨性　硬度是陶瓷材料的一项重要的性能指标。陶瓷的维氏硬度仅次于金刚石,具有很高的耐磨性。

② 高弹性模量　陶瓷的弹性模量比金属高数倍,而与高聚物相比,则要高出 2～3 个数量级。

③ 耐温抗蚀　陶瓷的熔点高,在 1000℃以上仍能基本保持其室温强度,且不会氧化,化学稳定性好,能抵抗大多数酸、碱、盐的腐蚀。

④ 脆性大　陶瓷在室温下受外力作用时,弹性变形很小便发生脆性裂纹甚至断裂。而且裂纹一旦产生,便会迅速扩展直至断裂。陶瓷内部存在的缺陷也容易产生应力集中而成为裂纹源。冲击韧性和断裂韧性差,脆性大,是陶瓷的最大缺点。

⑤ 绝缘性能优良,热膨胀系数小,但抗热震性差,温度剧烈变化时易产生裂纹甚至破裂。

3. 橡胶

(1)橡胶的种类

橡胶是一种高聚物材料。常用橡胶有天然橡胶与合成橡胶两大类。

天然橡胶(NR)　天然橡胶是以异戊二烯为主要成分的不饱和状态的天然聚合物,它具有很好的弹性和电绝缘性,但不耐酸、油和高温,抗老化性也较差。主要用于制造轮胎、胶带、胶管和胶鞋等。

合成橡胶(SR)　合成橡胶常用的有丁苯橡胶、顺丁橡胶和丁腈橡胶等。

① 丁苯橡胶(SBR)　有良好的耐磨性、耐热性和抗老化性,并可与天然橡胶以任意比例混合使用,以便从性能上取长补短。它是国内目前产量最大的橡胶,占橡胶总产量的60%～70%。丁苯橡胶除有的可制成耐寒橡胶制品外,其他用途与天然橡胶相同。

② 顺丁橡胶(BR)　以弹性好和耐磨性好著称,是发展最快的一种橡胶。顺丁橡胶除了用于制造轮胎外,还用于制造 V 型带、橡胶弹簧、耐热胶管和电绝缘制品等。

③ 丁腈橡胶(NBR)　是一种特种合成橡胶,具有十分优良的耐油、耐燃性能;耐热、耐磨、抗老化、耐蚀性较好。但耐寒性、耐酸性、电绝缘性、耐臭氧老化性和抗撕裂性差。主要用作耐油制品。

(2) 橡胶的性能

① 弹性高　由于橡胶的大分子链具有很大的柔顺性,使橡胶在 $-40\sim+80℃$ 之间均能保持高弹性。其扯断伸长率(当试样扯断时,伸长部分与原长度之比)可达 1000%。

② 较高的强度和韧性　橡胶在硫化过程中,大分子链交联成网状结构,使橡胶在保持高弹性的同时具有较高的强度和韧性。

③ 有优良的耐磨性、电绝缘性、消声性及良好的抗撕裂性。

4. 复合材料

(1) 复合材料及其种类

将两种或两种以上不同性质的材料以某种方式组合起来,形成一种新型材料,这就是复合材料。金属与金属、非金属与非金属、金属与非金属之间都可以复合。

复合材料一般由基体材料和增强材料两部分组成。基体材料起粘接作用,有金属基、陶瓷基和高聚物基三类。增强材料起强化作用,有颗粒状、纤维状和层状三类。其中纤维复合材料性能最好,应用最广,发展最快,是一种最有前途的复合材料。

纤维复合材料一般由强度高、弹性模量小和脆性大的增强纤维与强度低、弹性模量小和韧性大的金属和高聚物的基体组成。增强纤维在复合材料中起承受载荷的作用;基体起粘接、隔离和保护纤维的作用。常用的纤维复合材料有玻璃纤维树脂复合材料和碳纤维树脂复合材料等。

① 玻璃纤维树脂复合材料　又称玻璃钢。它是以玻璃纤维或其制品(如玻璃布、玻璃带、玻璃毡等)为增强材料,以合成树脂为基体制成的。玻璃纤维的直径多为 $5\sim9\mu m$。虽然玻璃又硬又脆,但其纤维质地柔软,强度很高,而且纤维越细,强度越高,玻璃纤维的抗拉强度可达 $1000\sim3000MPa$,为高强度钢丝的两倍多;其弹性模量约为钢的 1/3,但由于密度仅为 $2.5\sim2.7g/cm^3$,其比强度和比模量均高于钢。常用于制造汽车车身、船体、发动机罩、风扇叶片、防护罩以及齿轮、轴承等。

② 碳纤维树脂复合材料　碳纤维是由石墨晶体组成的纤维,其弹性模量远远高于玻璃

纤维,耐热性好,在 2000℃以上的高温下,其强度和弹性模量基本保持不变,密度为 1.8g/cm³,其比强度和比模量在增强纤维中是最高的。此外,碳纤维的摩擦系数也较低。由于碳纤维的性能大大优于玻璃纤维,因此碳纤维树脂复合材料的性能远远优于玻璃钢。广泛用于制造直升机桨叶、飞机机身及机尾零部件以及活塞、连杆和轴承等耐磨损零件。

(2) 纤维复合材料的主要性能

① 比强度和比模量高　纤维复合材料的密度小,比强度和比模量是各类材料中最高的。如碳纤维和环氧树脂复合成的材料,其比强度约为钢的 7 倍,比模量约为钢的 4 倍。这对于要求减轻自重的飞机、火箭、汽车等运输工具和工程构件具有重大意义。

② 吸振和减振能力强　工程结构的固有频率除与结构本身的质量和形状有关外,还与材料本身的比模量的平方根成正比。而复合材料的比模量高,故结构的固有频率高,有可能避免在工作状态下产生共振而导致构件损坏。复合材料中纤维与基体界面的阻尼特性好,吸振能力强,易使工作中产生的振动逐级衰减。复合材料的这一特性,对于解决飞机、汽车及各种动力机械的振动问题具有重要意义。

③ 抗疲劳性能好　由于细长纤维缺陷少,柔韧的树脂基体又具有缓和应力集中的作用,材质本身就使裂纹难以产生和扩展。此外,即使发生横向裂纹,当裂纹扩展到基体和增强纤维的结合面时,便会转变方向并沿界面扩展。但由于基体中纤维密布,使裂纹的扩展变得处处受阻,从而使材料本身的抗疲劳性能提高。

1.2　金属材料性能

金属材料不仅具备机械零件在使用过程中所需的性能,如力学性能、物理性能、化学性能等,而且具有加工制造过程中所应有的工艺性能,如铸造性能、锻造性能、焊接性能、切削加工性能等。

1.2.1　金属材料的力学性能

金属材料的力学性能是指金属材料在外力作用下所表现出来的特性,包括强度、塑性、硬度、韧性等。

1. 强度

金属材料在外力作用下抵抗永久变形和断裂的能力,称为强度。按照外力作用的方式不同,强度可分为抗拉强度、抗压强度、抗弯强度和抗剪强度等。工程上常用来表示金属强度的指标有屈服点和抗拉强度。

为了测定金属材料的屈服点和抗拉强度可进行拉伸试验。首先,将标准拉伸试样(图 1-1(a))安装在拉伸试验机的两个夹头上,然后缓慢增加拉力,试样逐渐发生拉伸变形,直至试样被拉断为止(图 1-1(c))。

以试样所受拉力 F 为纵坐标,试样伸长 ΔL 为横坐标,根据试验中两者变化数据,可以绘出拉伸曲线图。通常,拉伸曲线由拉伸试验机自动绘出。图 1-2 为低碳钢的拉伸曲线。

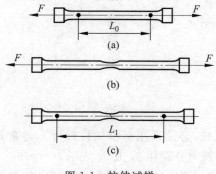

图 1-1 拉伸试样

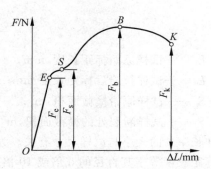

图 1-2 低碳钢的拉伸曲线

当金属材料受外力作用时,其内部产生与外力相平衡的内力。单位截面上的内力称为应力。

从图 1-2 中可以看出,当外力小于 F_e 时,试样的变形属于弹性变形,即外力卸除后,试样将恢复到原始长度;外力超过 F_e 后,试样除发生弹性变形外,还发生部分塑性变形,这时,外力卸除后试样不能恢复到原始长度。当外力增大到 F_s 时,在 S 点的曲线几乎呈水平线段,这说明拉力虽不增加,伸长量却继续增加,这种现象称为"屈服"。它表明材料开始发生明显的塑性变形。材料产生屈服现象时的应力,又称为屈服点。可通过下式计算:

$$\sigma_s = \frac{F_s}{S_0}$$

式中:F_s——试样产生屈服现象时的拉力,N;

$\quad\quad S_0$——试样原始横截面积,m^2;

$\quad\quad \sigma_s$——屈服点,Pa。

当外力超过 F_s 后,随外力增大,塑性变形明显增大。当外力增加到 F_b 时,试样局部开始变细,出现"缩颈"(图 1-1(b)),由于截面缩小,使试样继续变形所需的外力下降。到 F_k 时,试样在缩颈处断裂。试样在拉断前所能承受的最大标称拉应力,称为抗拉强度。可用下式表示:

$$\sigma_b = \frac{F_b}{S_0}$$

式中:F_b——试样在拉断前的最大拉力,N;

$\quad\quad S_0$——试样原始横截面积,m^2;

$\quad\quad \sigma_b$——抗拉强度,Pa。

2. 塑性

金属材料在外力作用下产生不可逆永久变形的能力称为塑性。常用的塑性指标有伸长率 δ 和断面收缩率 ψ。

$$\delta = \frac{L_1 - L_0}{L_0} \times 100\%$$

$$\psi = \frac{S_0 - S_1}{S_0} \times 100\%$$

式中：L_0——试样原始标距长度，mm；

L_1——试样拉断后标距长度 mm；

S_0——试样原始横截面积，m^2；

S_1——试样断裂处的横截面积，m^2。

伸长率 δ 的大小与试样尺寸有关。为了方便比较，必须采用标准试样尺寸。通常规定试样标距长度等于其直径的 5 倍或 10 倍，测得的伸长率分别用 δ_5 或 δ_{10} 表示。

良好的塑性是材料能进行各种压力加工(如冲压、挤压、冷拔、热轧、锻造等)的必要条件。此外，零件使用时，为了避免由于超载引起突然断裂，也需具有一定的塑性。

3. 硬度

硬度是指金属材料抵抗外物压入其表面的能力，其大小在硬度计上测定。常用的硬度指标有布氏硬度、洛氏硬度和维氏硬度等。

布氏硬度试验是用直径为 D 的钢球或硬质合金球作压头，在压力 F 作用下压入试样表面(图 1-3(a))，经规定的保持时间后，卸除压力，测量压痕直径 d (图 1-3(b))。根据压力、压痕平均直径，用下式可求出布氏硬度值 HBS(HBW)。

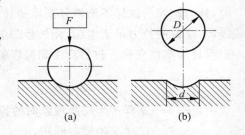

$$HBS(HBW) = \frac{F}{S} = \frac{2F}{\pi D(D - \sqrt{D^2 - d^2})} \times 0.102$$

式中：F——压力，N；

图 1-3   布氏硬度试验原理

S——压痕的面积，mm^2；

D——球体直径，mm；

d——压痕平均直径，mm。

压头为钢球时用 HBS，适用于布氏硬度值在 450 以下的材料；压头为硬质合金球时用 HBW，适用于布氏硬度值在 650 以下的材料。表示布氏硬度值时，在符号 HBS 或 HBW 之前为硬度值，符号后面按一定顺序用数值表示试验条件(球体直径、压力大小和保持时间等)。如 160HBS10/1000/30 表示用直径 10mm 的钢球在 1000kgf[①] 压力作用下保持 30s 测得的布氏硬度值为 160。当保持时间为 10～15s 时，不标注。

洛氏硬度试验是用顶角为 120° 的金刚石圆锥或直径 1.588mm 的钢球作压头，在初载荷 F_0 及总载荷 F(初载荷 F_0 ＋主载荷 F_1)分别作用下压入被测材料表面(图 1-4(a)、(b))，

---

① 　1kgf=9.80665N。

然后卸除主载荷,在初载荷下测量压痕深度残余增量 e 计算硬度值(图 1-4(c))。试验时,可通过洛氏硬度计上的刻度盘直接读出洛氏硬度值。

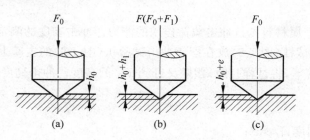

图 1-4   洛氏硬度试验原理

根据所用的压头和载荷不同,洛氏硬度有几种硬度标尺,常用的有 A、B、C 三种标尺。洛氏硬度值用符号 HR 表示,符号后面加字母表示所使用的标尺,硬度值写在符号 HR 的前面。例如,60HRC 表示用 C 标尺测定的洛氏硬度值为 60(见表 1-7)。

表 1-7   三种洛氏硬度标尺的试验条件的应用范围

符号	压头类型	初载荷 /kgf(N)	主载荷 /kgf(N)	测量范围	应用范围
HRA	顶角 120°金刚石圆锥	10(98.1)	50(490.3)	20～88	硬质合金或表面处理过的零件
HRB	直径 1.588mm 钢球	10(98.1)	90(882.6)	20～100	退火钢、灰铸铁及有色金属等
HRC	顶角 120°金刚石圆锥	10(98.1)	140(1373)	20～70	淬火钢、调质钢等

注:三种标尺的硬度值 HRA、HRB、HRC 的计算公式如下:

$$HRA(HRC) = 100 - \frac{e}{0.002mm}$$

$$HRB = 130 - \frac{e}{0.002mm}$$

维氏硬度的试验原理基本上和布氏硬度相同,所不同的是维氏硬度试验的压头是顶角为 136°的金刚石正四棱锥体,且所加压力较小。试验时,在压力 F 作用下,被测材料表面上压出一条对角线长度为 D 的方形压痕。维氏硬度值(HV)为压痕单位面积上所受的压力,可通过下式计算:

$$HV = \frac{F}{S} = 0.1891 \frac{F}{D^2}$$

式中:F——压力,N;

S——压痕的面积,mm^2;

D——压痕对角线长度,mm。

布氏硬度、洛氏硬度和维氏硬度之间没有直接的换算公式,需要时可以通过查表进行换算。

硬度试验方法简便易行，测量迅速，不需要特别试样，试验后零件不被破坏。因此，硬度试验在工业生产中应用十分广泛。

4. 冲击韧度

冲击韧度是指金属材料抵抗冲击载荷作用的能力。冲击韧度的测定在冲击试验机上进行。试验时，把冲击试样（图 1-5）放在摆锤冲击试验机（图 1-6）的支座上，然后抬起摆锤，让它从一定高度 H_1 落下，将试样打断，摆锤又升到 H_2 的高度。冲击韧度用下式计算：

$$\alpha_k = \frac{A_k}{S}$$

式中：α_k——冲击韧度，J/cm^2；

A_k——打断试样所消耗的冲击功，J；

S——冲击试样断口处的横截面积，cm^2。

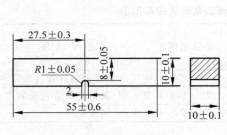

图 1-5　冲击试样

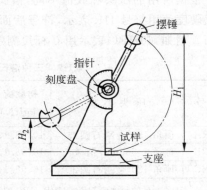

图 1-6　摆锤冲击试验机示意图

1.2.2　金属材料的工艺性能

工艺性能是指制造工艺过程中材料适应加工工艺要求的能力。金属材料在铸造、锻压、焊接、机械加工等加工前后过程中，一般还要进行不同类型的热处理。工艺性能直接影响零件加工的质量，是选材和制定零件加工工艺时应当考虑的因素之一。

1. 铸造性能

金属材料铸造成形获得优良铸件的能力称为铸造性能，用流动性、收缩性等衡量。

熔融金属的流动能力称为流动性。流动性好的金属容易充满铸型，从而获得外形完整、尺寸精确、轮廓清晰的铸件。

铸件在凝固和冷却过程中，其体积和尺寸减小的现象称为收缩性。铸件收缩不仅影响尺寸，还会使铸件产生缩孔、缩松、内应力、变形和开裂等缺陷。故铸造用金属材料的收缩率越小越好。

表 1-8 为几种金属材料铸造性能的比较。

表 1-8　几种金属材料铸造性能的比较

材　料	流动性	收　缩　性		其　他
		体收缩	线收缩	
灰铸铁	好	小	小	铸造内应力小
球墨铸铁	较好	大	小	易形成缩孔
铸钢	差	大	大	导热性差，易发生冷裂
铸造黄铜	较好	小	较小	易形成集中缩孔
铸造铝合金	好	小	小	易吸气，易氧化

2. 锻造性能

金属材料对锻压加工方法成形的适应能力称为锻造性能。锻造性能主要取决于金属材料的塑性和变形抗力。变形抗力指金属对于产生塑性变形的外力的抵抗能力，通常用流变应力来表示。

塑性越好，变形抗力越小，金属的锻造性能越好。铜合金和铝合金在室温状态下就有良好的锻造性能。碳钢在加热状态下锻造性能较好，其中低碳钢最好，中碳钢次之，高碳钢较差。低合金钢的锻造性能接近于中碳钢，高合金钢的锻造性能较差。铸铁锻造性能差，不能锻造。

3. 焊接性能

金属材料对焊接加工的适应性称为焊接性，也就是在一定的焊接工艺条件下，获得优质焊接接头的难易程度。

在机械工业中，焊接的主要对象是钢材。碳质量分数是影响焊接性好坏的主要因素，碳质量分数和合金元素质量分数总和越高，焊接性能越差。铜合金和铝合金的焊接性能都较差，灰铸铁的焊接性很差。

4. 切削加工性能

切削加工性能一般用切削后的表面质量（以表面粗糙度高低衡量）和刀具寿命来表示。影响切削加工的因素很多，主要有材料的化学成分、组织、硬度、韧性、导热性和形变硬化等。

金属材料具有适当的硬度（170～230HBS）和足够的脆性时切削加工性能良好。改变钢的化学成分（如加入少量铅、磷等元素）和进行适当的热处理（如低碳钢进行正火，高碳钢进行球化退火）可提高钢的切削加工性能。表 1-9 是几种金属材料切削加工性能的比较。

表 1-9　几种金属材料切削加工性能的比较

金　属　材　料	切削加工性能
铝、镁合金	很容易
30 钢正火	易
45 钢、灰口铸铁	一般
85 钢（轧材）、2Cr13 钢（调质）	一般
1Cr18Ni9Ti、W18Cr4V 钢	难
耐热合金、钴合金	难

5. 热处理工艺性能

钢的热处理工艺性能主要考虑其淬透性,即钢接受淬火的能力,含 Mn、Cr、Ni 等合金元素的合金钢淬透性比较好,碳钢的淬透性较差。

1.3　热处理基本概念

热处理是将金属材料在固态下通过加热、保温和不同的冷却方式,改变其内部组织,从而获得所需性能的一种工艺方法。在机械制造中,热处理起着十分重要的作用,它既可以用于消除上一工艺过程所产生的金属材料内部组织结构上的某些缺陷,又可以为下一工艺过程创造条件,更重要的是进一步提高金属材料的性能,从而充分发挥材料性能的潜力。因此,各种机械中许多重要零件都要进行热处理。钢的热处理方法分类见图 1-7。

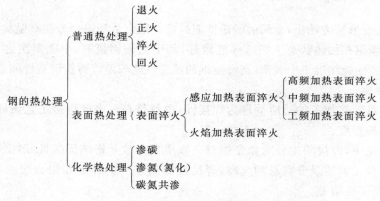

图 1-7　钢的热处理方法分类

1.3.1　退火与正火

退火是将钢件加热到适当温度,保温一段时间后缓慢冷却(通常是随炉冷却)的热处理工艺。

退火的目的是降低硬度,改善切削加工性能;细化晶粒、改善组织,提高力学性能;消除内应力,并为后续的热处理做好组织准备。

正火是将钢件加热到某一温度,经保温后在空气中冷却的热处理工艺。

正火的冷却速度比退火要快,获得的组织比退火后更细。因此,同样的钢件在正火后的强度、硬度比退火后要高些,但清除内应力不如退火彻底。正火时钢件在炉外冷却,不占用设备,生产率较高。低碳钢零件常采用正火代替退火,以改善切削加工性能。对于比较重要的零件,正火可作为淬火前的预备热处理;对于性能要求不高的碳钢零件,正火也可作为最终热处理。

1.3.2　淬火与回火

淬火是将钢件加热到某一温度,保温一定时间,然后在水或油中快速冷却,以获得高硬度组织的热处理工艺。

淬火后,钢的硬度和强度大大提高,但脆性增加,并产生很大的内应力。为了减小淬火钢的脆性,消除内应力,并得到所需的性能,必须进行回火。

回火是将淬火钢重新加热到适当的温度,经保温一段时间后冷却下来的热处理工艺。回火决定钢在使用状态的组织和性能,因而也是一种十分重要的热处理工艺。

根据回火时加热温度不同,可以分为以下三种:

(1) 低温回火　加热温度 150～250℃。其主要目的是为了降低钢中的内应力和脆性,而保持钢在淬火后得到的高硬度和高耐磨性。低温回火通常适用于刃具、量具、冷冲模具和滚动轴承等。

(2) 中温回火　加热温度 350～500℃。其主要目的是提高钢的弹性和屈服点,多用于热锻模和各种弹簧热处理。

(3) 高温回火　加热温度为 500～650℃。其主要目的是获得强度、塑性和韧性都较好的综合力学性能。高温回火适用于轴、齿轮和连杆等重要机械零件。淬火加高温回火又称为"调质处理"。

1.3.3　固溶热处理与时效处理

固溶热处理是将合金加热至高温单相区恒温保持,使过剩相充分溶解到固溶体中,然后快速冷却,以得到过饱和固溶体的热处理工艺。固溶处理使合金中各种相充分溶解,强化固溶体并提高韧性及抗蚀性能,消除应力与软化,以便继续加工成形。

时效是合金经固溶热处理或冷塑性形变后,在室温放置或稍高于室温保持时,其性能随时间而变化的现象。时效处理是在强化相析出的温度加热并保温,使强化相沉淀析出,得以硬化,提高强度。

1.3.4　表面淬火与化学热处理

某些零件的使用要求是表面应具有高强度、高硬度、高耐磨性和抗疲劳性能,而心部在保持一定的强度、硬度条件下应具有足够的塑性和韧性,这就需要采用表面强化的方法。生产中应用较广泛的有表面淬火和化学热处理等。

1. 表面淬火

钢的表面淬火是通过快速加热,将钢件表面层迅速加热到淬火温度,然后快速冷却下来的热处理工艺。表面淬火主要适用于中碳钢和中碳低合金钢,例如 45 钢、40Cr 等。通常,钢件在表面淬火前均进行正火或调质处理,表面淬火后应进行低温回火。这样,不仅可以保证其表面的高硬度和高耐磨性,而且可以保证心部的强度和韧性。

　　2. 化学热处理

　　化学热处理是将钢件置于某种化学介质中加热、保温,使一种或几种元素渗入钢件表面,改变其化学成分,达到改变表面组织和性能的热处理工艺。根据渗入的元素不同,化学热处理的种类有渗碳、氮化、氰化(碳氮共渗)、渗硼和渗铝等。目前工业生产上最常用的是渗碳、氮化和氰化三种。

　　渗碳是将低碳钢的零件放入高碳介质中加热、保温,以获得高碳表层的化学热处理工艺。钢件渗碳后,尚需进行淬火和低温回火,使表面具有高硬度、高耐磨性,而心部却保持良好的塑性和韧性。渗碳钢的碳质量分数一般为 0.1%~0.3%,常用的钢号有 20、20Cr、20CrMnTi 等。

　　氮化是将钢件放入高氮介质中加热、保温,以获得高氮表层的化学热处理工艺,又称渗氮。与渗碳相比,氮化后表面具有更高的硬度、耐磨性和疲劳强度,而且具有一定的耐蚀性。目前,最常用的氮化用钢是 38CrMoAlA。

　　氰化是使钢件表面同时渗入碳和氮的化学热处理工艺。目前应用较多的是气体氰化,它包括高温氰化和低温氰化。高温氰化以渗碳为主,氰化后进行淬火和低温回火;低温氰化以渗氮为主,实质上是氮化。氰化所用的钢主要是渗碳钢,如 20CrMnTi 等,但也可用中碳钢和中碳合金钢。

复习思考题

　　(1) 碳素钢和灰铸铁在化学成分和性能上有何区别?

　　(2) 试说明石墨形态对铸铁性能的影响。举例说明灰铸铁、可锻铸铁和球墨铸铁的应用。

　　(3) 变形铝合金和铸造铝合金在化学成分上有什么区别?

　　(4) 举例说明黄铜和青铜的应用。

　　(5) 解释下列牌号(或代号):Q235-A、H08A、20、45、T8A、Q345A、40Cr、HT200、QT600-03、ZL101、ZL203、H59、H80 、ZQSn6-6-3。

　　(6) 常用的工程塑料有哪几种? 它们具有哪些性能? 各有何用途?

　　(7) 常用的工业陶瓷有哪几种? 它们具有哪些性能? 各有何用途?

　　(8) 常用的合成橡胶有哪几种? 它们具有哪些性能? 各有何用途?

　　(9) 常用的复合材料有哪几种? 它们具有哪些性能? 各有何用途?

　　(10) 金属材料的力学性能主要包括哪几个方面? 其主要指标有哪些?

　　(11) 什么叫金属材料的工艺性能? 主要包括哪几个方面?

　　(12) 退火、正火、淬火在冷却方式上有何不同?

　　(13) 回火的目的是什么? 按加热温度不同,回火分哪几种? 各有什么特点?

　　(14) 什么叫调质处理? 其应用范围如何?

　　(15) 试选择下列零件的材料及其热处理方法:锉刀、机床主轴、弹簧。

第2章

铸　造

2.1　铸造概述

　　将熔融金属浇入具有和零件形状相适应的铸型型腔中,使之冷却、凝固,而获得毛坯(或零件)的成形方法称为铸造。用铸造方法得到一定形状和性能的金属件称为铸件。大多数铸件作为毛坯,需要经过机械加工后才能成为各种机器零件;有的铸件当达到使用的尺寸精度和表面粗糙度要求时,可作为成品或零件直接使用。

　　熔融金属和铸型是铸造的两大基本要素。铸件用金属有:铸铁、铸钢、铸造铝合金、铸造铜合金及铸造镁合金等。铸型用型砂、金属或其他耐火材料制成,形成铸件形状的空腔等部分。

　　铸造生产方法有砂型铸造和特种铸造两大类。砂型铸造广泛用于铸铁和铸钢件的生产。

　　砂型铸造的生产工序很多,主要的工序有:制造模样和芯盒、制备型砂及芯砂、造型、造芯、合箱、熔化金属、浇注、落砂、清理及检验等。图 2-1 为压盖铸件的生产工序流程图。

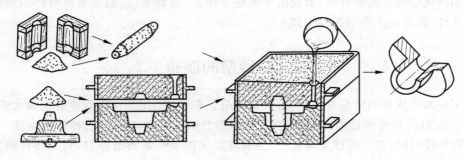

图 2-1　压盖铸件生产工序流程

　　图 2-2 为压盖铸件的铸型装配图。图上各部分名称如下:

　　上型(上箱)——浇注时铸型的上部组元;

下型(下箱)——浇注时铸型的下部组元;

型腔——铸型中型砂所包围的空腔部分;

分型面——铸型的上型与下型间的接合面;

型芯——为获得铸件内孔或局部外形,用芯砂或其他材料制成的安放在型腔内部的铸型组元;

浇注系统(浇口)——为浇注金属液而开设于铸型中的一系列通道。浇注系统通常由浇口杯、直浇道、横浇道和内浇道组成。

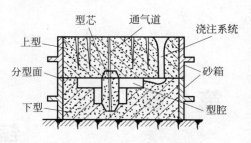

图 2-2　压盖铸件的铸型装配图

对于某些特殊铸件,还可采用其他特种铸造方法,如熔模铸造、金属型铸造、压力铸造、低压铸造、离心铸造和消失模铸造等。

作为一种液态成形的加工方法,在制造业的诸多材料成形方法中,铸造生产具有以下优点:

(1) 适用范围广。铸造几乎不受铸件大小、厚薄和形状复杂程度的限制。其结构形状可以很简单,也可以很复杂;重量可以小到几克,大到几百吨;其壁厚可以小到 0.3mm,大到 1m 左右。最适合生产形状复杂,特别是内腔复杂的零件,例如复杂的箱体、阀体、叶轮、发动机汽缸体、螺旋桨等。

(2) 能采用的材料广泛,几乎凡能熔化成液态的合金材料均可用于铸造。

(3) 铸件具有一定的尺寸精度。一般情况下,铸件比普通锻件、焊接件成形尺寸精确。

(4) 成本低廉、综合经济性能好、能源和材料消耗及成本为其他金属成形方法所不及。铸件在一般机器中占总质量的 $40\% \sim 80\%$,而制造成本只占机器总成本的 $25\% \sim 30\%$。

铸造是机械制造部门中生产毛坯(或零件)的重要加工方法之一。在机床、汽车、拖拉机、动力机械、电机、水力机械和仪器仪表等制造业中得到广泛的应用。但是,铸件的力学性能不如相同化学成分的锻件好,而且由于铸造工序多、投料多,控制不当时铸件的质量不够稳定。此外,铸造生产劳动条件也较差。

2.2　砂型的制造

用型砂紧实成形的铸造方法,称为砂型铸造。在铸造生产中,砂型铸造占很大的比例,其中 80% 左右的铸件都是用砂型铸造生产的,是目前应用最广泛的一种铸造方法,主要用于铸造铸铁件、铸钢件。在砂型铸造中,主要的大量的工作是制造铸型,它对铸件质量影响甚大。

2.2.1　型砂

造型过程中,型砂在外力作用下成形并达到一定的紧实度或密度而成为砂型。型砂的质量直接影响着铸件的质量,型砂质量不好会使铸件产生气孔、砂眼、粘砂和夹砂等缺陷,这些缺陷造成的废品约占铸件总废品的 50% 以上。中、小铸件广泛采用湿砂型(不经烘干可直接浇注的砂型),大铸件则用干砂型(经过烘干的砂型)。

1. 湿型砂的组成

湿型砂是由原砂、粘结剂和附加物等按一定比例配合,经过混制符合造型要求的混合物。原砂是骨干材料,占型砂总质量的 82%～99%;粘结剂起粘结砂粒的作用,以粘结薄膜形式包覆砂粒,使型砂具有必要的强度和韧性;附加物是为了改善型砂所需的性能,或为了抑制型砂不希望有的性能而加入的物质。砂粒之间的空隙起透气作用。

2. 对湿型砂的性能要求

高质量型砂应当具有为铸造出高质量铸件所必备的各种性能。根据铸件合金的种类,铸件的大小、厚薄、浇注温度、砂型紧实方法、起模方法、浇注系统的形状、位置和出气孔等情况,以及砂型表面风干情况等的不同,对湿砂型的性能提出不同的要求。最主要的,即直接影响铸件质量和造型工艺的湿型砂性能有水分、湿态强度、透气性、耐火度、退让性、溃散性、紧实率、流动性、韧性等。

(1) 湿态强度 型砂必须具备一定的强度以承受各种外力的作用。如果强度不足,在起模、搬动砂型、下芯、合箱等过程中,铸型有可能破损塌落;浇注时铸型可能承受不住金属液的冲刷和冲击,冲坏砂型而造成砂眼缺陷。但是,型砂强度也不宜过高,因为高强度的型砂需要加入更多的粘土,不但增加了水分和降低透气性,还会使铸件的生产成本增加,而且给混砂、紧实和落砂等工序带来困难。

(2) 透气性 紧实的型砂能让气体通过而逸出的能力称为透气性。浇注时,在液体金属的热作用下铸型产生大量气体,这些气体必须通过铸型排出去。如果砂型、砂芯不具备良好的排气能力,气体留在砂型内,浇注过程中就有可能发生呛火,使铸件产生气孔、浇不到等缺陷。但透气性太高会使砂型疏松,铸件易出现表面粗糙和机械粘砂。

(3) 耐火度 耐火度是指型砂经受高温热作用的能力。耐火度主要取决于砂中 SiO_2 的质量分数,SiO_2 质量分数越大,型砂耐火度越高。对铸铁件,砂中 SiO_2 质量分数 ≥90% 就能满足要求。

(4) 退让性 铸件凝固和冷却过程中产生收缩时,型砂能被压缩、退让的性能称为退让性。型砂退让性不足,会使铸件收缩受到阻碍,产生内应力和变形、裂纹等缺陷。对小砂型应避免舂得过紧,对大砂型,常在型(芯)砂中加入锯末、焦炭粒等材料以增加退让性。

(5) 溃散性 溃散性是指型砂浇注后容易溃散的性能。溃散性好可以减少落砂和清砂的劳动量。溃散性与型砂配比及粘结剂种类有关。

(6) 流动性 型砂在外力或本身重量作用下,沿模样和砂粒之间相对移动的能力称为流动性。流动性好的型砂易于充填、舂紧,可形成紧实度均匀、无局部疏松、轮廓清晰、表面光洁的型腔,这有助于防止机械粘砂,获得光洁的铸件。此外,还能减少造型紧实砂的劳动量,提高生产率和便于实现造型、造芯过程的机械化。

（7）韧性　韧性也称可塑性，指型砂在外力作用下变形、去除外力后仍保持所获得形状的能力。韧性好，型砂柔软、容易变形，起模和修型时不易破碎及掉落。手工起模时在模样周围砂型上刷水的作用就是增加局部型砂的水分，以提高型砂韧性。

（8）水分、最适宜的干湿程度和紧实率　为得到所需的湿态强度和韧性，湿型砂必须含有适量水分，太干或太湿均不适于造型，也难铸造出合格的铸件。因此，型砂的干湿程度必须保持在一个适宜的范围内。

判断型砂的干湿程度有以下几种方法：

① 水分　也叫含水量或湿度，它是表示型砂中所含水分的质量百分数。但是这种参数只能说明型砂中所含自由水分的绝对数量，并不反映型砂的干湿程度。生产实践表明，当型砂中含有大量吸水的粉尘类和其他吸水性材料时，虽然水分很高，型砂仍然会显得过分干脆。如果型砂是由纯净的新砂和优质的膨润土混制而成，不含有其他附加物，虽然水分相当低，型砂也可能会显得又湿又粘。这说明型砂的成分不同，达到最适宜干湿程度的水分也不同。

② 手捏感觉　用手攥一把型砂，感到潮湿但不沾手，且手感柔和，印在砂团上的手指痕迹清楚，砂团掰断时断面不粉碎，说明型砂的干湿程度适宜、性能合格，如图 2-3 所示。这种方法简单易行，但需凭个人经验，因人而异，也不准确。与上述型砂水分含量一样，都不能作为科学地判断型砂干湿程度和控制砂型质量的主要依据。

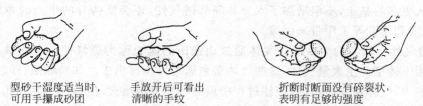

型砂干湿度适当时，　　手放开后可看出　　　折断时断面没有碎裂状，
可用手攥成砂团　　　　清晰的手纹　　　　表明有足够的强度

图 2-3　手感法检验型砂

③ 紧实率　是指湿型砂用 1MPa 的压力压实或者在锤击式制样机上打击三次，其试样体积在紧实前后的变化百分率，用试样紧实前后高度变化的百分数来表示。较干的型砂自由流入试样筒时，砂粒堆积得较密实，即松散密度较高，在相同的紧实力作用下，型砂体积减小较少。这种型砂发脆，韧性差，起模时容易损坏，砂型转角处容易破碎，铸件易产生冲砂、砂眼等缺陷。而较湿的型砂，流动性差，在未被紧实前松散密度较低，砂粒的堆积比较松散，紧实后体积减小较多。使用这种型砂，浇注时急速产生大量气体，铸件有可能出现气孔、夹砂结疤和表面粗糙等缺陷。紧实率是能较科学地表示湿型砂的水分和干湿程度的方法。对手工造型和一般机器造型的型砂，要求紧实率保持在 45%～50%，对高密度型砂则要求为 35%～40%。

3. 型砂的种类

按粘结剂的不同，型砂可分为粘土砂、水玻璃砂、植物油砂、合脂砂和树脂自硬砂。

粘土砂是以粘土(包括膨润土和普通粘土)为粘结剂的型砂,其用量占整个铸造用砂量的 70%~80%。

2.2.2 模样

模样是用木材、金属或其他材料制成,用来形成铸型型腔的工艺装备。生产中常用的模样有:木模、金属模和塑料模等。

木模是用木料制成的模样。木模质轻、容易加工、生产周期短、成本低,但不耐用、易变形。它多用于单件、小批生产。在成批、大批生产中,宜采用强度较高的金属模和塑料模。

由于模样形成铸型的型腔,故模样的结构一定要考虑铸造的特点。如为便于取模,在垂直于分型面的模样壁上要做出斜度(称起模斜度);模样上壁与壁的连接处应采用圆角过渡;考虑金属冷却后尺寸变小,模样的尺寸比零件的尺寸要大一些(称收缩余量);在零件的加工面上留出机械加工时切除的多余金属层(称加工余量);有内腔铸件的模样上,要做出支持芯子的芯头。图 2-4 是滑动轴承的铸造工艺图、木模结构图、芯盒结构图和铸件图。

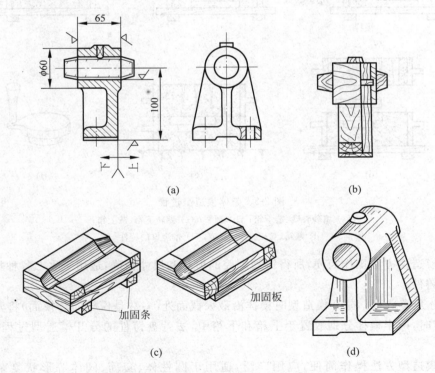

图 2-4　滑动轴承模样与芯盒图
(a)铸造工艺图;(b)木模结构图;(c)芯盒结构图;(d)铸件图

2.2.3 造型

在砂型铸造中,主要的、大量的工作是用型砂及模样制造铸型。按紧实型砂的方法,造型分为手工造型和机器造型。

1. 手工造型

手工造型时全部用手工完成造型工序。

整体模、分开模和挖砂造型是最基本的手工造型方法。

(1) 整体模造型　整体模造型时分型面位于模样的一端,造型的模样放置在一个砂箱中,其造型过程如图 2-5 所示。

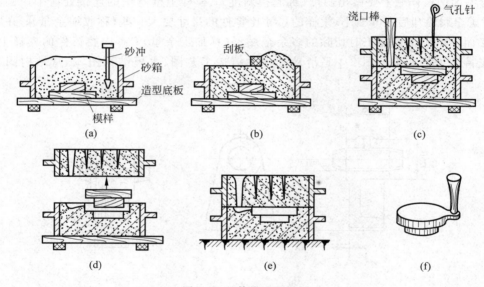

图 2-5　整体模造型过程

(a) 填砂舂砂、造下箱;(b) 刮平;(c) 翻转下箱、造上箱;
(d) 敞箱、起模;(e) 合箱;(f) 带浇口的铸件

整体模造型方法操作简便,所得铸型型腔的形状和尺寸精确,适用于生产各种批量而形状简单的铸件。

(2) 分开模造型　分开模造型时模样沿最大截面处(多数是模样的分模面)将其分成两部分,造型时,两半模样分别放置于上箱和下箱中,法兰盘铸件的分开模造型过程如图 2-6 所示。

分开模造型方法操作简便,应用广泛,适用于圆柱体、套筒、阀体等形状复杂铸件的造型。

(3) 挖砂造型　整体模和分开模造型时,分型面是一个平面。而有些铸件的形状为曲

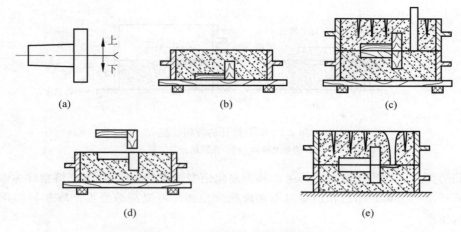

图 2-6　法兰盘铸件的分开模造型过程

(a) 模样；(b) 造下箱；(c) 造上箱；(d) 敞箱、起模；(e) 合箱

面或阶梯形,如手轮、端盖等,模样又不便于做成分开模,只能做成整体模,造型时就要修挖分型面,这种造型方法称为挖砂造型。挖砂造型的分型面呈曲面或有高低变化的阶梯形。图 2-7 是手轮铸件挖砂造型过程。

挖砂造型时,修挖分型面要恰到模样最大截面处(图 2-7(c)),挖割分型面的坡度应尽量小,表面平整光滑,以利于敞箱和合箱操作。

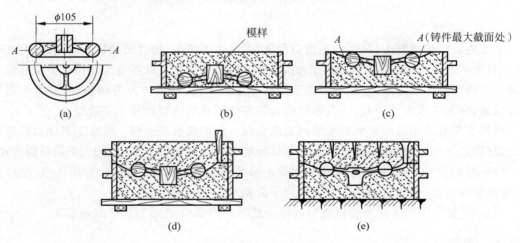

图 2-7　手轮铸件的挖砂造型过程

(a) 手轮零件；(b) 造下箱；(c) 翻转下箱,修挖分型面；(d) 造上箱；(e) 合箱

挖砂造型消耗造型工时多,生产效率低,操作技术水平要求高,只适用于单件生产。

铸件生产数量较多时应采用假箱造型,图 2-8 是假箱造型过程。

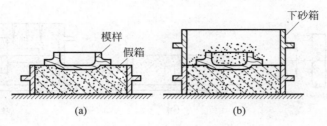

图 2-8　端盖铸件的假箱造型
（a）假箱及模样；（b）在假箱上造下箱

　　假箱造型是利用预先制备好的半个铸型简化造型操作的方法，这半个铸型称为假箱，用它承托模样造出下箱。用假箱造型时不必修挖分型面。可提高造型生产率和铸型质量，适用于小批生产。

　　当铸件生产数量更多时，可采用成形底板代替假箱，如图 2-9 所示。

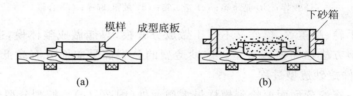

图 2-9　成形底板造型过程
（a）成形底板及模样；（b）在成形底板上造下箱

　　2. 机器造型

　　手工造型虽然投资少，灵活性和适应性强，但是生产率低，铸件质量较差。因此，只在单件、小批生产时采用，而成批、大批生产时，就要采用机器造型。机器造型是用机械全部或部分地完成造型操作的方法，它比手工造型提高了生产率，减轻了体力劳动强度，显著提高了铸件质量，降低了成本。因此，在有条件的地方都应用机器造型代替手工造型。

　　机器造型时采用由模样和底板牢固地组合成一体的模板来造型。模板上有浇口模和定位装置（定位销和定位销孔）。定位装置保证分别在两台造型机上造出的上、下箱精确合箱。

　　按砂型的紧实方式，机器造型可分为震击造型、压实造型、震压造型、射压造型、抛砂造型、气流紧实造型（包括气流冲击造型和静压造型）等。

　　图 2-10 是常用震压式造型机造型过程示意图。图 2-11 是造型生产线示意图。

2.2.4　造芯

　　型芯是铸型的重要组成部分，其主要作用是构成铸件的内腔。形状复杂的铸件，也可用型芯构成铸型的局部外形。型芯用芯砂或其他材料制成。用芯砂制造型芯，和造型有许多相似之处，但是型芯和砂型的工作条件不同。因此，型芯在结构上和制造工艺上有自己的特点。

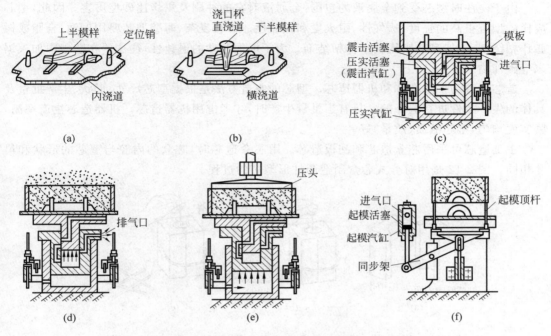

图 2-10　震压式造型机造型过程示意图

(a) 下模板；(b) 上模板；(c) 填砂，开始震击；
(d) 反复多次震击，直至型砂紧实；(e) 压实顶部型砂；(f) 起模

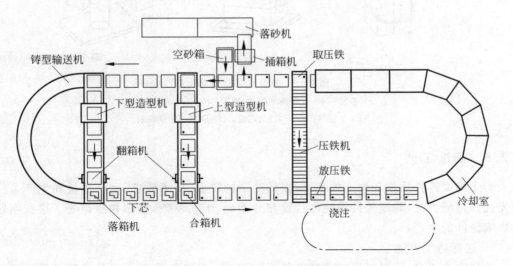

图 2-11　造型生产线示意图

由于浇注时型芯受到金属液的包围,金属液对它的冲刷及烘烤比砂型厉害。因此,型芯应比砂型有更高的强度、透气性、耐火度和退让性。形状复杂、薄壁型芯要用桐油、合脂或树脂作粘结剂,一般型芯则用粘土作粘结剂。为了增加芯砂的退让性,往往要在芯砂中加入锯末等附加物。

造芯也分为手工造芯和机器造芯。型芯的制造方法是根据型芯尺寸、形状、生产批量及具体的生产条件进行选择的。只有当批量生产时,才考虑用机器造芯。机器造芯生产率高,紧实度均匀,型芯品质(质量)好。

手工造芯可采用芯盒造芯和刮板造芯。用芯盒造芯时,芯盒的内腔与型芯的形状和尺寸相同。图 2-12 是用对分式芯盒制造圆柱形型芯的过程。

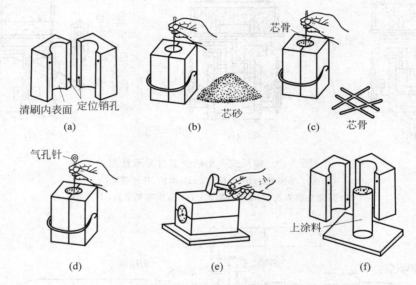

图 2-12   对分式芯盒造芯过程

(a) 芯盒;(b) 夹紧两半芯盒,紧实芯砂;(c) 放入芯骨;

(d) 扎通气孔;(e) 松动芯盒;(f) 取出芯子刷涂料

2.2.5   铸造工艺

为了提高铸件质量和生产效率,根据铸件结构特点、技术要求、生产数量和生产条件等预先选择造型方法,确定铸件的浇注位置和分型面、工艺参数、型芯和浇口等。这些问题直接影响铸件的生产。

1. 选择造型方法

造型方法很多,可以根据铸件的形状、尺寸大小、生产数量和生产条件选择手工造型中的整体模造型、分开模造型、挖砂造型或其他造型方法。在可能的条件下应采用机器造型。

2. 确定铸件的浇注位置和分型面

铸件的浇注位置是指浇注时铸件在铸型中所处的空间位置,分型面是铸型的上型与下型之间的接合面。浇注位置与分型面的确定密切相关,在分析浇注位置的同时就要考虑分型面的位置。通常一个铸件有几个浇注位置和分型面可供选择,这要通过分析对比来确定。确定浇注位置和分型面的原则如下:

(1) 确定浇注位置的原则

① 铸件上重要的工作面或加工面,浇注时应该朝下或置于侧面。因为铸件顶面的缺陷(如气孔、砂眼、夹杂物等)比下表面多,而且组织也不如下表面致密。图 2-13 为车床床身铸件的浇注位置,在一般情况下,将导轨面朝下。

② 有大平面的铸件,浇注时应将大平面朝下,以避免大平面上产生夹砂缺陷。图 2-14 是平板铸件的浇注位置。

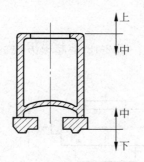

图 2-13　车床床身铸件的浇注位置

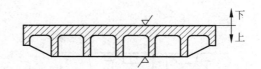

图 2-14　平板铸件的浇注位置

③ 尽量减少型芯的数量。图 2-15 为车床床腿两种浇注位置方案。图(b)所示方案的中间空腔用砂胎来形成,可减少造芯和下芯工作量。

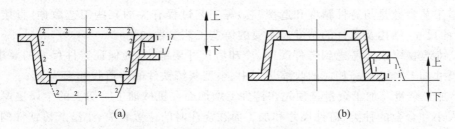

(a)　　　　　　　　　　　　　　(b)

图 2-15　车床床腿两种浇注位置

(a) 不合理;(b) 合理

(2) 确定分型面的原则

① 尽量把铸件放在一个砂箱内,而且尽可能放在下箱,以减少错箱和提高铸件精度。图 2-16 为圆盘的两种分型面的方案。采用图(a)所示方案造型,易错箱,披缝多,增加了清

理的工作量,分型面的位置是不合理的;而图(b)所示方案是合理的。

② 机器造型时不允许用三个砂箱造型(有两个分型面)和带活块的造型。图 2-17 为皮带轮造型,采用环形芯子后将原来的两个分型面改为一个分型面,既提高了铸件的精度,又适合机器造型。

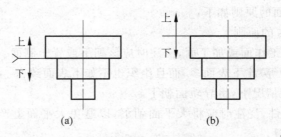

图 2-16　圆盘两种分型面的位置

(a) 不合理;(b) 合理

③ 分型面应当尽量选取在铸件最大截面处,以便造型。图 2-18 是起模方便的分型面的例子。

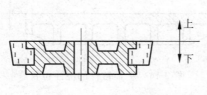

图 2-17　皮带轮的分型面

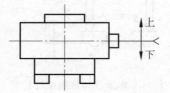

图 2-18　起模方便的分型面

3. 选择铸造工艺参数

铸造工艺参数是与铸件精度和造型(芯)等工艺过程有关的某些工艺数据,直接影响模样、芯盒的尺寸、结构及铸件的精度。主要的铸造工艺参数如下:

(1) 铸造收缩率　考虑到铸件凝固、冷却后尺寸要缩小,为保证铸件尺寸的要求,需将模样的尺寸加上(或减去)相应的收缩量。中、小型灰铸铁件的铸造收缩率为 1%。

(2) 加工余量　加工余量是预先在铸件上增加而在机械加工时切去的金属层厚度。加工余量大小和合金的种类、铸件尺寸和加工面在浇注时的位置有关,小型灰铸铁件的加工余量为 3～5mm。

(3) 起模斜度　起模斜度是平行于起模方向在模样壁上的斜度。起模斜度的大小和模样的高度、模样材料和造型方法的特点等有关,中、小型铸件的起模斜度为 $0°30'～3°$。

(4) 最小铸出孔和槽　铸件上较小的孔、槽一般不铸出,直接用钻头加工更为方便,且形位尺寸易保证。

4．型芯设计

设计型芯时要确定型芯的数目和芯头的结构等问题。

芯头是型芯的重要组成部分，它虽然不直接形成铸件的形状，但是型芯在铸型中是靠芯头来定位和支持的，型芯中的气体是通过芯头排出的。所以它对铸件质量影响甚大。

芯头必须有足够的尺寸和合适的形状，能保证型芯牢固地固定在砂型中，以免型芯在浇注时飘浮、偏斜或移动。

图 2-19 是两种常见的芯头结构形式。

5．浇注系统

浇注系统是为填充金属液而开设于铸型中的一系列通道。浇注系统通常由浇口杯、直浇道、横浇道和内浇道组成。图 2-20 为典型的浇注系统。

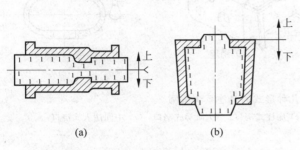

(a)   (b)

图 2-19 常见的芯头结构示意图
（a）水平芯头；（b）垂直芯头

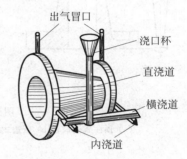

图 2-20 典型的浇注系统

浇注系统与铸件质量有密切关系。生产中常因浇口设置不当而导致冲砂、砂眼、气孔、浇不到、冷隔和裂纹等铸件缺陷。在浇注过程中浇注系统各组元的作用如下。

（1）浇口杯 也称外浇口，常用的浇口杯有漏斗形和浇口盆两种形式。造型时将直浇道上部扩大成漏斗形浇口杯，因结构简单，常用于中、小型铸件的浇注。浇口盆用于大、中型铸件的浇注。浇口杯的作用是承受来自浇包的金属液，缓和金属液的冲刷，使它平稳地流入直浇道。

（2）直浇道 直浇道是浇注系统中的垂直通道，其形状一般是一个有锥度的圆柱体。它的作用是将金属液从外浇口平稳地引入横浇道，并形成充型的静压力。

（3）横浇道 横浇道是连接直浇道和内浇道的水平通道，截面形状多为梯形。它除向内浇道分配金属液外，主要起挡渣作用，阻止夹杂物进入型腔。为了便于集渣，横浇道必须开在内浇道上面，末端距最后一个内浇道要有一段距离。

（4）内浇道 内浇道是引导金属液进入型腔的通道，截面形状为扁梯形、三角形或月牙型，作用是控制金属液流入型腔的速度和方向，调节铸型各部分温度分布。

图 2-21 是几种形式的浇注系统举例。

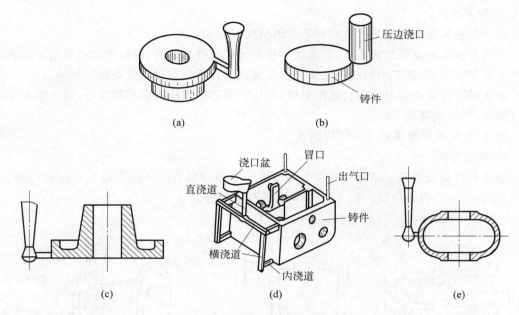

图 2-21 几种形式的浇注系统举例

(a) 顶注式浇口; (b) 压边式浇口; (c) 底注式浇口; (d) 阶梯式浇口; (e) 中间注入式浇口

2.3 合金的熔炼与浇注

2.3.1 铸造合金种类

　　铸造用金属材料种类繁多,有铸铁、铸钢、铸造铜合金、铸造铝合金和铸造镁合金等。其中铸铁是应用最广泛的铸造合金,据统计,铸铁件产量约占铸件总产量的 75%。

　　工业中常用的铸铁是碳质量分数 $w_C > 2.11\%$,以铁、碳、硅为主要元素的多元合金。它具有廉价的生产成本,良好的铸造性能、加工性能、耐磨性、耐蚀性、减震性和导热性,以及适当的强度和硬度。因此,铸铁在工程上获得比铸钢更广泛的应用。但是铸铁的强度较低,而塑性更差,所以制造受力大而复杂的铸件,特别是中、大型铸件往往采用铸钢。

　　铸钢包括碳钢(碳质量分数 $w_C 0.20\% \sim 0.60\%$ 的铁碳二元合金)和合金钢(碳钢与其他合金元素组成的多元合金)。铸钢的强度较高,塑性好,合金钢还具有耐磨、耐蚀、耐热等特殊性能,某些高合金钢具有特种铸铁所缺乏或没有的加工性和焊接性。除应用于一般工程结构件外,铸钢还广泛用于受力复杂、要求强度高并且韧性好的铸件,如水轮机转子、高压阀体、大齿轮、辊子、履带板、球磨机衬板和挖掘机的斗齿等。

　　常用的铸造非铁合金有铜合金、铝合金和镁合金等,其中铸造铝合金应用最多,它密度小,具有一定的强度、塑性及耐蚀性,广泛用于制造汽车轮毂、发动机的汽缸体、汽缸盖、活塞、螺旋桨及飞机起落架等。铸造铜合金具有比铸造铝合金高得多的力学性能,并有良好的导电、导热性和优异的耐蚀性,可以制造承受高应力、耐腐蚀、耐磨损的重要零件,如阀体、泵体、齿轮、蜗轮、轴承套、叶轮、船舶螺旋桨等。镁合金是目前最轻的金属结构材料,也是 21世纪最有发展前景的金属之一,它的密度小于铝合金,比强度和比刚度高于铝合金。铸造镁合金已经开始广泛应用于汽车、航空航天、兵器、电子电器、邮电通信、纺织、印刷、光学仪器及电子计算机制造等工业部门,如飞机的框架、壁板、起落架的轮毂,汽车发动机汽缸盖及进气管、变速箱、发动机盖,仪表电机壳体,便携式电脑外壳,照相机外壳,移动电话外壳等等。

2.3.2　合金的熔炼

为了生产高质量的铸件,首先要熔炼出合格的金属液。合金的熔炼如果控制不当会使铸件化学成分和力学性能不合格,以及产生气孔、夹渣、缩孔等缺陷。

对合金熔炼的基本要求是优质、低耗和高效,即：①金属液温度足够高;②金属液的化学成分符合要求,纯净度高(夹杂物及气体含量少);③熔化效率高,燃料、电力耗费少,金属烧损少;熔炼速度快。

熔炼铸铁的设备有多种,如冲天炉、电炉(感应电炉和电弧炉)、坩埚炉和反射炉等,目前还是以冲天炉应用最为广泛。熔炼铸钢的设备有电弧炉、感应炉等。在非铁合金熔炼方面,以感应电炉和坩埚炉应用较为广泛。

1. 冲天炉熔炼

冲天炉是铸铁的主要熔炼设备。它操作方便、适应性强、可连续作业、熔化热效率高(可达 50%～70%)、成本低,但熔炼的铁水质量不如电炉好。冲天炉是利用对流换热原理进行工作的,金属料与燃料直接接触而进行熔炼。熔炼时热炉气自下而上运动,冷炉料自上而下移动,两股逆向流动的物、气之间进行着热量交换和冶金反应,最终将金属炉料熔化成符合要求的铁水。常用的冲天炉熔化率为 1.5～10t/h。

2. 感应电炉熔炼

感应电炉根据电磁感应原理,利用炉料内感生的电流来加热和熔化炉料,可以进行连续或间断作业,容易改变炉料或合金种类,温度可控,加热速度快,热量散失少,热效率高,最高温度达到 1650℃以上,可熔化从低熔点到高熔点的各种铸造合金,熔炼过程不增碳不增硫,元素烧损少,液体金属自行搅拌,合金的成分和温度均匀,铸件质量高,无烟尘,噪声小,工作条件优越。所以感应电炉得到越来越广泛的应用。感应电炉的缺点是耗电量大,去除硫、磷有害元素作用差,要求金属炉料硫、磷质量分数低。

感应电炉的结构如图 2-22 所示,盛装金属炉料的坩埚外面绕一紫铜管感应线圈。当感应线圈中通以一定频率的交流电时,在其内外形成相同频率的交变磁场,使金属炉料内产生强大的感应电流,也称涡流。涡流在炉料中产生的电阻热使炉料熔化和过热。

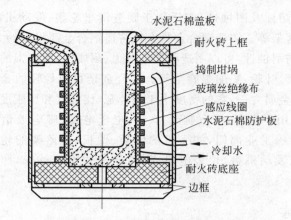

图 2-22　感应电炉结构示意图

　　熔炼中为保证尽可能大的电流密度,感应圈中应通水冷却。坩埚材料取决于熔炼金属的种类,熔炼铸钢、铸铁时需用耐火材料坩埚;熔炼非铁合金时可用铸铁坩埚或石墨坩埚。

　　感应电炉按电源工作频率可分为三种:

　　（1）高频感应电炉　频率为 10000Hz 以上,炉子最大容量在 100kg 以下。由于容量小,主要用于实验室和少量高合金钢熔炼。

　　（2）中频感应电炉　频率为 250～10000Hz,炉子容量从几千克到几十吨,广泛用于优质钢和优质铸铁的熔炼,也可用于铸铜合金、铸铝合金的熔炼。

　　（3）工频感应电炉　使用工业频率 50Hz,炉子容量 500kg 以上,最大可到 90t,广泛用于铸铁熔炼,还可用于铸钢、铸铝合金、铸铜合金的熔炼。

　　3. 坩埚炉熔炼

　　坩埚炉是利用传导和辐射原理进行熔炼的。通过燃料（如焦炭、重油、煤气等）燃烧或电热元件通电产生的热量加热坩埚,使炉内的金属炉料熔化。这种加热方式速度缓慢、温度较低、坩埚容量小,一般只用于非铁合金熔炼。图 2-23 是电阻坩埚炉的构造简图。

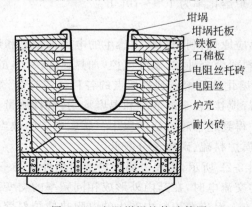

图 2-23　电阻坩埚炉构造简图

电阻坩埚炉是利用电流通过电热体发热熔化金属的。电加热元件可用铁铬铝或镍铬合金电阻丝,也可用碳化硅棒。坩埚用铸铁或石墨制成。炉子容量一般为 30～200kg。

电阻坩埚炉熔炼金属的优点是:

(1) 炉气不与金属料直接接触,减少了金属的吸气和氧化,金属液纯净;

(2) 炉温便于控制;

(3) 操作简便,劳动条件好。

这种炉子最大的缺点是熔炼时间长,耗电量大,主要用于熔炼铝合金。

4. 电弧炉熔炼

电弧炉熔炼方法在铸造合金的熔炼中占有重要地位。除一小部分铸钢采用感应电炉或其他特种熔炼设备熔炼以外,相当数量的铸钢目前采用电弧炉熔炼。

电弧炉借助电极与金属炉料间形成的高温电弧来熔化炉料。由于不用燃料燃烧的方法加热,故容易控制炉气的气氛为氧化性或还原性。炉料熔化后炼钢过程在炉渣覆盖下进行,由于炉渣的温度很高、化学性质活泼,使钢渣之间的化学反应能够进行。电弧炉作为炼钢设备的最大优点是热效率高,特别是熔化炉料方面,其热效率高达 75%。由于以上优点,电弧炉成为在铸钢方面应用最普遍的炼钢炉。电弧炉炼钢的缺点是钢液容易吸收氢气。目前电弧炉炼钢正向大功率和大容量方向发展,这不仅能提高生产能力,而且能降低炼钢的单位电耗。

2.3.3　浇注

把金属液浇入铸型的过程,称为浇注。如果浇注不当,会在铸件上产生浇不到、冷隔和缩孔等缺陷。

浇注通常用手工操纵浇包进行,仅在大型铸件或机械化铸造生产中才应用机械化或自动化浇注装置来完成。

浇注时应注意下列问题:

(1) 浇注前应做好准备工作:要了解浇注铸件质量、形状大小及铁水牌号,选好浇包、烘干用具、清理浇注场地。

(2) 金属液出炉后,应将液面上的熔渣扒除干净,并覆盖保温聚渣材料。浇注前还需再次扒除金属液面熔渣,以免浇入铸型。

(3) 浇注时要根据铸件大小及形状确定浇注温度和浇注速度。浇注温度过低,铁水的流动性差,易产生浇不到、冷隔、气孔等缺陷。浇注温度过高,铁水的收缩量增加,易产生缩孔、裂纹及粘砂等缺陷。浇注速度太慢,金属液降温过多,易产生浇不到、冷隔、夹渣等缺陷;浇得太快,型腔中气体来不及逸出易产生气孔,金属液的动压力增大易造成冲砂、抬箱、跑火等缺陷。对形状复杂的薄壁铸件,浇注速度应快,浇注温度应高。对简单的厚壁铸件,浇注温度可低一些,浇注速度也可慢一些。因此,浇注时一定要掌握好浇注顺序。一般先浇薄壁复杂件和大件,后浇中小件和厚壁大件。浇注时不能断流,应始终使浇口杯保持充满,以便于熔渣上浮。

(4) 浇注开始后,用红热的挡渣钩及时点燃从砂型中逸出的气体,以防 CO 等有害气体的污染及使铸件形成气孔。

2.4   铸件的落砂、清理及缺陷分析

浇注、冷却后的铸件必须经过落砂、清理、检验,合格后才能进行机械加工或使用。

2.4.1   落砂

落砂是用手工或机械使铸件和型砂、砂箱分开的操作。

落砂时应注意铸件的温度。落砂过早,铸件温度太高,铸件未凝固,会发生烫伤事故,而铸件暴露于空气中急速冷却,易产生过硬的白口组织及形成铸造应力、裂纹等。落砂过晚,又影响生产率。一般铸铁件的落砂温度在 400~500℃ 之间,形状复杂、易裂的铸铁件应在 200℃ 以下落砂。

在保证铸件质量的前提下应尽早落砂。铸件在砂型中保留的时间与铸件的形状、大小和壁厚等有关,形状简单、小于 10kg 的铸铁件,可在浇注后 20~40min 落砂;10~30kg 的铸铁件可在浇注后 30~60min 落砂。

落砂的方法有手工落砂和机械落砂两种,大量生产中采用各种落砂机落砂。

2.4.2   清理

落砂后应对铸件进行初步检验,初检合格的铸件就可进行清理。铸件必须经过清理工序,才能使铸件外表面达到要求。

清理工序包括:去除浇冒口,清除型芯,清除内外表面的粘砂,铲除、打磨披缝和毛刺,表面精整等。

中、小型铸铁件的浇冒口,可用工具打掉,敲击时要注意方向,防止损伤铸件。铸钢件的浇冒口要用气割切除。不锈钢铸件要用等离子弧切割。非铁合金铸件多用锯割切除。

铸件清理一般用风铲、錾子、钢丝刷等手工工具进行。因劳动条件差,生产效率低,应尽量用清理机械代替手工操作。如用气动落芯机和水力清理设备清除型芯;用喷丸清理滚筒、喷丸室清除表面粘砂;用砂轮机打磨铸件表面浇冒口及飞边的残留部分。常用的清砂设备有履带式抛丸清理机(见图 2-24)和抛丸清理转台(见图 2-25)。

许多铸件清理后需进行消除内应力的退火,以提高铸件形状和尺寸的稳定性。

有的铸件表面还需精整,以提高铸件表面质量。

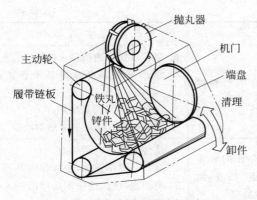

图 2-24 履带式抛丸清理机示意图

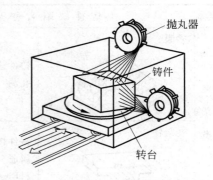

图 2-25 抛丸清理转台示意图

2.4.3 铸件缺陷分析

由于铸造工序多、投料多等各方面的因素,铸件容易产生缺陷,所以对清理完的铸件要进行严格的检验,合格品验收入库,有缺陷的要根据技术要求处理。如有的缺陷并不影响技术要求,仍可使用;有的缺陷可以采用气焊或焊条电弧焊焊补;不能用的才作废品回炉。要对铸件的缺陷进行认真的分析,以便改进工作,不断提高铸件质量,降低废品率,避免再度发生类似的缺陷。产生铸件缺陷的原因很多,表 2-1 列举常见铸件缺陷的特征及其产生原因。

表 2-1 常见铸件缺陷的名称、特征及产生原因

类别	铸 件 缺 陷 名 称 及 特 征		产 生 的 主 要 原 因
孔洞类	气孔	铸件内部或表面有呈圆形、梨形、椭圆形的光滑孔洞,孔的内壁较光滑	1. 舂砂太紧或型砂透气性差 2. 型砂太湿,起模刷水过多 3. 砂芯通气孔堵塞或砂芯未烘透 4. 浇口开设不正确,气体排不出去
	缩孔和缩松	缩孔:在铸件最后凝固的部位出现形状极不规则、孔壁粗糙的孔洞 缩松:铸件截面上细小而分散的缩孔	1. 浇注温度过高 2. 合金成分不对,收缩过大 3. 浇口、冒口设置不正确 4. 铸件设计不合理,金属收缩时,得不到金属液补充

续表

类别	铸件缺陷名称及特征		产生的主要原因
夹杂类	砂眼	铸件表面或内部带有砂粒的孔洞	1. 型腔或浇口内散砂未吹净 2. 型砂强度不高或局部未舂紧,掉砂 3. 合箱时砂型局部挤坏 4. 浇口开设不正确,冲坏砂型或砂芯
	夹杂物	铸件内或表面上存在的和金属成分不同的质点,如渣、涂料层、氧化物、硅酸盐等	1. 浇注时没有挡住熔渣 2. 浇口开设不正确,挡渣作用差 3. 浇注温度低,熔渣不易浮出 4. 浇包中熔渣未清除
表面缺陷	机械粘砂	铸件的部分或整个表面上,粘附着一层金属与砂料的机械混合物,使铸件表面粗糙	1. 砂型舂得太松 2. 浇注温度过高 3. 型砂耐火性差
	夹砂、结疤	铸件表面产生疤状金属突起物。其表面粗糙,边缘锐利,有一小部分疤片金属和铸件本体相连,在疤片和铸件间有型砂	1. 浇注温度太高,浇注时间过长 2. 铁水流动方向不合理,砂型受铁水烘烤时间过长 3. 型砂含水量太高,粘土太多
裂纹冷隔类	冷隔	在铸件上穿透或不穿透、边缘呈圆角状的缝隙	1. 浇注温度低 2. 浇注时断流,浇注速度过慢 3. 浇口开设不当,截面积小,内浇道数目少或位置不当 4. 远离浇口的铸件壁太薄
	裂纹	热裂:铸件开裂,裂纹断面严重氧化,呈现暗蓝色,外形曲折而不规则 冷裂:裂纹断面不氧化并发亮,有时轻微氧化。呈现连续直线状	1. 砂型(芯)退让性差,阻碍铸件收缩而引起过大的内应力 2. 浇注系统开设不当,阻碍铸件收缩 3. 铸件设计不合理,薄厚差别大

续表

类别	铸件缺陷名称及特征		产生的主要原因
残缺或差错类	浇不到	铸件残缺或轮廓不完整，或可能完整，但边角圆且光亮	1. 浇包中金属液量不够 2. 浇注温度太低 3. 铸件壁太薄 4. 浇口太小或未开出气口
	错型（错箱）	铸件的一部分与另一部分在分型面处相互错开	1. 合箱时上、下箱未对准 2. 分开模造型时，上半模和下半模未对好 3. 模样定位销损坏或松动太大
	偏芯（漂芯）	砂芯在金属液作用下漂浮移动，铸件内孔位置偏错，使形状、尺寸不符合要求	1. 下芯时砂芯放偏 2. 浇注时砂芯被冲偏 3. 芯座形状、尺寸不对 4. 砂芯变形

2.5　特种铸造

　　除普通砂型铸造以外的其他铸造方法统称为特种铸造。常用的特种铸造方法有金属型铸造、压力铸造、低压铸造、熔模铸造、离心铸造和消失模铸造等。

2.5.1　金属型铸造

　　用铸铁、铸钢或其他金属材料制造铸型，并在重力下将熔融金属浇入铸型获得铸件的工艺方法称为金属型铸造。金属型铸造既可以用金属芯，也可以用砂芯取代难以抽拔的金属芯。

　　金属铸型用铸铁或铸钢做成，可反复使用几百次，以至上万次，所以又称为永久型。图 2-26 所示为垂直分型的金属型，由活动半型和固定半型两部分组成，设有定位装置与锁紧装置，可以采用砂芯或金属芯铸孔。

　　金属型铸造的优缺点如下：

　　优点：

　　(1) 同一铸型可以反复使用，节省造型所需工时，

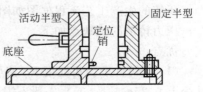

图 2-26　垂直分型的金属型

也不需占用太大的造型面积,可以提高铸造车间单位面积的铸件产量。

(2) 金属型使铸件冷却速度加快,具有激冷效果,使得铸件晶粒细化,组织致密,提高了铸件力学性能。同时也加快了铸型的周转速度,提高了生产率。

(3) 金属型尺寸准确,表面光洁,从而提高了铸件的尺寸精度及表面质量。铸件表面粗糙度 Ra 值可达 $25\sim12.5\mu m$,尺寸准确,可以减少加工余量,节约金属和加工费用。一副金属型可以反复浇注成千上万铸件,而且仍能保持铸件尺寸的稳定性。

(4) 金属型易于实现机械化、自动化,提高劳动生产率,减轻工人劳动强度。适合于大批量铸件的生产。

(5) 因不需用或较少使用砂子,减少了砂子的运输及混砂工作量,所以在一定程度上减少了车间中的噪声、刺激性气体以及粉尘等公害,改善了劳动环境。

(6) 因为金属型对铸件的冷却速度快,改变了金属的凝固条件,减少了应对铸件进行的补缩,所以铸件的浇冒口尺寸相应减小,液体金属利用率提高。

缺点:

(1) 金属型机械加工困难,制造成本高,加工周期长。

(2) 新产品试制时,需对金属型进行反复调试,才能得到合格铸件。而且当型腔定型后,工艺调整和产品结构修改的余地很小。

(3) 金属型排气条件差,工艺设计难度大。

(4) 金属型铸造必须根据产品、产量,实现操作机械化,否则并不能降低劳动强度。

金属型铸造既适用于复杂的铝合金、镁合金等非铁合金零件,如铝活塞、汽缸体、汽缸盖、油泵壳等中、小型铸件,也适合于铁基金属的成形铸件、铸锭及棒材等。由于金属型铸造具有很多优点,故广泛地被发动机、仪表等工业采用,发展很快。

2.5.2　压力铸造

将液态或半液态金属在高压作用下,以高速填充压铸模型腔,并在压力下快速凝固的铸造方法,称为压力铸造,简称压铸。用于压力铸造的机器称为压铸机。

高压、高速是压铸的两大特点。压力从几兆帕到几十兆帕(MPa),填充初始速度在 $0.5\sim70\text{m/s}$ 范围内。压铸铸型一般采用耐热合金钢制造。

压铸是在压铸机上进行,目前应用较多的是卧式冷压室压铸机。图 2-27 是卧式冷压室压铸机工作示意图。

压铸的生产工艺流程框图如图 2-28 所示。

压力铸造的优缺点如下。

优点:

(1) 压铸件表面粗糙度 Ra 值可达 $3.2\sim0.8\mu m$,铸件尺寸公差等级可达 CT4～CT8(尺寸公差 $0.26\sim1.6\text{ mm}$),一般不需再进行机械加工,或只需进行少量机械加工。

(2) 可压铸形状复杂、轮廓清晰的薄壁铸件。

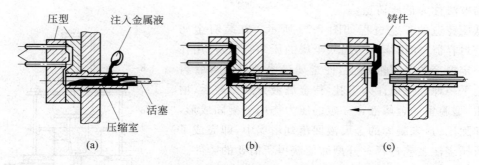

图 2-27 卧式冷压室压铸机工作示意图

（a）合型并注入金属液；（b）加压；（c）开型、顶出铸件

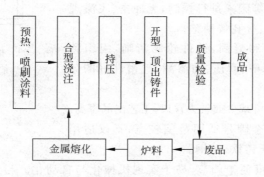

图 2-28 压铸的生产工艺流程框图

（3）金属液冷却速度快，并在压力下结晶，所以铸件组织致密，力学性能比一般砂型铸造提高 25%～40%。

（4）生产率高，并且易于实现机械化、自动化生产。

缺点：

（1）压铸铸型结构复杂，准备周期长，成本高。

（2）压铸件内部易产生许多细小气孔，铸件不能热处理，机加工后气孔等缺陷会暴露出来，所以应少加工。

（3）不宜压铸厚壁铸件。

压力铸造广泛用于汽车、拖拉机、航空、电器和仪表等工业部门，大批生产中、小型非铁合金铸件。目前，压铸件质量可以从几克到数十千克。近年来出现和发展了真空压铸、加氧压铸、半固态压铸等，此外，可溶型芯、超声波等新工艺在压铸上应用，不仅扩大了压铸的应用范围，而且展现了压铸生产的广阔前景。

2.5.3 低压铸造

用较低的压力（0.02～0.06MPa）使金属液自下而上充填型腔，并在压力下结晶以获得铸件的方法称为低压铸造。

低压铸造的工艺过程如图 2-29 所示。在装有金属液的密封容器(如坩埚)中,通入干燥的压缩空气,作用在保持一定温度的金属液面上,使金属液沿着升液导管自下而上平稳地经浇道注入型腔,待金属液充满型腔后,增大气压,型腔里的金属液在一定的压力作用下凝固成形,然后卸除压力,未凝固的金属液回落到坩埚中,即完成了一个低压浇注工艺过程。开型后便获得所需要的铸件。

低压铸造的特点是:

(1) 金属液充型平稳,充型速度可根据铸件的不同结构和铸型的不同材料等因素进行控制,无冲击、飞溅现象,不易产生夹渣、砂眼、气孔等缺陷。

(2) 在压力下充型和凝固,铸件轮廓清晰,组织致密,力学性能高,对于薄壁、耐压、防渗漏、气密性好的铸件尤为有利。

(3) 浇注系统简单,可减少或省去冒口,工艺出品率高。

(4) 低压铸造对合金牌号适用范围较宽,不仅适用于非铁合金,而且可用于铸铁、铸钢。

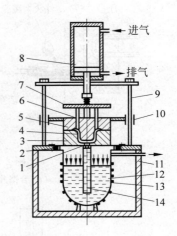

图 2-29   低压铸造工作原理示意图
1—浇注系统;2—密封垫;3—下型;
4—型腔;5—上型;6—顶杆;7—顶板;
8—汽缸;9—导柱;10—滑套;
11—保温炉;12—液态金属;13—坩埚;
14—升液导管

(5) 充型压力和速度便于调节,易于实现机械化与自动化。与压铸相比,工艺简单,制造方便,投资少,占地少。

低压铸造主要用于生产质量要求高的铝、镁合金铸件,如汽缸体、汽缸盖、活塞、曲轴箱等。从 20 世纪 70 年代起出现了侧铸式、组合式等高效低压铸造机,开展定向凝固及大型铸件的生产等研究,提高了铸件质量,扩大了低压铸造的应用范围。

2.5.4　熔模铸造

熔模铸造,又称失蜡铸造,是用易熔材料(如蜡料)制成精确光洁的模样,在易熔模样上涂敷若干层耐火材料,硬化干燥后即形成铸型。然后用加热的方法使铸型中的易熔模样熔化流出,从而获得无分型面、形状准确的型壳,再将熔化的液体金属浇注入经高温焙烧后的型壳,液体金属在铸型中冷却凝固后成为精确光洁的铸件。

熔模铸造的工艺流程框图如图 2-30 所示。

图 2-31 为叶片的熔模铸造工艺过程示意图。先在压型中做出单个蜡模(图 2-31(a)),再把单个蜡模焊到蜡质的浇注系统上(统称蜡模组,见图 2-31(b))。随后在蜡模组上分层涂挂涂料及撒上石英砂,并硬化结壳。熔化蜡模,得到中空的硬型壳(图 2-31(c))。型壳经高温焙烧去掉杂质后浇注(图 2-31(d))。冷却后,将型壳打碎取出铸件。熔模铸造的型壳也属于一次性铸型。

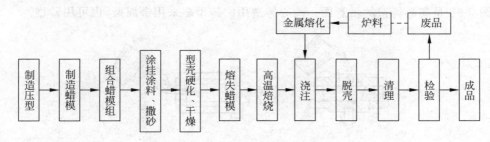

图 2-30　熔模铸造的工艺流程框图

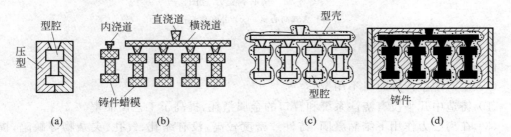

图 2-31　叶片的熔模铸造工艺过程

(a) 压制蜡模；(b) 组合蜡模；(c) 制壳、脱蜡、焙烧；(d) 填砂、浇注

熔模铸造的优缺点如下。

优点：

(1) 熔模铸件尺寸精度高、表面粗糙度低，尺寸公差等级可达 CT4～CT7（尺寸公差 0.26～1.1mm），表面粗糙度 Ra 值可达 6.3～1.6μm，一般可以不再机械加工。

(2) 可以铸造薄壁铸件以及质量很小的铸件。

(3) 可以铸造形状复杂的铸件。

(4) 可生产各种铸造合金的铸件，是生产耐热合金钢、磁性材料铸件的唯一方法。

(5) 可适合单件、小批、成批生产各种铸件。

缺点：

(1) 生产工艺过程复杂，周期长，成本高。

(2) 不适于生产大型铸件。

熔模铸造广泛用于航空、汽车、拖拉机、机床、电器、仪表和刀具等制造部门。

2.5.5　离心铸造

将熔融金属浇入旋转的铸型中，在离心力的作用下填充铸型而凝固成形的铸造方法，称为离心铸造。

离心铸造一般在离心机上进行，根据旋转轴在空间位置的不同，有卧式和立式两种离心机。图 2-32 是离心铸造的示意图。离心铸造用的铸型多采用金属型,也可用砂型。

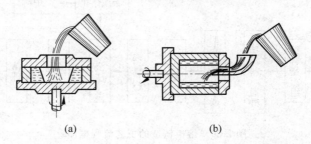

(a)   (b)

图 2-32　离心铸造示意图

(a) 立式离心机;(b) 卧式离心机

离心铸造的优缺点如下。

优点:

(1) 生产中空铸件时可不用型芯。

(2) 铸造中几乎没有浇注系统和冒口的金属消耗,提高了工艺出品率。

(3) 在离心力作用下结晶凝固,铸件致密度较高,没有缩孔、气孔、夹杂物等缺陷,提高了铸件力学性能。

(4) 便于制造筒、套类复合金属铸件,如钢背铜套、双金属轧辊等。

(5) 铸造成形铸件时,可借离心力提高金属液的充型能力,故可生产薄壁铸件。

缺点:

(1) 不能用于有成分偏析的合金。

(2) 铸件内孔表面较粗糙,聚有熔渣,其尺寸不易正确控制。

(3) 用于生产异形铸件时有一定的局限性。

离心铸造常用于铸管、铜套和双金属复合铸件的生产。

2.5.6　消失模铸造

消失模铸造又称"实型铸造""气化模造型""无型腔铸造"等。这种铸造方法的实质是采用泡沫聚苯乙烯塑料模样代替普通模样,造好型后不取出模样就浇入金属液,在液体金属的热作用下,泡沫塑料模气化、燃烧而消失,金属液取代了原来泡沫塑料模所占据的空间位置,冷却凝固后即可获得所需要的铸件。

消失模铸造是美国于 1956 年首先研制的,并于 1958 年获得专利,在研制初期,主要用来铸造金属工艺品。消失模铸造自 1962 年开始用于生产,在 20 世纪 80 年代开始得到迅速发展,我国从 1965 年开始对消失模铸造进行研究,90 年代中期开始应用。与传统的砂型铸造相比,消失模铸造有下列主要的区别:一是模样采用特制的可发泡聚苯乙烯(EPS)珠粒制成,这种泡沫塑料密度小,570℃左右气化、燃烧,气化速度快、残留物少;二是模样埋入铸型内不取出,型腔由模样占据;三是铸型一般采用无粘结剂和附加物的干态石英砂振动紧实而成,对于单件生产的中大型铸件可以采用树脂砂或水玻璃砂按常规方法造型。消失模铸造工艺过程如图 2-33 所示。

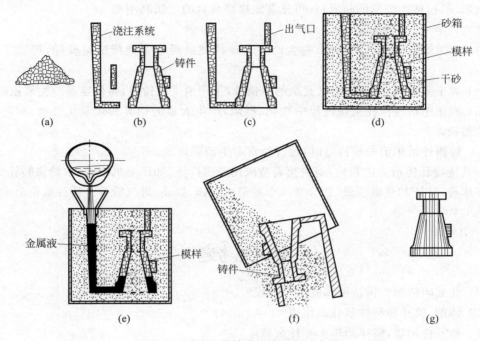

图 2-33 消失模铸造工艺过程示意图

(a) 制备 EPS 珠粒;(b) 制模样;(c) 粘合模样组、刷涂料;(d) 加干砂、振紧;(e) 放浇口杯、浇注;(f) 落砂;(g) 铸件

消失模铸造的优缺点如下。

优点:

(1) 铸件尺寸精度较高。造好型后不起模、不分型,没有铸造斜度和活块,在许多情况下取消型芯,有时型芯只用来制造水平小孔。避免普通砂型铸造时因起模、组芯及合箱等所引起的铸件尺寸误差和缺陷,提高了铸件尺寸精度;由于模样表面覆盖有涂料,使铸件表面粗糙度降低。铸件尺寸公差等级一般为 CT5~CT7,表面粗糙度 Ra 值为 $6.3~12.5\mu m$。铸型无分型面,不产生飞边、毛刺等缺陷,铸件外观光整。

(2) 简化了制模、造型、落砂、清理等工序,使生产周期缩短,提高了劳动生产率。

(3) 提高了铸件质量。干砂中不加入水分、粘结剂和其他附加物,消除了许多产生铸造缺陷的根源;干砂的流动性好,可填充到气化模周围的各个部分,无须舂实,提高了铸件的表面质量;干砂的透气性和溃散性好,铸件不易产生气孔和热裂等缺陷。

(4) 增大了设计铸造零件的自由度。消失模铸造由于模样没有分型面,因而很多普通砂型铸造难以实现的铸造结构设计问题,在消失模铸造时却容易解决,产品设计者可根据总体的需要设计铸件的结构。

(5) 适用范围广,对合金种类、铸件尺寸及生产数量几乎没有限制。

(6) 提高了材料利用率。消失模铸造的冒口可设计在铸件上的任何位置,可制成所需的任何形状,包括半球形的暗冒口,可显著地提高冒口的金属利用率。

缺点:

(1) 泡沫塑料模是一次性的,每生产一个铸件就消耗一个泡沫塑料模样,增加了铸件成本。

(2) 对于带有凹深空腔、形状复杂的铸铁件,采用消失模铸造,铸件容易产生皱皮缺陷。

(3) 泡沫塑料模样在浇注过程中气化、燃烧,产生大量的烟雾和碳氢化合物,对环境有一定的污染。

(4) 铸钢件采用消失模铸造时,铸件经常产生渗碳现象。

与其他特种铸造方法相比,消失模铸造应用范围广泛,如压缩机缸体,水轮机转轮体,大型机床床身,冲压和热锻模具,铝合金汽车发动机缸体、缸盖、进气管等。铸件重量范围可从1kg 到几十吨。

复习思考题

(1) 什么叫铸造? 铸造由哪些工序组成?

(2) 铸型、模样和型砂起什么作用?

(3) 和零件相比,模样结构上有什么特点?

(4) 如何判断模样能否从紧实的砂型中取出来?

(5) 各种手工造型方法的模样有什么特点?

(6) 造型时应注意哪些安全操作规程?

(7) 机器造型和手工造型比较,各有什么优缺点?

(8) 浇注系统由哪几部分组成? 各部分起什么作用?

(9) 什么叫分型面? 选择分型面应考虑哪些问题? 在工艺图上分型面如何表示?

(10) 型芯起什么作用?

(11) 为保证型芯的工作要求,造芯工艺上应采取哪些措施? 在工艺图上型芯如何表示?

(12) 熔炼铸造用合金应满足什么要求?

(13) 感应电炉熔炼有何特点? 应用范围如何?

(14) 铝合金用什么炉子熔化?

(15) 浇注前应做好哪些准备工作?

(16) 试述气孔、砂眼、夹杂物、缩孔等四种缺陷产生的原因,如何防止? 铸件上产生错型(错箱)的原因是什么? 如何防止?

(17) 砂型铸造和压铸,它们在浇注金属液时各有什么特点?

(18) 用铸造来生产零件毛坯的加工方法有什么特点? 铸造适宜于加工哪类零件毛坯?

第3章

锻　压

3.1　锻　压　概　述

对金属坯料施加冲击力或压力,使之产生塑性变形,以改变其尺寸、形状,并改善其性能的加工方法称为锻压。它是锻造和冲压的总称,其制件称为锻件或冲压件。

锻造是制造机械零件毛坯的重要方法之一,在一定的条件下也可直接生产机械零件。金属材料经过锻造后,其内部成分更加均匀,组织更加致密,晶粒得到细化,从而使其强韧性有所提高。所以各种机械上的传动零件,如主轴、传动轴、齿轮、凸轮、曲柄、连杆等,大都以锻件为毛坯。但由于锻造属于固态成形,因而锻件的形状一般不能太复杂,尤其难以锻出具有复杂内腔的锻件。

板料冲压是利用装在压力机上的模具对板料施压,使金属板料产生塑性变形或分离,从而获得零件或毛坯的加工方法。冲压是金属板料成形的主要方法,在各类机械、仪器仪表、电子器件、电工器材以及家用电器、生活用品制造中,都占有重要地位。冲压件具有刚性好、质量轻、尺寸精度和表面光洁程度高等优点,但其模具结构复杂,制造成本高,而且,生产一个冲压件往往需要多副模具,因此,板料冲压一般只适用于大批量生产的条件。

金属的锻压性能以其塑性和变形抗力综合衡量。塑性是指金属产生不可逆永久变形的能力,变形抗力是指在变形过程中金属抵抗工具(如锤头、模具)作用的力。显然,金属的塑性越好,变形抗力越小,锻压性能越好。金属的锻压性能首先决定于其化学成分和内部组织。例如,钢的碳质量分数越低,锻压性能越好;铸铁由于碳质量分数太高,塑性太差而不能锻压。同时,锻压性能还与金属变形时的温度、内部的应力状态及变形速率等加工条件有关。例如,将钢加热到 800℃ 以上时,与在常温状态下相比,其塑性明显提高,变形抗力大大降低。因此,钢的锻造都是在加热到红热状态下进行的。各种板材的冲压加工,除中厚板(6~8mm 以上)需加热进行外,通常的薄板(板料厚度大都不超过 1~2mm)冲压都在常温状态下进行。因此,适于薄板冲压的材料主要是具有良好塑性和较低变形抗力的低碳钢及铝、铜等有色金属。

3.2　锻　　造

3.2.1　锻造方法分类

锻造方法有自由锻、模锻和胎模锻三大类。自由锻是将坯料直接放在锻造设备的上、下抵铁之间施加锻压力,并借助于简单的通用性工具,使之产生塑性变形的锻造方法,适用于单件和小批量生产的条件。自由锻又分为锤上自由锻和液压机上自由锻。一般中小型锻件采用锤上自由锻,即在锻锤上锻造,大型锻件要在液压机(主要是水压机)上锻造。模锻是将坯料放在固定于模锻设备的锻模模腔内,使坯料受压而变形的锻造方法,又分为锤上模锻和各种压力机上的模锻。模锻时,生产每一种锻件,都要制造一副至几副专用的模具,因而模锻只适用于大批量或较大批量生产的条件。另外,受模腔容积和锻压力的限制,模锻以生产小型锻件为主。胎模锻是一种介于自由锻和模锻之间的锻造方法,采用简单的非固定模具,在自由锻设备上生产小型模锻件,适用于中、小批量的生产条件。

3.2.2　坯料的加热

如前所述,加热可以改善金属的锻造性能。加热后锻造,可以用较小的锻压力使坯料产生较大,甚至很大的变形而不破裂。

1. 锻造温度范围

材料适于锻造的最高温度称为该材料的始锻温度。坯料的加热温度若超过始锻温度,则会造成过热、过烧等加热缺陷。

在锻造过程中,坯料随着温度的不断下降,塑性越来越差,变形抗力越来越大,以致越来越难以继续锻造。各种材料允许进行锻造的最低温度称为该材料的终锻温度。如果在终锻温度以下继续锻造,不仅变形困难,而且可能造成坯料开裂或模具、设备损坏。

从始锻温度到终锻温度的温度区间称为锻造温度范围。中碳钢的锻造温度范围为$1200 \sim 800 ℃$。

2. 加热方法

按使用的燃料不同,锻造坯料的加热方法有煤炉加热、油炉加热和电炉加热。煤炉加热是最传统的加热方法,但其加热效率低,对环境污染严重,在现代化生产中正逐步减少使用,而日益广泛地采用电炉加热。

加热炉的种类很多,煤炉加热多采用反射炉,油炉加热多采用室式炉,电炉加热则多采用箱式电炉或感应电炉。

3. 钢的加热缺陷

(1) 氧化与脱碳　钢是铁与碳的合金。钢料表层的铁原子和碳原子在高温下极易与炉气中的 O_2、CO_2、H_2O 作用,生成氧化皮(其成分为 FeO、Fe_3O_4、Fe_2O_3 等),并造成脱碳层

（碳与氧结合生成 CO）。

氧化皮的生成不仅使钢料烧损（坯料每加热一次，氧化烧损量占料重的 2%～3%），而且使锻件表面粗糙。氧化皮还对炉底有腐蚀作用。

脱碳使锻件表层软化，强度和耐磨性降低；脱碳严重的钢料在锻造过程中易发生龟裂。但是，如果脱碳层的厚度小于锻件的加工余量，则对零件没有什么实际危害。

（2）过热与过烧　钢料加热超过始锻温度或在高温下停留时间过长，会引起晶粒长大，即晶粒互相合并形成粗大晶粒，这种现象称为过热。过热的钢料锻造时塑性有所降低，晶粒粗大的锻件力学性能较差，影响零件的使用。同时，过热还往往加重氧化和脱碳。

如果把钢料加热到高于始锻温度过多，甚至接近熔点的温度，晶粒边界会发生严重氧化甚至局部熔化的现象，称为过烧。过烧的钢料晶粒间的联系遭到破坏，锻打时必然碎裂。

3.2.3　自由锻锤

常用的自由锻锤有空气锤和蒸汽-空气自由锻锤两种，小型锻件多用空气锤锻造。

空气锤的结构和工作原理如图 3-1 所示，它靠自身携带的电动机通过减速机构和曲柄-连杆机构，推动压缩缸中的压缩活塞，产生压缩空气，再通过上、下旋阀的配气作用，使压缩空气进入工作缸的上部或下部，或直接与大气连通，从而使工作活塞连同锤杆和上抵铁一起，实现锤头上悬、下压、单击、连击等动作。这些动作是通过手柄或踏杆控制的。

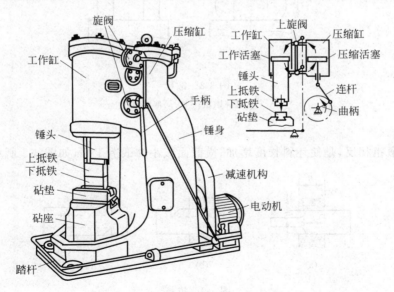

图 3-1　空气锤的结构和工作原理

空气锤的吨位以其工作活塞、锤杆和上抵铁等落下部分的质量表示。常用空气锤的吨位在 60～1000kg 之间，适用于锻造重量 100kg 以下的小型锻件。

3.2.4 自由锻的基本工序

自由锻的变形工序分为基本工序、辅助工序和精整工序三大类。基本工序是实现锻件基本成形的工序,有镦粗、拔长、冲孔、弯曲、扭转、错移等;辅助工序是为方便基本工序的操作而对坯料预加少量变形的工序,有压肩、压钳口、倒棱等;精整工序是在基本工序完成之后,对锻件进行整形,使锻件尺寸完全达到技术要求,并降低表面粗糙度的工序,有调直、矫正、滚圆、摔圆等。

下面介绍镦粗、拔长和冲孔这三个最常用的基本工序。

1. 镦粗

镦粗是使坯料横截面增大、高度减小的锻造工序,有整体镦粗和局部镦粗两种,如图 3-2 所示。

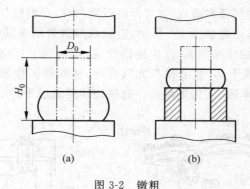

图 3-2　镦粗
(a) 整体镦粗;(b) 局部镦粗

2. 拔长

拔长与镦粗相反,是使坯料长度增加、横截面减小的锻造工序,如图 3-3 所示。

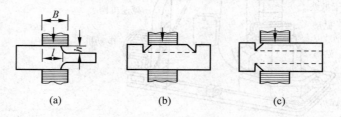

图 3-3　拔长
B—抵铁宽度;l—送进量;h—压下量

3. 冲孔

在坯料上冲出透孔或盲孔的工序称为冲孔,一般锻件的透孔采用双面冲孔法冲出,如

图 3-4 所示,即先从一面将孔冲至坯料厚度 2/3~3/4 的深度,取出冲子,翻转坯料,再从反面将孔冲透。

为防止冲孔过程中坯料开裂,一般限制冲孔孔径要小于坯料直径的 1/3。超过这一限制的孔,要先冲出一较小的孔,然后采用扩孔的方法达到所要求的孔径尺寸。常用的扩孔方法有冲头扩孔和芯轴扩孔。冲头扩孔(图 3-5)利用扩孔冲子锥面产生的径向分力将孔扩大。扩孔时,坯料内产生较大的切向拉应力,容易胀裂,故每次扩孔量不宜过大。

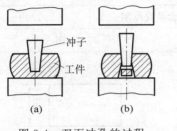

图 3-4　双面冲孔的过程

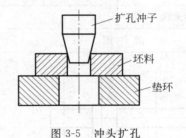

图 3-5　冲头扩孔

3.2.5　自由锻的变形工艺

自由锻变形工艺的安排主要取决于锻件的形状。无孔的饼块类锻件可通过镦粗的方法制造。轴杆类锻件则主要由拔长完成。盘状的空心锻件可采用镦粗—冲孔工序,或冲孔后再进一步扩孔;筒形的空心件则采用镦粗—冲孔—芯棒拔长的方法制造。所谓芯棒拔长,即将冲孔后的坯料套在直径略小于内孔的芯棒上进行拔长。弯曲类锻件大都是先锻出具有直轴心线的轴杆件,再行弯曲。形状复杂的锻件,如果实在难以整体锻出,也可将锻件分成几块锻制,然后焊接成整体,或者经切削加工后采用机械的方法连接起来(图 3-6)。

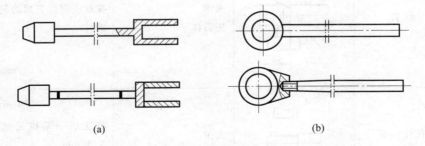

图 3-6　将复杂锻件分段锻造的整体实施方案

(a)分段锻造—焊接—切削加工;(b)分段锻造—切削加工—机械连接

表 3-1 列出台阶轴坯的自由锻变形工艺过程。这也是一般中、小型台阶轴类锻件比较典型的自由锻过程。表中工序简图栏内所标注的尺寸是各工序操作中必须测量的工艺尺寸或锻件尺寸,其中压肩位置尺寸需经过计算确定。

表 3-1 台阶轴坯自由锻工艺

锻件名称	台阶轴坯	工艺类别	自由锻
材料	45 钢	锻造设备	150kg 空气锤
加热火次	2	锻造温度范围	1200~800℃

锻 件 图	坯 料 图

序号	工序名称	工序简图	使用工具	操作要点
1	拔长		火钳	整体拔长至 $\phi(49\pm2)$mm
2	压肩		火钳 压肩摔子	找准压肩位置后边轻打边旋转锻件
3	拔长一端		火钳	将压肩一端拔长至直径略大于 37mm

序号	工序名称	工序简图	使用工具	操作要点
4	摔圆		火钳 摔圆摔子	将拔长部分摔圆至 $\phi(37\pm2)$mm
5	压肩		火钳 压肩摔子	截出中段 42mm 后,将另一端压肩
6	拔长	(略)	火钳	将压肩一端拔长至直径略大于 32mm
7	摔圆	(略)	火钳 摔圆摔子	将拔长部分摔圆至 $\phi(32\pm2)$mm
8	修整	(见锻件图)	火钳、卡钳、钢板尺	修整轴向弯曲、检查各部分尺寸

3.2.6　自由锻安全操作规程

(1) 上锤操作前,要穿戴好围裙、手套及劳保鞋等保护用品。

(2) 使用设备前要对各加油点加油,使用中注意观察设备润滑情况。

(3) 启动锻锤时,应先将操作手柄放在"空转"位置。

(4) 正确握持火钳,不要把钳把对准腹部,不要将手指放在两钳把中间。

(5) 锤击过程中,要将火钳平放并夹紧工件,以防工件飞出伤人。

(6) 翻转工件时,要停止锤击,以防工件飞出。

(7) 非操作人员不要离锻锤太近,站立位置要避开工件可能飞出的方向。

(8) 要尽量将工件放在砧铁的中部,避免偏心锻击。

(9) 要控制锻造温度,达到终锻温度的工件要及时停锻,重新加热。

(10) 严禁锻打冷坯料。避免锻打过薄的工件。

(11) 停锤后再将工件取出,以防止上、下砧铁直接对击。

(12) 锤头上悬的时间不宜过长,以减少工作缸发热。

(13) 工作中如发现锻锤有不正常声音,要立即停锤,检查原因。

(14) 不要用手触摸锻后颜色已发黑的工件,以防灼伤。

(15) 工作完成后,及时拉闸断电,清理场地。

3.3 板料冲压

3.3.1 冲床

冲床是进行冲压加工的基本设备。常用的开式可倾斜式冲床的结构如图3-7所示。接通电源后,电动机带动带轮(飞轮)旋转,踩下踏板使离合器闭合,从而带动曲轴旋转,曲轴带动连杆使原处于最高极限位置的滑块沿导轨向下运动,进行冲压。模具分为凸模(又称冲头)和凹模,分别装在滑块的下端和工作台上。

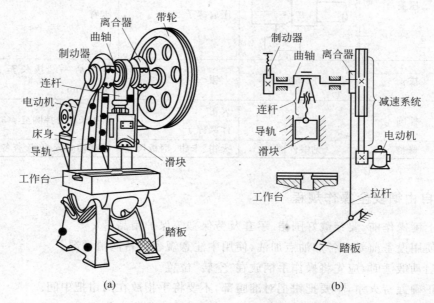

图3-7 冲床
(a)外观图;(b)传动简图

冲压操作时,如果踩下踏板后立即抬起,使离合器随即脱开,滑块则在完成一次冲压后,在制动器的作用下停止在最高位置上,完成一个单次冲压;如果不松开踏板,则可进行连续冲压。

冲床属于机械压力机类设备,其规格以公称压力表示,也称为冲床的吨位。例如,J23-63型冲床。型号中的"J"表示机械压力机,"63"表示冲床的公称压力为630kN(型号中的"23"表示机型为开式可倾斜式)。

3.3.2 板料冲压的基本工序

板料冲压的工序分为分离工序和成形工序两大类。分离工序是使板料沿一定的线段分离的冲压工序,有冲裁、切口、切断等;成形工序是使板料产生局部或整体变形的工序,有弯曲、拉深、胀形、翻边等。

1. 冲裁

冲裁是使板料沿封闭轮廓线分离的工序,如图 3-8 所示。

冲裁包括冲孔和落料两个具体工序。它们的模具结构、操作方法和板料的分离过程完全相同,但各自的作用不同。冲孔是在板料上冲出孔洞,冲下的金属是废料(见图 3-9);落料是从板料上冲下成品,板料本身则成为废料或余料(见图 3-10)。

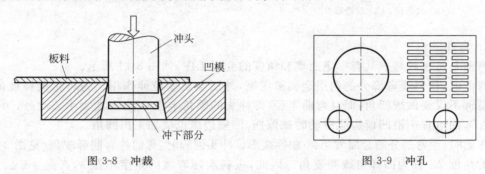

图 3-8　冲裁　　　　　　　　　　图 3-9　冲孔

为了顺利地将板料分离,并使切口比较整齐和尺寸准确,冲头和凹模的工作部分都有锋利的刃口。此外,为保证冲裁质量,冲头和凹模之间要有相当于板料厚度 $5\% \sim 10\%$ 的间隙。

在满足使用要求的前提下,合理设计落料件的形状及其在板料上的排列方案,对于提高材料的利用率有重要的意义。图 3-11 所示的落料件在孔距不变的情况下,改进设计后,材料利用率由 38% 提高到 79%。图 3-12 则表示,合理的排料方案可以大大节省原材料。

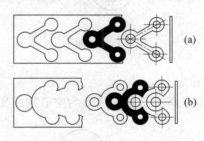

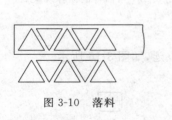

图 3-10　落料　　　　　　　图 3-11　改进零件设计节约原材料
(a) 改进前;(b) 改进后

切口可视作不完整的冲裁,其特点是将板料沿不封闭的轮廓线部分地分离,并且,分离部分的金属发生弯曲或胀形(见图 3-13)。切口部位有良好的散热作用,因此,切口工艺在各类机械及仪表外壳的冲压中大量采用。

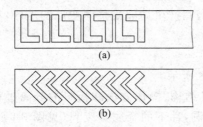

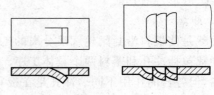

图 3-12　改进排料方案节约原材料

（a）改进前；（b）改进后

图 3-13　切口

2. 弯曲

弯曲是将板料弯成具有一定曲率和角度的变形工序,如图 3-14 所示。

弯曲时,板料受弯部分的内层金属被压缩,外层金属受拉伸作用。为防止板料被拉裂,冲头端部不仅要做成圆角,而且弯曲半径(即冲头的圆角半径 r)也不能太小。此外,为防止板料在弯曲过程中沿凹模边缘滑动时被擦伤,凹模边缘也要加工出圆角。

弯曲时,受弯部分的金属发生弹-塑性变形。冲头回程时,弯曲件有回弹现象(见图 3-15)。回弹的角度 $\Delta\alpha$ 称为回弹角或弹复角。因此,板料实际弯成的角度不是 α,而是 $\alpha+\Delta\alpha$。$\Delta\alpha$ 的大小与板料的材质、厚度及弯曲角 α 等因素有关。

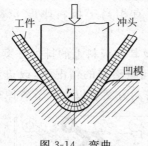

图 3-14　弯曲

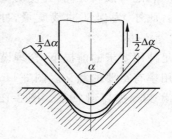

图 3-15　弯曲件的回弹现象

3. 拉深

拉深是将平直板料成形为空心件的变形工序,又称拉延,如图 3-16 所示。

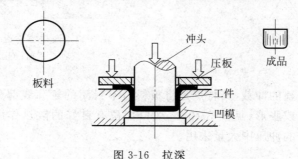

图 3-16　拉深

由图 3-16 可知,拉深过程实质上就是使冲头下端以外的板料金属由平面形状转化为直立筒壁的过程。在拉深过程中板料要产生很剧烈的塑性变形。

为使拉深过程顺利进行,防止工件被拉裂,冲头和凹模的边缘都要加工出圆角,圆角半径通常要大于板料厚度的 5 倍;冲头与凹模之间要有板厚 1.1～1.2 倍的单边间隙;拉深前,板料上要涂润滑剂;深度大的拉深件,要采用多次拉深(见图 3-17),控制每次的变形量,逐步完成。此外,为防止拉深过程中的板料起皱,要使用压板将板料压住。压板是拉深模的组成部件。拉深时,压板先将板料压住后,冲头再进行拉深。压板上的压力不能太大,以防止板料上的摩擦阻力过大,造成拉裂。

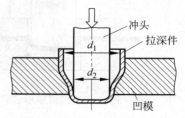

图 3-17　多次拉深

4. 胀形

胀形是对板料或冲压件半成品的局部区域施加压力,使其变形区内的材料在双向拉应力的作用下,厚度减薄,表面积增大的工序,包括在工件上压制出各种形状的凸起和凹陷(如压肋、压坑、压字、压花)或在空心件上使局部区段的直径胀大等,如图 3-18 所示。与拉深不同,胀形时,工件的变形区仅限于冲头下的局部区域。如图 3-18(a)所示的平板坯件胀形,变形区仅限于板料上直径为 d 的区域。在冲头压力 P 的作用下,该区域的金属内产生径向拉应力 σ_r 和切向拉应力 σ_θ,从而使厚度变薄,表面积增大。胀形可采用刚模或软模进行。图 3-19 所示是用刚模在平面板料上压坑;图 3-20 所示是用软模使空心件胀形。软模可简化模具制造,压制形状复杂的零件,但其使用寿命低,需经常更换。

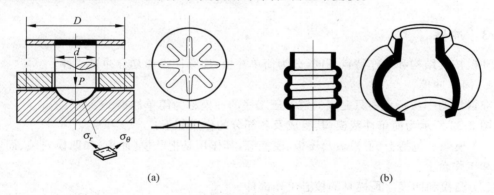

(a)　　　　　　　　　　　　　　　　(b)

图 3-18　胀形
(a) 平板坯件胀形;(b) 管状坯件胀形

5. 翻边

翻边是在冲压件的半成品上沿一定的曲线位置翻起竖立直边的变形工序,其中孔的翻边(翻孔)应用最多。翻孔的过程如图 3-21 所示。为防止将板料拉裂,翻孔的变形程度也受到限制。例如,低碳钢的翻孔系数（翻孔前后孔径的比值$\dfrac{d_0}{d_p}$）不能小于 0.72。

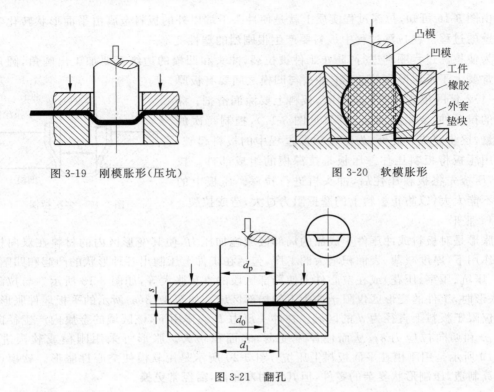

图 3-19   刚模胀形（压坑）　　　　　图 3-20   软模胀形

图 3-21   翻孔

3.3.3   冲模

冲模按其结构和工作特点不同，分为简单冲模、连续冲模和复合冲模三种。

1. 简单冲模

在滑块的一次行程中只完成一道冲压工序的冲模称为简单冲模。

图 3-22 所示为简单冲裁模，其组成及各部分的作用如下：

（1）模架   包括上、下模板及压板、模柄等，其作用是把凸模（冲头）和凹模安装、固定在滑块和工作台上。

（2）凸模和凹模   是模具的核心工作部件。

（3）导柱和导套   起导向作用，保证模具的运动精度。

（4）导料板和定位销   引导板料送进方向和控制送进量。

（5）卸料板   使板料在冲裁后从凸模上脱出。

2. 连续冲模

在滑块的一次行程中，在模具的不同部位同时完成两个或多个冲压工序的冲模称为连续冲模。

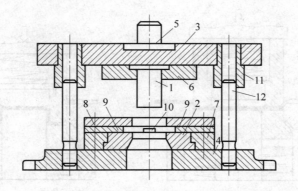

图 3-22 简单冲裁模

1—凸模；2—凹模；3—上模板；4—下模板；5—模柄；6,7—压板；
8—卸料板；9—导料板；10—定位销；11—导套；12—导柱

图 3-23 所示为冲孔—落料连续模。冲孔凸模和落料凸模、冲孔凹模和落料凹模分别制作在同一个模体上。导板起导向和卸料作用。定位销使板料（条状坯料）大致定位。导正销与已冲孔配合使落料时准确定位。

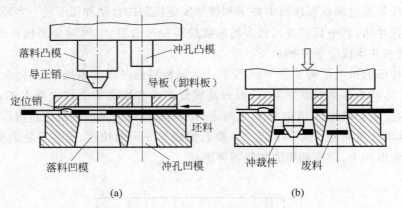

图 3-23 连续冲模的结构及工作示意图

（a）板料送进；（b）冲裁

连续冲模生产效率高，易于实现机械化和自动化，但定位精度要求高，制造成本较高。

3. 复合冲模

在滑块的一次行程中，在模具的同一部位完成两道或多道冲压工序的冲模称为复合冲模。

图 3-24 所示为落料—拉深复合模。这种模具结构上的主要特点是有一个凸凹模，其外缘为落料凸模，内缘为拉深凹模。板料入位后，凸凹模下降时，首先落料，然后拉深凸模将坯料反向顶入凸凹模内，进行拉深。顶出器在滑块回程时将拉深件顶出。

复合冲模有较高的加工精度及生产率，但制造复杂，适用于大批量生产的条件。

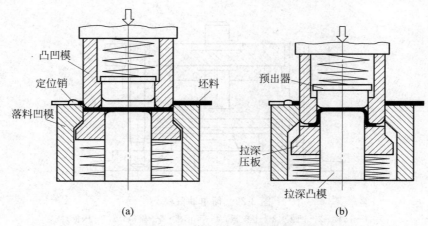

图 3-24 落料—拉深复合模的结构及工作原理

(a) 落料；(b) 拉深

3.3.4 数控冲压简介

数控冲压是通过编制程序而由数字和符号实施控制的自动冲压工艺。实施数控冲压的机床称为数控冲床,其中目前应用较多的是数控步冲压力机,它可对金属板料进行冲孔、步冲轮廓、切槽和冲压成形等多种加工。

数控步冲压力机的结构如图 3-25 所示。金属板料通过气动系统 7,由夹钳 5 夹紧在工作台 13 上。为减少移动的摩擦阻力,板料是放置在装有滚珠的工作台面上的。图中的 16 和 14 分别为控制板料作 X 方向和 Y 方向运动的伺服电机。伺服电机通过滚珠丝杠带动工作台移动,移动速度可达 6m/min 以上。模具配接器 3 可以快速、准确地装夹和更换模具。一副模具通常由冲头、凹模和压边卸料器等组成。

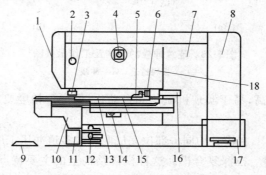

图 3-25 数控步冲压力机示意图

1—控制盘；2—传动头；3—模具配接器；4—主电机；5—夹钳；6—坐标导轨；
7—气动系统；8—电器柜；9—踏板；10—托架；11—废屑箱；12—除屑泵；13—工作台；
14—Y 轴电机；15—定位销；16—X 轴电机；17—液压系统；18—机身

步冲压力机的工作原理是利用工件沿一定轨迹的连续送进和冲头的连续冲压完成加工的。它可以采用简单模具冲制出复杂的孔形。例如,某金属板上要冲出如图 3-26 所示的五种孔形。如果采用普通冲床冲孔,则需要利用 5 副模具,并经过 4 次更换模具才能完成,或在多台冲床上分别冲出。如果采用数控冲孔,则只要制造一副横截面为圆形,工作直径为 $2R_0$ 的冲模就可完成。根据图中各孔的形状、尺寸和位置编制相应的程序后,在工件的一次装夹中,即可把全部的孔自动冲出。其中矩阵孔系 1 的 8 个孔可以依次分别冲出。孔 3 和孔 5 则采用步进的方式冲出。步冲的过程是,首先在孔的一端冲出直径为 $2R_0$ 的孔,然后以此为起点,由装在步冲压力机工作台下部的两台伺服电机,控制板料沿 X 方向和 Y 方向作合成运动,使板料沿孔的中心线作间歇送进运动。每次的送进量很小(0.1mm 以下)。每次送进后,冲头向下冲压一次,切下少许金属。但冲头的冲压频率很高,每分钟可达 100 次以上。当板料根据预先编制好的程序完成一个孔的全部位移行程后,孔 3 或孔 5 即被冲出。利用同一副模具,使板料沿图中孔 2 和孔 4 中双点画线的轨迹送进,即可将这两个孔冲出。

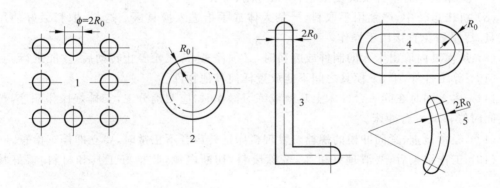

图 3-26　数控冲床冲孔示意图

数控冲压的主要特点如下:

(1)与一般冲孔不同,步进冲孔不是通过冲头与凹模间的一次冲压将板料切离,而是通过类似插削加工的切削过程逐步完成孔加工的。冲头在每一次冲压行程中从板料上切下少许金属。

(2)数控冲孔采用形状简单的小型模具即可完成板料上复杂孔形的加工。而且,一种形状和尺寸的小模具,可以完成多种孔形的加工,从而大大降低模具制造的费用,节省制造和更换模具的时间。

(3)对于需要大型模具和大型冲床才能加工的大孔,在较小的步冲压力机上即可方便地完成。

(4)由于不需要针对冲孔的孔形和尺寸制造专用的模具,数控冲孔在中小批量生产,甚至单件生产中更显示出其优越性。

(5) 数控冲孔的设备投资较大。

3.3.5　冲压操作安全技术

(1) 操作前,必须熟悉机床的结构、性能和技术参数,各个开关、按钮、仪表的作用与操作方法。未经培训,严禁上机操作。

(2) 操作前,要扎紧袖口,女同学及留长发的男同学必须戴工作帽。

(3) 开机前,要按规定要求加注润滑油。

(4) 启动电机前,要检查离合器是否处于脱开状态。

(5) 安装、调整模具时,要用手动盘车,校正和调整模具位置。要使冲床高度大于冲模闭合高度(滑块处于下死点时)。空载试车,确定机床各系统运转正常后,才能正式开车使用。

(6) 机床启动时,要等待飞轮达到额定转速之后,才能开始冲压加工。

(7) 操作机床时精神要高度集中,严禁打闹、说笑。

(8) 机床运转中,严禁用手取料,严禁人体或手指进入模具区。送料、取料最好使用适当工具,尽量避免直接用手操作。

(9) 从模具内取出卡入的制件或废料时,必须停车,待飞轮停止转动后,才能进行。

(10) 除工件外,上、下模具之间不能放置任何其他物件。

(11) 多人同时在同一台冲床上观摩或练习操作时,应明确分工,安排好操作顺序,严禁两人同时操作同一台冲床。

(12) 经常检查、紧固冲模的螺栓。发现机床运转声音不正常时,要立即停车检查。

(13) 工作结束后,要清理好机床,清除废料,切断电源,收拾好工具和材料,搞好场地卫生。

复习思考题

(1) 试比较铸造和锻造的成形原理、工艺方法的优缺点和应用范围。

(2) 如何衡量材料的锻压性能? 常用的钢铁材料锻压性能如何?

(3) 常用的锻造方法有哪几类? 各自的应用范围如何?

(4) 锻造前加热坯料的作用是什么? 中碳钢的锻造温度范围是多少?

(5) 过热和过烧对锻件质量有何影响? 如何防止过热和过烧?

(6) 空气锤组成及各部分的作用如何? 锻锤吨位指的是什么?

(7) 试总结自由锻的基本工序。

(8) 画出你在实习中操作练习或现场观摩的锻件自由锻变形工艺过程。

(9) 板料冲压和锻造这两种工艺方法有哪些异同点?

(10) 冲床上的飞轮、离合器和制动器各起什么作用?

（11）冲孔和落料有何异同？

（12）冲裁模与拉深模的结构有何不同？

（13）弯曲时为什么要限制最小弯曲半径？为什么会发生回弹现象？

（14）拉深时可能产生的缺陷是什么？如何防止？

（15）胀形与拉深的变形过程有何不同？刚模胀形与软模胀形各有何优缺点？

（16）翻边与拉深的变形过程有何不同？为什么要限制翻边系数？

（17）冲模有哪几种？它们的区别是什么？

（18）冲模由哪几个部分组成？各部分的作用是什么？

（19）数控步进冲孔与普通冲孔过程的主要区别是什么？

（20）数控步进冲孔与普通冲孔相比有哪些主要优点？

第4章

焊　接

4.1　焊接概述

焊接是通过加热或加压(或两者并用)、并且用(或不用)填充材料,使焊件形成原子间结合的一种连接方法。焊接实现的连接是不可拆卸的永久性连接,被连接的焊件材料可以是同种或异种金属,也可以是金属与非金属等。与铆接相比,焊接具有节省金属材料、生产率高、连接质量优良、劳动条件好等优点。在机械制造工业中,焊接广泛用于制造各种金属结构件,如厂房屋架、桥梁、船体、机车车辆、汽车、飞机、火箭、锅炉、压力容器、管道、起重机等;焊接也常用于制造机器零件,如重型机械和冶金、锻压设备的机架、底座、箱体、轴、齿轮等。此外,焊接还用于修补铸、锻件缺陷和局部受损坏的零件,这在生产中具有较大的经济意义。

焊接方法的种类很多,按焊接过程的特点不同,可分为熔焊、压焊和钎焊三大类。

熔焊是将焊件连接部位局部加热至熔化状态,随后冷却凝固成一体,不加压力完成焊接的方法。生产中常用的熔焊方法有焊条电弧焊、气焊、埋弧焊、二氧化碳气体保护焊、氩弧焊等。

压焊是焊接过程中必须对焊件施加压力(加热或不加热),以完成焊接的方法,如电阻焊等。

钎焊是采用低熔点的填充金属(称为钎料)熔化后,与固态焊件金属相互扩散形成原子间的结合而实现连接的方法。

熔焊的焊接接头如图 4-1 所示。被焊的工件材料称为母材(或称基本金属)。焊接过程中局部受热熔化的金属形成熔池,熔池金属冷却凝固后形成焊缝。焊缝两侧的母材受焊接加热的影响(但未熔化),引起金属内部组织和力学性能变化的区域,称为焊接热影响区(简称

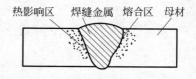

图 4-1　熔焊焊接接头

热影响区）。焊缝和热影响区的分界线称为熔合线。焊缝和热影响区一起构成焊接接头。

　　焊缝各部分的名称如图 4-2 所示。焊缝表面上的鱼鳞状波纹称为焊波。焊缝表面与母材的交界处称为焊趾。超出母材表面焊趾连线上面的那部分焊缝金属的高度,称为余高。单道焊缝横截面中,两焊趾之间的距离,称为焊缝宽度,也叫熔宽。在焊接接头横截面上,母材熔化的深度称为熔深。

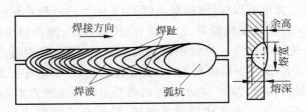

图 4-2　焊缝各部分的名称

4.2　焊条电弧焊

　　利用电弧作为焊接热源的熔焊方法称为电弧焊,简称弧焊。用手工操纵焊条进行焊接的电弧焊方法称为焊条电弧焊。

　　焊条电弧焊的焊接过程如图 4-3 所示。焊接前,把焊钳和焊件分别接到弧焊机输出端的两极,并用焊钳夹持焊条。焊接时,首先在焊条和焊件之间引出电弧,在电弧高温作用下,焊条和焊件同时熔化,形成金属熔池。随着电弧沿焊接方向前移,熔池金属迅速冷却,凝固成焊缝。

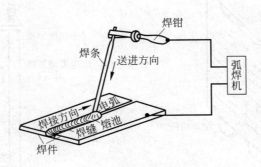

图 4-3　焊条电弧焊

　　焊条电弧焊所需的设备简单,操作方便、灵活,适用于厚度为 2mm 以上各种金属材料和各种形状结构的焊接。因此,它是工业生产中应用最为广泛的一种焊接方法。

4.2.1　弧焊机

1. 弧焊机的种类

电弧焊需要专用的弧焊电源,称为电弧焊机。焊条电弧焊的弧焊电源也称为手弧焊机,简称弧焊机。弧焊机按供应的焊接电流性质可分为交流弧焊机和直流弧焊机两类,生产中常用的直流弧焊机有整流式直流弧焊机和逆变式直流弧焊机等。

(1) 交流弧焊机　交流弧焊机(简称交流焊机)实际上是一种具有一定特性的降压变压器,称为弧焊变压器。它具有结构简单、价格便宜、使用方便、维护简单的优点,但电弧稳定性较差。图 4-4 所示是目前国内一种常用的交流焊机的外形,其型号为 BX1-250。型号中"B"表示弧焊变压器,"X"表示下降外特性(电源输出端电压与输出电流的关系称为电源的外特性),"1"为系列品种序号,"250"表示弧焊机的额定焊接电流为 250A。

(2) 整流式直流弧焊机　整流式直流弧焊机(简称整流弧焊机)是电弧焊专用的整流器,故又称为弧焊整流器。它是将网路交流电经过降压、整流后获得直流电的。整流弧焊机由三相降压变压器、磁饱和电抗器、整流器组、输出电抗器、通风机组及控制系统等组成。这种弧焊机弥补了交流焊机电弧稳定性较差的缺点,且焊机结构较简单、制造方便、空载损失小、噪声小,但价格比交流弧焊机高。图 4-5 所示是一种常用的整流弧焊机的外形,其型号为 ZXG-300。型号中"Z"表示弧焊整流器,"X"表示下降外特性,"G"表示弧焊机采用硅整流元件,"300"表示弧焊机的额定焊接电流为 300A。

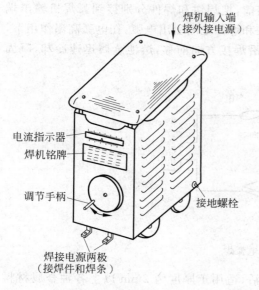

图 4-4　交流弧焊机

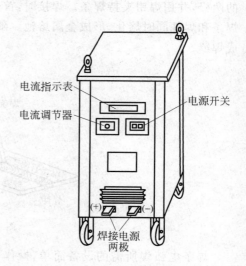

图 4-5　整流弧焊机

（3）逆变式直流弧焊机　逆变式直流弧焊机（简称逆变弧焊机）是一种发展前景广阔的新型弧焊电源，又称为弧焊逆变器。它具有高效节能、质量轻、体积小、调节速度快和良好的弧焊工艺性能等优点，近年来发展迅速，预计在未来的弧焊电源中将占据主导地位。图 4-6 所示是逆变式弧焊机的基本工作原理框图。网路单相或三相 50Hz 工频交流电经输入整流器 UZ_1 整流和输入滤波器 LC_1 滤波成直流电，借助大功率电子开关器件 VT（如晶闸管、场效应管等）的交替开关作用，将直流电变换成几千至几万赫兹的中频交流电，再经中频变压器降压和输出整流器 UZ_2 整流，最后经电抗器 LC 滤波即可获得所需的焊接电压和电流。输出电流可以是直流或交流，因而弧焊逆变器有两种逆变系统：工频交流—直流—中频交流，即 AC—DC—AC 系统；工频交流—直流—中频交流—直流，即 AC—DC—AC—DC 系统。通常采用后一种系统较多。逆变式弧焊机可以根据焊接工艺需要调节到所希望的外特性，因而能够取代传统的各种弧焊电源，随着该弧焊机的不断发展，其应用将越来越广。

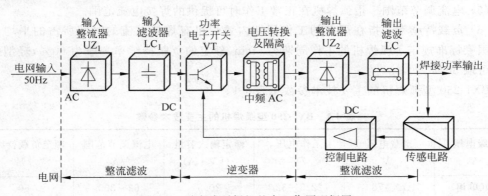

图 4-6　逆变式弧焊机基本工作原理框图

直流弧焊机的输出端有正极、负极之分，焊接时电弧两端极性不变。因此，弧焊机输出端有两种不同的接线法：将焊件接到弧焊机正极，焊条接负极，称为正接；反之，将焊件接到负极，焊条接正极，称为反接，如图 4-7 所示。采用直流弧焊机焊接厚板时，一般采用正接，这是因为电弧正极的温度和热量比负极高，采用正接能获得较大的熔深；焊接薄板时，为了防止焊穿，常采用反接。但在使用碱性焊条时，均应采用直流反接，以保证电弧燃烧稳定。

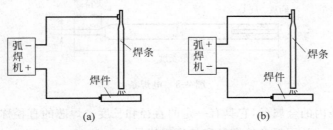

图 4-7　直流弧焊机的不同接线法

(a) 正接；(b) 反接

2. 弧焊机的主要技术参数

弧焊机的主要技术参数标明在弧焊机的铭牌上，主要有初级电压、空载电压、工作电压、输入容量、电流调节范围和负载持续率等。

（1）初级电压 指弧焊机接入网路时所要求的外电源电压。一般交流弧焊机的初级电压为单相 380V，整流弧焊机的初级电压为三相 380V。

（2）空载电压 指弧焊机没有负载时（即未焊接时）的输出端电压。一般交流弧焊机的空载电压为 60～80V，直流弧焊机的空载电压为 50～90V。

（3）工作电压 指弧焊机在焊接时的输出端电压，也可看作为电弧两端的电压（称为电弧电压）。一般弧焊机的工作电压为 20～40V。

（4）输入容量 指由网路输入到弧焊机的电压与电流的乘积，它表示弧焊变压器传递电功率的能力，其单位为 kV·A。

（5）电流调节范围 指弧焊机在正常工作时可提供的焊接电流范围。

（6）负载持续率 指在规定的工作周期内弧焊机有焊接电流的时间所占的平均百分率。国家标准规定手弧焊机的工作周期为 5min，额定的负载持续率一般为 60%，轻型弧焊电源可取 35%。

BX1-250 型弧焊机的主要技术参数见表 4-1。

表 4-1 BX1-250 型弧焊机的主要技术参数

初级电压 /V	空载电压 /V	工作电压 /V	额定输入容量 /(kV·A)	电流调节范围 /A	额定负载持续率 /%
380（单相）	70～78	22.5～32	20.5	62～300	60

4.2.2 电焊条

电焊条（简称焊条）是焊条电弧焊时的焊接材料（焊接时所消耗的材料统称为焊接材料）。它由焊芯和药皮两部分组成，如图 4-8 所示。

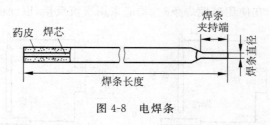

图 4-8 电焊条

焊芯是指焊条内的金属丝，它具有一定的直径和长度。焊芯的直径称为焊条直径，焊芯的长度即焊条长度。常用焊条的直径和长度规格见表 4-2。

表 4-2　常用焊条的直径和长度规格　　　　　　　mm

焊条直径	2.0	2.5	3.2	4.0	5.0
焊条长度	250 300	250 300	350 400	350 400 450	400 500

　　焊芯在焊接时有两个作用：一是作为电极传导电流，产生电弧；二是熔化后作为填充金属，与熔化的母材一起组成焊缝金属。

　　用于焊芯的专用钢丝（称为焊丝）分为碳素结构钢、低合金结构钢和不锈钢三类。常用碳素结构钢焊丝牌号有 H08、H08A 和 H08E 等。牌号中"H"表示焊条用钢，"A"表示高级优质，"E"表示特级优质。

　　药皮是指压涂在焊芯表面上的涂料层，它由矿石粉、铁合金粉和粘结剂等原料按一定比例配制而成。其主要作用是：

　　（1）改善焊条工艺性　　如使电弧易于引燃，保持电弧稳定燃烧，有利焊缝成形，减少飞溅等。

　　（2）机械保护作用　　在电弧热量作用下，药皮分解产生大量气体并形成熔渣，对熔化金属起保护作用。

　　（3）冶金处理作用　　去除有害杂质（如氧、氢、硫、磷等），添加有益的合金元素，改善焊缝质量。

　　焊条有多种类型，按其熔渣化学性质不同可分为两大类：酸性焊条和碱性焊条。药皮熔化后形成的熔渣以酸性氧化物为主的焊条称为酸性焊条，如 E4303、E5003 等；熔渣以碱性氧化物和氟化钙为主的焊条称为碱性焊条，如 E4315、E5015 等。

　　焊条按用途分为十大类：结构钢焊条、钼和铬钼耐热钢焊条、不锈钢焊条、堆焊焊条、低温钢焊条、铸铁焊条、镍和镍合金焊条、铜和铜合金焊条、铝和铝合金焊条、特殊用途焊条。

　　结构钢焊条是焊接结构生产中应用最广泛的焊条，包括碳钢焊条和低合金钢焊条。焊接不同钢材应使用不同型号的焊条，如焊接 Q235 钢、20 钢时选用 E4303 或 E4315 焊条；焊接 Q345 钢时选用 E5003 或 E5015。焊条型号中"E"表示焊条；"43"和"50"分别表示熔敷金属抗拉强度最小值分别为 420MPa（43kgf/mm²）和 490MPa（50kgf/mm²）。焊条型号中第三位数字表示适用的焊接位置，"0"和"1"表示适用于全位置焊接；第三位和第四位数字组合时表示药皮类型和焊接电源种类，"03"表示钛钙型药皮，用交流或直流正、反接焊接电源均可；"15"表示低氢钠型药皮，直流反接焊接电源。

4.2.3　焊接接头形式和坡口形式

1. 焊接接头形式

常用的焊接接头形式有：对接接头、搭接接头、角接接头和 T 形接头等，如图 4-9 所示。

其中对接接头是指两焊件表面构成大于135°、小于180°夹角的接头；搭接接头是指两焊件部分重叠构成的接头；角接接头是指两焊件端部构成大于30°、小于135°夹角的接头；T形接头是指一焊件之端面与另一焊件表面构成直角或近似直角的接头。

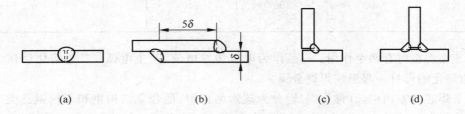

图4-9　常用的焊接接头形式
（a）对接接头；（b）搭接接头；（c）角接接头；（d）T形接头

2. 坡口形式

焊件较薄时，在焊件接头处只要留出一定的间隙，采用单面焊或双面焊就可以保证焊透。焊件较厚时，为了保证焊透，焊接前要把焊件的待焊部位加工成为所需的几何形状，即需要开坡口。对接接头常见的坡口形式有I形坡口、Y形坡口、双Y形坡口和带钝边U形坡口等，如图4-10所示

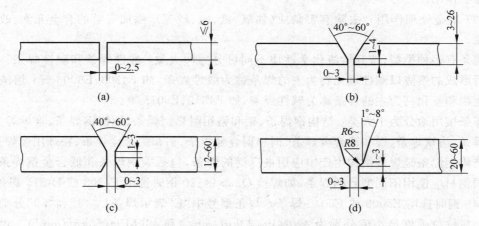

图4-10　焊条电弧焊对接接头的坡口形式及适用的焊件厚度
（a）I形坡口；（b）Y形坡口；（c）双Y形坡口；（d）带钝边U形坡口

施焊时，对I形坡口、Y形坡口和带钝边U形坡口，可根据实际情况，采用单面焊或双面焊完成（图4-11）。一般情况下，若能双面焊时应尽量采用双面焊，因为双面焊容易保证焊透。

加工坡口时，通常在焊件厚度方向留有直边（称为钝边，见图4-9），其作用是为了防止烧穿。接头组装时，往往留有间隙，这是为了保证焊透。

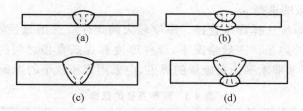

图 4-11　单面焊和双面焊

（a）Ⅰ形坡口单面焊；（b）Ⅰ形坡口双面焊；（c）Y形坡口单面焊；（d）Y形坡口双面焊

焊件较厚时,为了焊满坡口,要采用多层焊或多层多道焊,如图 4-12 所示。

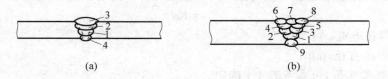

图 4-12　对接 Y 形坡口的多层焊

（a）多层焊；（b）多层多道焊

4.2.4　焊接位置

熔焊时,焊件接缝所处的空间位置称为焊接位置,有平焊位置、立焊位置、横焊位置和仰焊位置等。对接接头的各种焊接位置,如图 4-13 所示。平焊位置易于操作,生产率高,劳动条件好,焊接质量容易保证。因此,焊件应尽可能放在平焊位置施焊。立焊位置和横焊位置次之,仰焊位置最差。

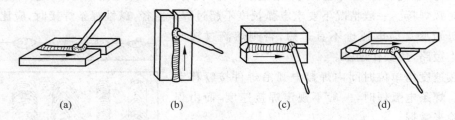

图 4-13　焊接位置

（a）平焊位置；（b）立焊位置；（c）横焊位置；（d）仰焊位置

4.2.5　焊接工艺参数

焊接工艺参数是指焊接时为保证焊接质量而选定的各物理量（如焊接电流、电弧电压、焊接速度等）的总称。焊条电弧焊的焊接工艺参数包括焊条直径、焊接电流、电弧电压、焊接速度和焊接层次等。焊接工艺参数选择是否正确,直接影响焊接质量和生产率。

1. 焊接工艺参数的选择

首先,根据焊件厚度选择焊条直径。厚度较大的焊件应选用直径较大的焊条;焊件较薄时,应选用小直径的焊条。一般情况下,焊件厚度和焊条直径之间的关系可参考表4-3。多层焊的第一层焊缝和非水平位置施焊的焊条,应采用直径较小的焊条。

表4-3　焊条直径的选择　　　　　　　　　　　　mm

焊件厚度	2	3	4～7	8～12	>12
焊条直径	1.6,2.0	2.0,3.2	3.2,4.0	4.0,5.0	4.0～5.8

然后,根据焊条直径选择焊接电流。对一般钢焊件,可根据下面的经验公式来确定:

$$I = Kd$$

式中:I——焊接电流,A;

d——焊条直径,mm;

K——经验系数,可参考表4-4确定。

表4-4　根据焊条直径选择焊接电流的经验系数

焊条直径/mm	1.6	2.0～2.5	3.2	4.0
K	20～25	25～30	30～40	40～50

应当指出,根据以上公式所求得的焊接电流只是一个大概数值。在实际生产中,还要根据焊件厚度、接头形式、焊接位置、焊条种类等因素,通过试焊来调整和确定焊接电流大小。

焊条电弧焊的电弧电压由电弧长度决定。电弧长,电弧电压高;电弧短,电弧电压低。电弧过长时,燃烧不稳定,熔深减小,熔宽加大,并且容易产生焊接缺陷。因此,焊接时应力求使用短弧焊接。一般情况下要求电弧长度不超过焊条直径,碱性焊条焊接时,应比酸性焊条弧长更短些。但电弧也不宜过短,否则熔滴过渡时可能发生短路,使操作困难。

焊接速度指单位时间内焊接电弧沿焊件接缝移动的距离。焊条电弧焊时,一般不规定焊接速度,而由焊工凭经验来掌握。

2. 焊接工艺参数对焊缝成形的影响

焊接工艺参数是否合适,直接影响焊缝成形。图4-14表示焊接电流和焊接速度对焊缝形状的影响。

焊接电流和焊接速度合适时,焊缝形状规则,焊波均匀并呈椭圆形,焊缝到母材过渡平滑,焊缝外形尺寸符合要求,如图4-14(a)所示。

焊接电流太小时,电弧吹力小,熔池金属不易流

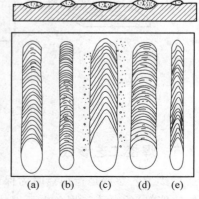

(a)　(b)　(c)　(d)　(e)

图4-14　焊接电流和焊接速度
对焊缝形状的影响

开,焊波变圆,焊缝到母材过渡突然,余高增大,熔宽和熔深均减小,如图 4-14(b)所示。

焊接电流太大时,焊条熔化过快,尾部发红,飞溅增多,焊波变尖,熔宽和熔深都增加,焊缝出现下塌,甚至产生烧穿缺陷,如图 4-14(c)所示。

焊接速度太慢时,焊波变圆,余高、熔宽和熔深均增加,如图 4-14(d)所示。焊接较薄焊件时,有产生烧穿缺陷的可能。

焊接速度太快时,焊波变尖,余高、熔宽和熔深都减小,如图 4-14(e)所示。

4.2.6 焊条电弧焊安全技术

1. 保证设备安全

(1) 线路各连接点必须接触良好,防止因松动接触不良而发热。

(2) 焊钳任何时候都不能放在工作台上,以免短路烧坏焊机。

(3) 发现焊机出现异常时,应立即停止工作,切断电源。

(4) 操作完毕或检查焊机时必须拉闸。

2. 防止触电

(1) 焊前检查弧焊机外壳接地是否良好。

(2) 焊钳和焊接电缆的绝缘必须良好。

(3) 焊接操作以前应穿好绝缘鞋、戴电焊手套。

(4) 人体不要同时触及弧焊机输出端两极。

(5) 发生触电时,应先立即切断电源。

3. 防止弧光伤害

(1) 穿好工作服、戴电焊手套,以免弧光伤害皮肤。

(2) 焊接时必须使用面罩(焊帽),保护眼睛和脸部。

(3) 挂好操作间的布帘,以免弧光伤害他人。

4. 防止烫伤

(1) 清渣时要注意渣飞出方向,防止焊渣烫伤眼睛和脸部。

(2) 焊件焊后应该用火钳夹持,不准直接用手拿。

5. 防止烟尘中毒

焊条电弧焊的工作场所应采用良好的通风措施。

6. 防火、防爆

焊条电弧焊工作场地周围不能有易燃易爆物品,工作完毕应检查周围有无火种。

4.3 气体保护电弧焊

利用外加气体作为电弧介质并保护电弧和焊接区的电弧焊称为气体保护电弧焊,简称为气体保护焊。常用的气体保护焊有:

（1）钨极惰性气体保护焊，在国际上简称为 TIG 焊。使用的惰性气体有氩气、氦气或氩、氦混合气体等，我国因氦气价格比氩气贵很多，故工业上一般采用氩气作为保护气体，称为钨极氩弧焊。

（2）熔化极气体保护焊，包括熔化极惰性气体保护焊（在国际上简称为 MIG 焊）和熔化极活性气体保护焊（在国际上简称为 MAG 焊）。MAG 焊通常是指在氩气中加入少量氧化性气体（O_2、CO_2 或其混合气体）作为保护气体的气体保护焊。

采用纯 CO_2 气体作为保护气体的气体保护焊称为二氧化碳气体保护焊，其本质上也属于 MAG 焊。

4.3.1　钨极氩弧焊

钨极氩弧焊是指以金属钨或钨的合金作为电极材料，用氩气作为保护气体的气体保护焊。手工钨极氩弧焊的焊接过程如图 4-15 所示。焊接时，在钨极和焊件间产生电弧，填充金属从一侧送入，在电弧热作用下，填充金属与焊件熔融在一起，形成金属熔池。从喷嘴流出的氩气在电弧及熔池周围形成连续封闭的气流，起保护作用。随着电弧前移，熔池金属冷却凝固形成焊缝。

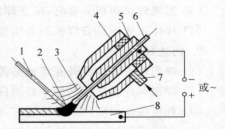

图 4-15　手工钨极氩弧焊焊接过程示意图
1—焊丝；2—电弧；3—氩气流；4—喷嘴；
5—导电嘴；6—钨极；7—进气管；8—焊件

手工钨极氩弧焊设备系统如图 4-16 所示。它主要由焊接电源、引弧及稳弧装置、焊枪、供气系统、水冷系统和焊接程序控制装置等部分组成。其中焊接电源内包括了引弧及稳弧装置、焊接程序控制装置等。由于氩气电离势高，引弧较困难，一般不采用短路接触引弧，直流 TIG 焊可采用高频振荡器引弧，电弧引燃后即关闭高频振荡器；交流 TIG 焊通常采用高压脉冲引弧和稳弧。

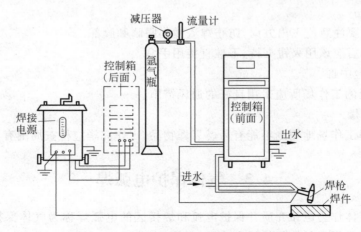

图 4-16　手工钨极氩弧焊设备系统示意图

供气系统包括氩气瓶、减压器、流量计和电磁气阀等。

钨极氩弧焊具有以下特点：

（1）由于氩气是惰性气体，它既不与金属发生化学反应，又不溶解于金属引起气孔，因而是一种理想的保护气体，能获得高质量的焊缝。

（2）氩气的导热系数小，且是单原子气体，高温时不分解吸热，电弧热量损失小，所以氩弧一旦引燃，电弧就很稳定。

（3）明弧焊接，便于观察熔池，进行控制。可以进行各种空间位置的焊接，易于实现机械化和自动化。

（4）氩气价格贵，焊接成本高。此外，氩弧焊设备的维修较为复杂。

氩弧焊目前主要适用于焊接易氧化的有色金属（如铝、镁、钛及其合金）、高强度合金钢以及一些特殊性能合金钢（如不锈钢、耐热钢）等。

4.3.2　二氧化碳气体保护焊

二氧化碳气体保护焊是利用 CO_2 作为保护气体的气体保护焊，简称 CO_2 焊。它用焊丝做电极并兼做填充金属，以自动或半自动方式进行焊接。目前应用较多的是半自动 CO_2 焊，其焊接设备系统主要由焊接电源、焊枪、送丝机构、供气系统和控制系统等部分组成，如图 4-17 所示。用于焊接电流在 300A 以上的焊枪需要配备冷却水系统。供气系统包括 CO_2 气瓶、减压器、流量计和电磁气阀等，有时需要预热器和干燥器。焊接电源需采用直流反接。

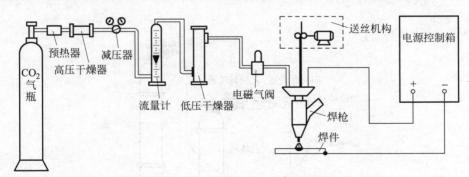

图 4-17　CO_2 焊设备系统示意图

常用的焊丝牌号有 H08Mn2SiA 等。

CO_2 焊的优点是：采用廉价的 CO_2 气体，成本低；电流密度大，熔深大，焊接速度快，又不需清渣，生产率高；焊接质量较好，焊接变形小；明弧焊接，易于控制，操作灵活，适宜于各种空间位置的焊接，易于实现机械化和自动化。其缺点是焊缝成形较差，飞溅大。

CO_2 是一种氧化性气体。焊接过程中不仅会使焊件金属元素氧化烧损，而且还会导致气孔和飞溅。因此，它不适用于焊接有色金属和高合金钢。CO_2 焊主要适用于低碳钢和某些低合金结构钢的焊接。

4.4　其他焊接方法

4.4.1　气焊

气焊是利用气体火焰来熔化母材和填充金属的一种焊接方法,如图 4-18 所示。

气焊通常使用的气体是乙炔和氧气。乙炔和氧气混合燃烧形成的火焰称为氧乙炔焰,其温度可达 3150℃左右。

与焊条电弧焊相比,气焊火焰的温度比电弧低,热量分散,加热较为缓慢,生产率低,焊接变形严重。气焊火焰还会使液态金属氧化或增碳,其保护效果较差,焊接接头质量不高。但是火焰加热容易控制熔池温度,易于实现均匀焊透和单面焊双面成形。此外,气焊设备简单,移动方便,且不需要电源,这给室外作业提供一定的方便。

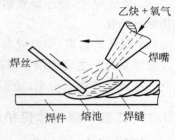

图 4-18　气焊示意图

气焊一般应用于 3mm 以下的低碳钢薄板、铸铁和管子的焊接。铝、铜及其合金焊接时,在质量要求不高的情况下,也可采用气焊。

1. 气焊设备

气焊所用的设备由氧气瓶、乙炔瓶、减压器、回火保险器、焊炬和橡胶管等组成,如图 4-19 所示。

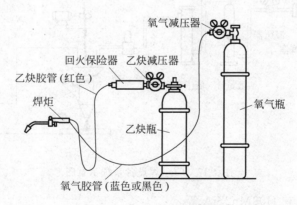

图 4-19　气焊设备及其连接

氧气瓶是储存和运输高压气态氧的一种高压容器,它是用优质碳素钢或低合金钢经热挤压、收口而成的圆柱形无缝容器。氧气瓶外表为天蓝色,并用黑漆标以"氧气"字样。

乙炔瓶是储存和运输乙炔的一种压力容器,其外表是白色,并用红漆标以"乙炔"和"火不可近"字样。

减压器是将高压气体降为低压气体的调节装置,其作用是将钢瓶或管路内的高压气体调节成工作时所用的压力,并保持在使用过程中气体压力的稳定。按使用气体的种类,减压器可分为氧气减压器和乙炔减压器等。

回火保险器是装在可燃气体源和焊炬之间防止乙炔气向乙炔瓶回烧的一种安全装置。

焊炬是气焊时用于控制火焰进行焊接的工具,其作用是将乙炔和氧气按一定比例均匀混合,由焊嘴喷出后,点火燃烧,产生气体火焰。射吸式焊炬的外形如图 4-20 所示。常用型号有 H01-2 和 H01-6 等。型号中"H"表示焊炬,"0"表示手工,"1"表示射吸式,"2"和"6"表示可焊接低碳钢的最大厚度分别为 2mm 和 6mm。各种型号的焊炬均配有 3～5 个大小不同的焊嘴,以便焊接不同厚度的焊件。

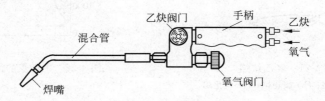

图 4-20　射吸式焊炬

2. 焊丝与气焊熔剂

(1) 焊丝　气焊的焊丝只作为填充金属,与熔化的母材一起组成焊缝。焊接低碳钢时,常用的气焊丝的牌号有 H08、H08A 等。气焊丝的直径一般为 2～4mm,气焊时根据焊件厚度来选择。为了保证焊接接头质量,焊丝直径和焊件厚度不宜相差太大。

(2) 气焊熔剂　气焊熔剂是气焊时的助熔剂,其作用是保护熔池金属,去除焊接过程中形成的氧化物,增加液态金属的流动性。

气焊熔剂主要供气焊铸铁、不锈钢、耐热钢、铜、铝等金属材料时使用,气焊低碳钢时不必使用气焊熔剂。我国气焊熔剂的牌号有 CJ101,CJ201,CJ301 和 CJ401 四种。其中 CJ101 为不锈钢和耐热钢气焊熔剂;CJ201 为铸铁气焊熔剂;CJ301 为铜及铜合金气焊熔剂;CJ401 为铝及铝合金气焊熔剂。

3. 氧乙炔焰

改变氧气和乙炔的混合比例,可获得三种不同性质的火焰,如图 4-21 所示。

(1) 中性焰　氧气和乙炔的混合比为 1.1～1.2 时燃烧所形成的火焰称为中性焰(图 4-21(a))。它由焰心、内焰和外焰三部分构成。焰心成尖锥状,色白明亮、轮廓清楚;内焰颜色发暗,轮廓不清楚,与外焰无明显界限;外焰由里向外逐渐由淡紫色变成橙黄色。中性焰在距离焰心前面 2～4mm 处温度最高,为 3050～3150℃。中性焰的温度分布如图 4-22 所示。

中性焰适用于焊接低碳钢、中碳钢、低合金钢、不锈钢、紫铜、铝及铝合金等金属材料。

(2) 碳化焰　碳化焰是指氧气与乙炔的混合比小于 1.1 时燃烧所形成的火焰(图 4-21(b))。由于氧气不足,燃烧不完全,过量的乙炔分解为碳和氢,碳会渗到熔池中造成焊缝增碳。碳化焰比中性焰长,其结构也分为焰心、内焰和外焰三部分。焰心呈白色,内焰呈淡白色,外焰呈橙黄色。乙炔量多时还会带黑烟。碳化焰的最高温度为 2700～3000℃。

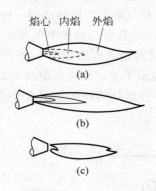

图 4-21   氧乙炔焰
(a)中性焰;(b)碳化焰;(c)氧化焰

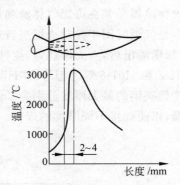

图 4-22   中性焰的温度分布

碳化焰适用于焊接高碳钢、铸铁、硬质合金和高速钢等材料。

(3)氧化焰   氧气和乙炔的混合比大于 1.2 时燃烧所形成的火焰称为氧化焰(图 4-21(c))。整个火焰比中性焰短,分为焰心和外焰两部分。由于火焰中有过量的氧,对熔池金属有强烈的氧化作用,一般气焊时不宜采用。只有在气焊黄铜时才采用轻微氧化焰,以利用其氧化性,在溶池表面形成一层氧化物薄膜,减少低沸点的锌的蒸发。氧化焰的最高温度为 3100～3300℃。

4.4.2   埋弧焊

埋弧焊是电弧在焊剂层下燃烧,利用机械自动控制焊丝送进和电弧移动的一种电弧焊方法。

1. 焊接过程

埋弧焊焊缝形成过程如图 4-23 所示。焊丝末端与焊件之间产生电弧以后,电弧的热量使焊丝、焊件和焊剂熔化,有一部分甚至蒸发。金属和焊剂的蒸发气体形成一个封闭的包围电弧和熔池金属的空腔,使电弧和熔池与外界空气隔绝。随着电弧向前移动,电弧不断熔化前方的焊件、焊丝及焊剂,而熔池的后部边缘开始冷却凝固形成焊缝。比较轻的熔渣浮在熔池表面,冷却后形成渣壳。

埋弧焊时,引燃电弧、送进焊丝、保持弧长一定和电弧按焊接方向移动等全都是由焊机自动进行的。

2. 埋弧焊机

埋弧焊机由焊接电源、控制箱和焊车三部分组成。MZ-1000 型埋弧焊机是一种常用的埋弧焊机,其工作情况如图 4-24 所示。焊机型号中,"M"表示埋弧焊机,"Z"表示自动焊机,"1000"表示额定焊接电流为 1000A。

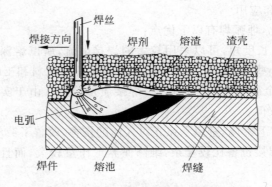

图 4-23　埋弧焊焊缝形成过程示意图

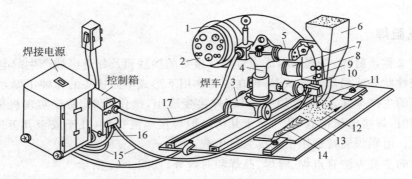

图 4-24　埋弧焊机结构示意图

1—焊丝盘；2—操纵盘；3—小车；4—立柱；5—横梁；6—焊剂漏斗；
7—送丝电动机；8—送丝轮；9—小车电动机；10—机头；11—导电嘴；12—焊剂；
13—渣壳；14—焊缝；15—焊接电缆；16—控制线；17—控制电缆

　　埋弧焊的焊接电源可以用弧焊变压器(MZ-1000 型埋弧焊机可配用 BX2-1000 型弧焊变压器)，也可以用弧焊整流器。焊接电源输出端两极分别接到焊件和焊车的导电嘴上。

　　控制箱内装有控制焊接过程和调节焊接工艺参数的各种电器元件。控制箱与焊接电源、焊车之间由控制线和控制电缆连接。

　　焊车由机头、控制盘、焊丝盘、焊剂漏斗和小车等部分组成，靠立柱和横梁将各部分连接成整体，其结构如图 4-24 所示。机头上装有送丝机构、焊丝矫直机构和导电机构等，机头可以绕横梁或立柱转动，也可以倾斜成一定角度以焊接角焊缝；立柱左右位置也可以调节。小车由直流电动机通过减速箱和离合器驱动，其速度可在一定范围内均匀调节。控制盘上装有焊接电流表和电压表、电弧电压和焊接速度的调节器及各种控制开关和按钮。利用控制盘可以在焊接前选择焊接电流、电弧电压和焊接速度，还可以调节焊丝的上下位置。在焊接过程中，焊接工艺参数也可以调节，调节以后能自动保持工艺参数不变。

3. 埋弧焊的特点和应用

与焊条电弧焊相比,埋弧焊有以下优点:

(1) 由于焊丝导电长度短,可以采用较大的焊接电流,所以熔深大,对较厚的焊件可以不开坡口或坡口开得小些,既提高了生产率,又节省了焊接材料和工时。

(2) 埋弧焊时,对金属熔池的保护可靠,焊接质量稳定。由于实现了焊接过程机械化,对焊工操作技术要求较低。

(3) 电弧在焊剂层下燃烧,避免了弧光对人体的伤害,改善了劳动条件。

埋弧焊的缺点是焊接设备比较复杂,维修保养工作量较大,而且适应性差,只宜在水平位置焊接。

埋弧焊通常适用于中厚板焊件的批量生产,焊接在水平位置的长直焊缝和较大直径环缝。

4.4.3 电阻焊

电阻焊又称接触焊,是利用电流通过焊件接头的接触面及邻近区域产生的电阻热,把焊件加热到塑性状态或局部熔化状态,再在压力作用下形成牢固接头的一种压焊方法。

电阻焊的生产率高,不需要填充金属,焊接变形小,操作简单,易于实现机械化和自动化。电阻焊时,焊接电压很低(几伏至十几伏),但焊接电流很大(几千安至几万安),故要求电源功率大。电阻焊通常适用于成批大量生产。

电阻焊的主要方法有点焊、缝焊、凸焊和对焊等,如图4-25所示。

点焊焊件只在有限的接触面(即所谓"焊点")上实现连接,并形成扁球形的熔核(图4-25(a))。焊接前,将焊件装配成搭接接头,并压紧在点焊机的两电极之间,通电使两焊件接触表面受热,局部熔化,形成熔核,断电后保持或增大压力,使熔核在压力作用下冷却凝固,形成焊点,而后卸压,取出焊件。

缝焊焊件装配成搭接接头(或对接接头)并置于两滚轮电极之间(图4-25(b)),滚轮压紧焊件并转动,配合断续送电(或连续送电),形成一连串相互重叠的焊点,称为缝焊焊缝。

凸焊是点焊的一种变型(图4-25(c))。在一个焊件的贴合面上预先加工出一个或多个突起点,使其与另一个焊件表面相接触并通电加热,然后压塌,使这些接触点形成焊点。

对焊(图4-25(d))按焊接过程和操作方法不同,可分为电阻对焊和闪光对焊两种。电阻对焊时,将焊件装配成对接接头,加压使其端面紧密接触,利用电阻热加热至塑性状态,然后断电并迅速施加顶锻力完成焊接。闪光对焊时,两焊件装配成对接接头后不接触,先接通电源,再逐渐移近焊件使端面局部接触,大电流通过时产生的电阻热使接触点金属迅速熔化、蒸发、爆破,高温金属向外飞射形成闪光,经多次闪光加热后,焊件端部在一定深度范围内达到预定温度,立即施加压力进行断电顶锻,从而完成焊接。

点焊主要适用于不要求密封的薄板壳体和金属网、交叉钢筋等构件的焊接;缝焊主要

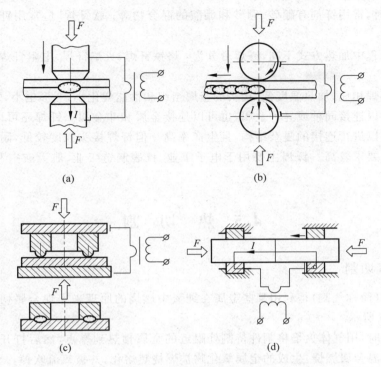

图 4-25　电阻焊的主要方法
(a) 点焊；(b) 缝焊；(c) 凸焊；(d) 对焊

适用于厚度 3mm 以下、有密封性要求的薄壁容器的焊接；凸焊主要适用于厚度 $0.5 \sim$ 3.2mm 的低碳钢、低合金钢和不锈钢的焊接；对焊广泛用于焊接杆状零件，如刀具、钢筋、钢轨等。

4.4.4　钎焊

钎焊是采用比母材熔点低的金属材料作钎料，将焊件和钎料加热到高于钎料熔点、低于母材熔点的温度，利用液态钎料润湿母材，填充接头间隙并与母材相互扩散实现连接焊件的方法。

按钎料熔点不同，钎焊分为硬钎焊和软钎焊两类。

(1) 硬钎焊　钎料熔点高于 450℃ 的钎焊称为硬钎焊。常用钎料有铜基钎料和银基钎料等。硬钎焊接头强度较高(>200MPa)，适用于钎焊受力较大、工作温度较高的焊件。

(2) 软钎焊　钎料熔点在 450℃ 以下的钎焊称为软钎焊。常用钎料是锡铅钎料。软钎焊接头强度低(<70MPa)，主要用于钎焊受力不大或工作温度较低的焊件。

钎焊时，一般要用钎剂。钎剂能去除钎料和母材表面的氧化物，保护母材连接表面和钎料在钎焊过程中不被氧化，并改善钎料的润湿性(钎焊时液态钎料对母材浸润和附着的能力）。硬钎焊时，常用钎剂有硼砂、硼砂和硼酸的混合物等；软钎焊时，常用钎剂是松香、氯化锌溶液等。

按钎焊过程中加热方式不同，钎焊可分为：烙铁钎焊、火焰钎焊、电阻钎焊、感应钎焊和炉中钎焊等。

钎焊和熔焊相比，加热温度低，接头的金属组织和性能变化小，变形也小，焊件尺寸容易保证。钎焊可以连接同种或异种金属，也可以连接金属和非金属。钎焊还可以连接一些其他焊接方法难以进行连接的复杂结构，且生产率高。但钎焊接头强度较低，耐热能力较差，焊前准备工作要求较高。钎焊主要用于电子工业、仪表制造工业、航天航空和机电制造工业等。

4.5　热　切　割

4.5.1　氧气切割

氧气切割（简称气割）是利用某些金属在纯氧中燃烧的原理来实现金属切割的方法，其过程如图 4-26 所示。

气割开始时，用气体火焰将割件待割处附近的金属预热到燃点，然后打开切割氧阀门，纯氧射流使高温金属燃烧，生成的金属氧化物被燃烧热熔化，并被氧流吹掉。金属燃烧产生的热量和预热火焰同时又把邻近的金属预热到燃点，沿切割线以一定速度移动割炬，即可形成割口。

在整个气割过程中，割件金属没有熔化。所以，金属气割过程实质上是金属在纯氧中的燃烧过程，而不是熔化过程。

气割所需的设备中，除用割炬代替焊炬外，其他设备（乙炔瓶、回火保险器、氧气瓶、减压器等）与气焊时相同。割炬的外形如图 4-27 所示。

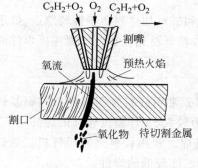

图 4-26　气割过程

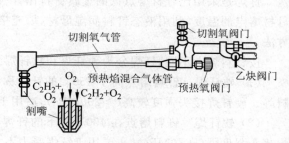

图 4-27　割炬

常用割炬的型号有 G01-30 和 G01-100 等。型号中"G"表示割炬,"0"表示手工,"1"表示射吸式,"30"和"100"表示最大的切割低碳钢厚度为 30mm 和 100mm。各种型号的割炬配有几个不同大小的割嘴,用于切割不同厚度的割件。

对金属材料进行氧气切割时,必须具备下列条件:

(1) 金属的燃点必须低于其熔点。这样才能保证金属气割过程是燃烧过程,而不是熔化过程。低碳钢的燃点约为 1350℃,而熔点高于 1500℃,完全满足气割条件。碳钢中随含碳量增加,熔点降低,燃点升高。含碳量为 0.70% 的碳钢,其燃点和熔点差不多;含碳量大于 0.70% 的碳钢,由于燃点高于熔点,所以难以气割。铸铁的燃点比熔点高,故不具备气割条件。

(2) 金属氧化物的熔点应低于金属本身的熔点,同时流动性要好。否则,氧气切割过程中形成的高熔点金属氧化物会阻碍下层金属与切割氧射流的接触,使气割发生困难。铝的熔点(660℃)低于三氧化二铝的熔点(2048℃),铬的熔点(1615℃)低于三氧化二铬的熔点(2275℃),所以铝及铝合金、高铬钢或铬镍钢都不具备气割条件。

(3) 金属燃烧时能放出大量的热,而且金属本身的导热性要低。这样才能保证气割处的金属具有足够的预热温度,使切割过程能连续进行。铜、铝及其合金导热都很快,不能气割。

满足上述条件的金属材料有低碳钢、中碳钢、低合金结构钢和纯铁等。而铸铁、不锈钢和铜、铝及其合金均不能进行氧气切割。

4.5.2　等离子弧切割

等离子弧切割是指利用等离子弧的热能实现金属材料熔化切割的方法。其切割原理和氧气切割不同,它利用高温、高速、高能量密度的等离子弧冲力大的特点,将被切割材料局部加热熔化并随即吹除,从而形成较整齐的割口,如图 4-28 所示。切割用等离子弧温度一般为 10000～14000℃,远远超过所有金属与非金属的熔点。因此,用等离子弧可以切割普通氧气切割所不能切割的金属,如不锈钢、铸铁、铜、铝及其合金等,也可以切割花岗石、碳化硅、耐火砖、混凝土等非金属材料。其割口窄,切割面的质量较好,切割速度快,切割厚度可达 150～200mm。

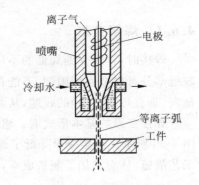

图 4-28　等离子弧切割原理示意图

空气等离子弧切割系统如图 4-29 所示,它主要由电源、供气系统、控制系统和割枪等部分组成。

(1) 电源　等离子弧切割一般采用直流电源,正接(电极接负)。为方便引弧,电源空载电压一般在 150V 以上。最简单的电源是硅整流电源,其输出电流不可调节。但有的硅整流电源采用抽头式变压器,用切换开关调节二挡或三挡的输出电流。能提供连续可调节输

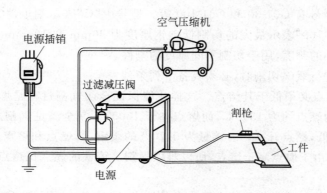

图 4-29   空气等离子弧切割系统示意图

出电流的常用电源有磁放大器式、晶闸管整流式和逆变电源。它们可将输出电流调节到实际所需要的电流值上,其中逆变电源具有高效、节能和体积小等优点,是等离子弧切割电源的发展方向。

(2) 供气系统   空气等离子弧切割的供气系统主要是一台功率大于 1.5kW 的空气压缩机,切割时所需气体压力为 0.3~0.6MPa。

(3) 割枪   等离子弧切割用的割枪形式由割枪的电流决定。一般情况下,电流在 60A 以下的割枪大多采用风冷结构;而电流在 60A 以上的割枪则采用水冷结构。

4.6   焊接变形和焊接缺陷分析

4.6.1   焊接变形

焊接时,焊件受到局部的不均匀的加热,焊缝及其附近的金属被加热到高温时,受温度较低部分母材金属所限制,不能自由膨胀。因此,冷却后将会发生纵向(沿焊缝长度方向)和横向(垂直焊缝方向)的收缩,从而引起焊接变形。

焊接变形的基本形式有:缩短变形、角变形、弯曲变形、扭曲变形和波浪形变形等,如图 4-30 所示。焊接变形降低了焊接结构的尺寸精度,为防止和矫正焊接变形要采取一系列工艺措施,从而增加了制造成本,严重的变形还会造成焊件报废。

4.6.2   焊接缺陷与焊接检验

1. 焊接缺陷

熔焊常见的焊接缺陷有:焊缝尺寸及形状不符合要求、咬边、焊瘤、未焊透、夹渣、气孔和裂纹等,如图 4-31 所示。咬边是沿焊趾的母材部位产生的沟槽或凹陷。焊瘤是在焊接过

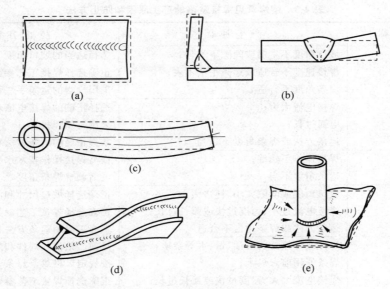

图 4-30 焊接变形的基本形式
(a) 缩短变形;(b) 角变形;(c) 弯曲变形;(d) 扭曲变形;(e) 波浪形变形

程中,熔化金属流淌到焊缝之外未熔化的母材上所形成的金属瘤。未焊透是指焊接时接头根部未完全熔透的现象。夹渣是指焊接熔渣残留于焊缝金属中的现象。气孔是指熔池中的气体在凝固时未能逸出而残留下来所形成的空穴。裂纹是指焊接接头中局部地区的金属原子结合力遭到破坏而形成的新界面所产生的缝隙。熔焊常见焊接缺陷的产生原因和防止方法见表 4-5。

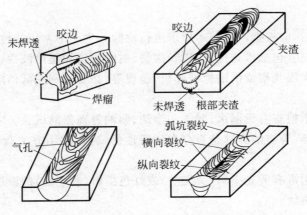

图 4-31 熔焊常见的焊接缺陷

表 4-5　熔焊常见焊接缺陷的产生原因和防止方法

缺 陷 名 称	产 生 原 因	防 止 方 法
焊缝表面尺寸不符合要求	坡口角度不正确或间隙不均匀； 焊接速度不合适或运条手法不妥； 焊条角度不合适	选择适当的坡口角度和间隙； 正确选择焊接工艺参数； 采用恰当的运条手法和角度
咬边	焊接电流太大； 电弧过长； 运条方法或焊条角度不适当	选择正确的焊接电流和焊接速度； 采用短弧焊接； 掌握正确的运条方法和焊条角度
焊瘤	焊接操作不熟练； 运条角度不当	提高焊接操作技术水平； 灵活调整焊条角度
未焊透	坡口角度或间隙太小、钝边太大； 焊接电流过小、速度过快或弧长过长； 运条方法或焊条角度不合适	正确选择坡口尺寸和间隙大小； 正确选择焊接工艺参数； 掌握正确的运条方法和焊条角度
气孔	焊件或焊接材料有油、锈、水等杂质； 焊条使用前未烘干； 焊接电流太大、速度过快或弧长过长； 电流种类和极性不当	焊前严格清理焊件和焊接材料； 按规定严格烘干焊条； 正确选择焊接工艺参数； 正确选择电流种类和极性
热裂纹	焊件材料或焊接材料选择不当； 熔深与熔宽之比过大； 焊接应力大	正确选择焊件材料和焊接材料； 控制焊缝形状，避免深而窄焊缝； 改善应力状况
冷裂纹	焊件材料淬硬倾向大； 焊缝金属含氢量高； 焊接应力大	正确选择焊件材料； 采用碱性焊条，使用前严格烘干； 焊后进行保温处理； 采取焊前预热等措施

2. 焊接检验

焊件焊接完成后，应根据产品技术要求进行检验。生产中常用的检验方法有外观检查、密封性检验、无损探伤（包括渗透探伤、磁粉探伤、射线探伤和超声波探伤）和水压试验等。

外观检查是用肉眼观察或借助标准样板、量规等，必要时利用低倍放大镜检查焊缝表面缺陷和尺寸偏差。

密封性检验是指检查有无漏水、漏气和渗油、漏油等现象的试验。它主要用于检查不受压或压力很低的容器、管道的焊缝是否存在穿透性的缺陷，常用方法有气密性试验、氨气试验和煤油试验等。

渗透探伤是采用带有荧光染料（荧光法）或红色染料（着色法）的渗透剂的渗透作用来检查焊接接头表面微裂纹。

磁粉探伤是利用磁粉在处于磁场中的焊接接头中的分布特征，检查铁磁性材料的表面微裂纹和近表面缺陷。

射线探伤和超声波探伤都用来检查焊接接头的内部缺陷，如内部裂纹、气孔、夹渣和未焊透等。

水压试验用来检查受压容器的强度和焊缝致密性。一般是超载检查,试验压力根据容器设计工作压力确定。当工作压力 $F=(0.6\sim1.2)\text{MPa}$ 时,试验压力 $F_1=F+0.3\text{MPa}$;当 $F>1.2\text{MPa}$ 时,$F_1=1.25F$。

复习思考题

(1) 解释下列名词术语:母材与焊接材料,焊缝与焊接热影响区,熔深与熔宽,正接与反接,负载持续率(暂载率)。

(2) 弧焊机有哪几种?说明你在实习中使用的弧焊机的型号和主要技术参数。

(3) 弧焊电源型号 BX3-300 和 ZXG-300 各部分的含义是什么?

(4) 焊条由哪两部分组成?各部分的作用是什么?

(5) 说明下列焊条型号中各部分的含义:E4303、E5015。

(6) 常用的焊接接头形式有哪些?对接接头常见的坡口形式有哪几种?焊接坡口的钝边和间隙各起什么作用?

(7) 焊条电弧焊的焊接工艺参数有哪些?应该怎样选择焊接电流?

(8) 焊条电弧焊的安全技术主要有哪些?

(9) 气体保护焊的焊接设备包括哪几部分?

(10) 气体保护焊和焊条电弧焊比较,有什么特点?

(11) 氩弧焊和 CO_2 气体保护焊的应用范围如何?

(12) 氧乙炔焰有哪几种?怎样区别它们?适用范围如何?

(13) 和焊条电弧焊相比,埋弧焊有何特点?说明埋弧焊的应用范围。

(14) 电阻焊的主要方法有哪几种?各自的特点和应用范围怎样?

(15) 钎焊和熔焊相比,有何区别?

(16) 氧气切割的原理是什么?金属氧气切割条件主要有哪些?低碳钢、中碳钢、高碳钢、铸铁、不锈钢、铜合金、铝合金等金属材料中,哪些不能采用氧气切割?为什么?

(17) 割炬和焊炬的构造有何不同?

(18) 简述等离子弧切割的切割原理和应用范围。

(19) 焊接变形有哪几种基本形式?

(20) 常见的焊接缺陷有哪些?有哪些方法可以检查焊缝内部缺陷?

第5章

切削加工基本知识

5.1　切削加工概述

5.1.1　切削加工的实质和分类

切削加工是利用切削刀具或工具从毛坯(如铸件、锻件和型材坯料等)上切除多余的材料,获得符合图样技术要求的零件的加工方法。机器中绝大多数零件一般要经过切削加工来获得。切削加工的劳动量在机械制造过程中占有很大比重,它在机械制造中应用十分广泛。

切削加工分为钳工和机械加工(简称机工)两大部分。钳工一般是由工人手持工具对工件进行切削加工的(包括使用一些简单的机械加工工具,如小台钻、手砂轮、手电钻等),其主要内容包括划线、錾削、锯削、锉削、刮削、研磨、钻孔、扩孔、铰孔、攻螺纹、套螺纹、机械装配和修理等。机工是由工人操纵机床对工件进行切削加工的,其主要方式有车削、钻削、铣削、刨削和磨削等,如图 5-1 所示,所使用的机床相应为车床、钻床、铣床、刨床和磨床等。

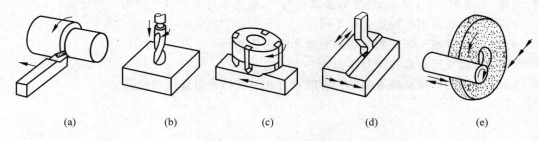

图 5-1　机械加工的主要方式

(a) 车削；(b) 钻削；(c) 铣削；(d) 刨削；(e) 磨削

5.1.2　机床的切削运动

无论在哪种机床上进行切削加工,刀具与工件之间都必须有适当的相对运动,即切削运动。根据在切削过程中所起的作用不同,切削运动分为主运动和进给运动。

主运动　主运动是提供切削可能性的运动。也就是说,没有这个运动,就无法切下切屑。它的特点是在切削过程中速度最高、消耗机床动力最大。例如,在图 5-1 中,车削时工件的旋转,钻削时钻头的旋转,铣削时铣刀的旋转,牛头刨床刨削时刨刀的往复直线移动,磨削时砂轮的旋转均为主运动。

进给运动　进给运动是提供继续切削可能性的运动。也就是说,没有这个运动,当主运动进行一个循环后新的材料层不能投入切削,而使切削无法继续进行。例如,在图 5-1 中,车刀、钻头及铣削时工件的移动,牛头刨床刨削水平面时工件的间歇移动,磨削外圆时工件的旋转和往复轴向移动及砂轮周期性横向移动均为进给运动。

在机械加工中,对于一般机床而言,主运动只有一个,进给运动则可能是一个或几个。应该注意的是,主运动和进给运动在不同类型的机床上不是工件便是刀具(工具),它是针对工件和刀具(工具)这一对运动副而言的。在大部分机床上,主运动和进给运动位于不同的载体上,但也有位于同一载体上,如台式钻床上刀具既作主运动也作进给运动。

5.1.3　切削用量三要素

在机械加工过程中,工件上形成三个表面:待加工表面、已加工表面和过渡表面(也称加工表面),如图 5-2 所示。

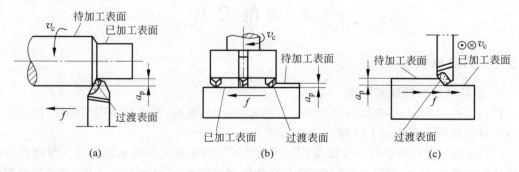

图 5-2　切削用量三要素

(a) 车削用量三要素;(b) 铣削用量三要素;(c) 刨削用量三要素

切削用量三要素是指切削速度 v_c、进给量 f 和背吃刀量 a_p。车削外圆、铣削平面和刨削平面时的切削用量三要素如图 5-2 所示。切削加工时,要根据加工条件合理选用 v_c、f、a_p 的具体数值。

(1) 切削速度 v_c　在单位时间内工件与刀具沿主运动方向相对移动的距离(m/min 或

m/s),即工件过渡表面相对刀具的线速度。

车削、钻削、铣削和磨削的切削速度计算公式为

$$v_c = \frac{\pi dn}{1000}(\text{m/min})$$

或

$$v_c = \frac{\pi dn}{1000 \times 60}(\text{m/s})$$

式中：d——工件加工表面或刀具切削处的最大直径(mm)；

n——工件或刀具的转速(r/min)。

牛头刨床刨削时切削速度的近似计算公式为

$$v_c = \frac{2Ln_r}{1000}(\text{m/min})$$

式中：L——刨刀作往复直线运动的行程长度(mm)；

n_r——刨刀每分钟往复次数(str/min)。

(2) 进给量 f　在主运动中的一个循环或单位时间内,刀具与工件之间沿进给运动方向相对移动的距离。车削时进给量为工件每转一转,车刀沿进给运动方向移动的距离(mm/r)；铣削时常用的进给量为工件在一分钟内沿进给方向移动的距离(mm/min)；刨削时进给量为刨刀每往复一次,工件或刨刀沿进给运动方向间歇移动的距离(mm/str)。

(3) 背吃刀量 a_p　在图 5-2 中,背吃刀量 a_p 为待加工表面与已加工表面之间的距离(mm)。

5.2　切 削 刀 具

5.2.1　刀具材料

1. 刀具材料应具备的性能

在切削过程中,刀具的切削部分要承受很大的压力、摩擦、冲击和很高的温度,因此刀具切削部分的材料应具备如下性能。

(1) 高的硬度和耐磨性　硬度是指材料抵抗其他物体压入其表面的能力。耐磨性是指材料抵抗磨损的能力。刀具材料只有具备高的硬度和耐磨性,才能切入工件,并承受剧烈的摩擦。一般来说,材料的硬度越高,耐磨性也越好。刀具材料的硬度必须高于工件材料的硬度,常温硬度一般要求在 60HRC 以上。

(2) 足够的强度和韧性　常用抗弯强度 σ_{bb} 和冲击韧度 a_k 来评定刀具材料的强度和韧性。刀具材料只有具备足够的强度和韧性,才能承受切削力以及切削时产生的冲击和振动,以避免刀具脆性断裂和崩刃。

(3) 高的耐热性　耐热性是指刀具材料在高温下仍能保持其足够高的硬度、强度、韧性

和耐磨等性能,常用其维持切削性能的最高温度(又称红硬温度)来评定。

(4) 一定的工艺性能　为便于刀具本身的制造,刀具材料还应具备一定的工艺性能,如切削性能、磨削性能、焊接性能及热处理性能等。

2. 常用刀具材料

切削刀具的材料有碳素工具钢、合金工具钢、高速钢、硬质合金、陶瓷、立方氮化硼和人造金刚石等,目前以高速钢和硬质合金用得最多。常用刀具材料的主要性能和用途见表 5-1。

表 5-1　常用刀具材料的主要性能、牌号和用途

种类	硬度	红硬温度/℃	抗弯强度/10³MPa	工艺性能	常用牌号		用途
碳素工具钢	60~64HRC (81~83HRA)	200	2.5~2.8	可冷热加工成形,切削加工和热处理性能好	T8A T10A T12A		仅用于手动刀具,如锉刀、手用锯条和刮刀等
合金工具钢	60~65HRC (81~83HRA)	250~300	2.5~2.8	可冷热加工成形,切削加工和热处理性能好	9CrSi CrWMn		用于手动或低速刀具,如丝锥、板牙等
高速钢	62~70HRC (82~87HRA)	540~600	2.5~4.5	可冷热加工成形,切削加工和热处理性能好	W18Cr4V W6Mo5Cr4V2		用于形状复杂的机动刀具,如钻头、铰刀、铣刀、拉刀和齿轮刀具等
硬质合金	89~94HRA (74~82HRC)	800~1000	0.9~2.5	不能切削加工,只能粉末压制烧结成形,磨削后即可使用,不能热处理	P类 (蓝色)	P01 P10 P20 P30　切钢	多用于形状简单的刀具,一般做成刀片镶嵌在刀体上使用,如车刀、刨刀、镶齿端铣刀的刀头等
					M类 (黄色)	M10 M20 M30 M40　切各种金属	
					K类 (红色)	K01 K10 K20 K30　切铸铁	

5.2.2　刀具角度

1. 刀具切削部分的组成

切削刀具的种类很多,虽然形状多种多样,但其切削部分的几何形状和参数都有共同的特征,即切削部分的基本形态为楔形。车刀是最典型的楔形刀头的代表,其他刀具可以视为由车刀演变或组合而成。国际标准化组织(ISO)在确定金属切削刀具的工作部分几何形状的通用术语时,就是以车刀切削部分为基础的。车刀切削部分(即刀头)由“三面两刀一尖”组成,即由前刀面、主后刀面、副后刀面、主切削刃、副切削刃和刀尖组成,如图 5-3(b)所示。

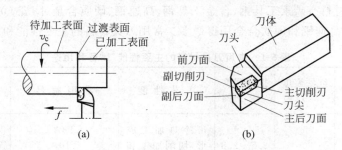

图 5-3   外圆车刀的组成
(a) 工件加工过程中的三个表面;(b) 外圆车刀的组成

前刀面   切屑沿其流出的那个面,一般指车刀的上面。

主后刀面   与工件过渡表面相对的那个面。

副后刀面   与工件已加工表面相对的那个面。

主切削刃   前刀面与主后刀面的交线,它担负主要的切削工作。处于进给运动方向最前端,且最接近垂直于进给运动方向的切削刃。

副切削刃   前刀面与副后刀面的交线,它担负一定的切削工作,并起修光作用。处于进给运动方向最末端,且最接近平行于进给运动方向的切削刃。

刀尖   主切削刃与副切削刃的交点,它通常是一小段过渡圆弧,其目的是提高刀尖的强度和改善散热条件。

对车刀而言,一把刀制作好后其前刀面和刀尖的作用永远不变,而主后刀面、副后刀面、主切削刃和副切削刃的作用随着加工表面的不同而变化。如用前述车刀加工端面时,其主后刀面变成了副后刀面,副后刀面变成了主后刀面,同样主切削刃变成了副切削刃,副切削刃变成了主切削刃。

其他种类的切削刀具,如刨刀、钻头、铣刀等,都可看作是车刀的演变和组合,如图 5-4 所示。刨刀刀头形状与车刀基本相同,如图 5-4(a)所示;麻花钻可以看作是两把一正一反组合在一起同时车孔的车孔刀,因而它有两个主切削刃和两个副切削刃,如图 5-4(b)所示;圆柱铣刀可视为多把车刀的组合,一个刀齿相当一把车刀,如图 5-4(c)所示。

2. 确定刀具角度的静止参考系

为了便于确定和测量刀具角度,必须建立一定的参考系。参考系由假想的三个相互垂直的辅助平面作为基准面。所谓刀具静止参考系,就是在不考虑进给运动($f = 0$),规定车刀刀尖与工件轴线等高,刀柄的中心线垂直于进给运动方向等简化条件下的参考系。

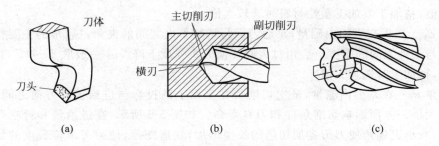

图 5-4　刨刀、麻花钻、铣刀切削部分的形状

(a) 刨刀；(b) 钻头；(c) 圆柱铣刀

　　刀具静止参考系中三个假想的辅助平面有基面 p_r、切削平面 p_s、正交平面 p_o，如图 5-5(a) 所示。

　　基面 p_r　通过主切削刃上某一点并与该点切削速度方向垂直的平面。对于车刀，基面一般为过主切削刃选定点的水平面。

　　切削平面 p_s　通过主切削刃上某一点并与工件过渡表面相切的平面。对于车刀，切削平面一般为铅垂面。

　　正交平面 p_o　通过主切削刃上某一点并与主切削刃在基面上的投影垂直的平面。对于车刀，正交平面一般也为铅垂面。

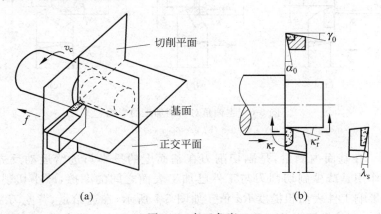

图 5-5　车刀角度

(a) 确定车刀角度的辅助平面；(b) 车刀的主要角度

　　3. 刀具角度

　　以外圆车刀为例，介绍车刀五个主要角度：前角、后角、主偏角、副偏角和刃倾角，如图 5-5(b) 所示。

　　前角 γ_0　在正交平面内测量，是前刀面与基面之间的夹角。增大前角能使车刀刀刃锋利，减少切削变形，使切削轻快。但前角过大，刀头强度下降，刀具导热体积减小，影响刀具使用寿命。硬质合金车刀的前角 γ_0 通常在 $5°\sim20°$ 的范围内选取，粗加工或加工脆性材料时选较小值,精加工或加工塑性材料时选较大值。

后角 α_0　在正交平面内测量,是后刀面与切削平面之间的夹角。后角的主要作用是减少后刀面与工件之间的摩擦。后角过大同样使刀头强度下降。α_0 一般取 $3°\sim12°$,粗加工时选较小值,精加工时选较大值。

主偏角 κ_r　在基面内测量,是主切削刃在基面上的投影与进给运动方向之间的夹角。主偏角的大小一方面影响切削条件和刀具寿命。如图 5-6 所示,在进给量和背吃刀量相同的情况下,减小主偏角使刀刃参加切削的长度增加,切屑变薄,使刀刃单位长度的切削负荷减轻,同时加强了刀头,增大散热面积,使切削条改善件,从而提高刀具寿命。主偏角的大小还影响背向力 F_P(旧称径向切削力)的大小。在切削力大小相同的情况下,减小主偏角会使背向力 F_P 增大。当加工刚度较差的工件时,应选取较大的主偏角,以减小工件弯曲变形和振动。车刀常用的主偏角有 $45°$、$60°$、$75°$、$90°$ 几种。习惯上将主偏角为 $90°$ 的车刀称为偏刀,刀头向左偏的称为右偏刀,刀头向右偏的称为左偏刀。右偏刀最常用,左偏刀只在加工一些特殊结构的零件表面时使用。

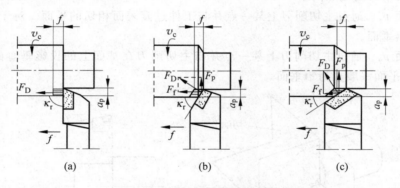

图 5-6　主偏角对切削加工的影响
(a) $\kappa_r = 90°$; (b) $\kappa_r = 60°$; (c) $\kappa_r = 30°$

副偏角 κ_r'　在基面内测量,是副切削刃在基面上的投影与进给运动反方向之间的夹角。副偏角的作用是减少副切削刃与工件已加工表面之间的摩擦,减小切削产生的振动。副偏角的大小影响工件表面粗糙度 Ra 值。如图 5-7 所示,在进给量、背吃刀量和主偏角相同的情况下,减小副偏角可以使残留面积减小,表面粗糙度 Ra 值减小。副偏角一般为 $5°\sim15°$,粗加工取较大值,精加工取较小值。

刃倾角 λ_s　在切削平面内测量,是主切削刃与基面之间的夹角。刃倾角的大小主要影响切屑的流动方向,对刀头强度也有一定的影响。在图 5-8 中,图(a)刃倾角为负值,即刀尖处于主切削刃的最低点,切屑流向工件已加工表面;图(b)刃倾角为零,即主切削刃成水平,切屑流向与主切削刃垂直的方向;图(c)刃倾角为正值,即刀尖处于主切削刃的最高点,切屑流向待加工表面。刃倾角一般在 $-5°\sim5°$ 之间选取。粗加工常取负值,以增加刀头的强度;精加工常取正值,以防切屑流向已加工表面而划伤工件。

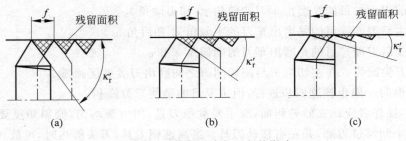

图 5-7　副偏角对残留面积的影响

(a) $\kappa'_{\rm r} = 60°$；(b) $\kappa'_{\rm r} = 30°$；(c) $\kappa'_{\rm r} = 15°$

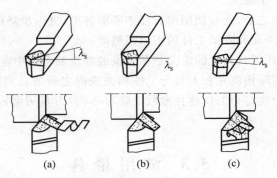

图 5-8　刃倾角对切屑流向的影响

(a) $\lambda_{\rm s} < 0$；(b) $\lambda_{\rm s} = 0$；(c) $\lambda_{\rm s} > 0$

5.2.3　刀具的刃磨

刀具用钝后需要在砂轮机上重新刃磨，使刀刃锋利，且恢复刀具切削部分原来的形状和角度。磨高速钢刀头，用白氧化铝砂轮；磨硬质合金刀头，用绿碳化硅砂轮。车刀初次刃磨的步骤如图 5-9 所示。

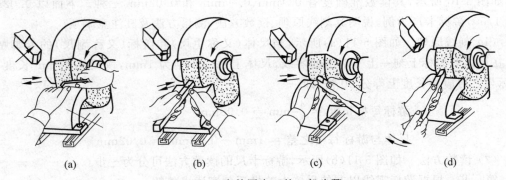

图 5-9　刃磨外圆尖刀的一般步骤

(a) 磨前刀面；(b) 磨主后刀面；(c) 磨副后刀面；(d) 磨刀尖圆弧

(1) 磨前刀面　　目的是磨出车刀的前角 γ_0 和刃倾角 λ_s。

(2) 磨主后刀面　　目的是磨出车刀的主偏角 κ_r 和后角 α_0。

(3) 磨副后刀面　　目的是磨出车刀的副偏角 κ_r' 和 α_0'。

(4) 磨刀尖圆弧　　在主切削刃与副切削刃之间磨出刀尖过渡圆弧。

车刀重磨时一般也按这四步进行,但主要目的是使刀刃锋利。

磨刀时,操作者应站在砂轮侧面,双手要拿稳刀具,用力要均匀,倾斜角度要合适,要在砂轮圆周面中间部位刃磨,并左右移动刀具。磨高速钢刀具,刀头磨热时,可放入水中冷却,避免刀具温升过高而软化。磨硬质合金刀具,刀头发热后可将刀体放入水中冷却,避免硬质合金刀片遇水急冷而产生裂纹。

刀具各面刃磨完毕之后,还应使用油石仔细研磨各面,进一步降低各切削刃和各面的表面粗糙度,以提高刀具寿命和降低工件的表面粗糙度。

值得注意的是,上述刀具角度的定义是在假设的静止参考系中定义的,为了便于理解假设了一定条件。刀具实际角度是在刀具与工件相关表面之间的几何空间中形成的,也称工作角度。刀具的工作角度与刃磨角度在参数上略有不同,刀具刃磨时要按工作角度参数的要求刃磨。

5.3　常用量具

为了保证零件的加工质量,对加工出来的零件要严格按照图样所要求的表面粗糙度、尺寸精度、形状精度和位置精度进行测量。测量所使用的工具叫做量具。量具的种类很多,本节仅介绍最常用的几种。

5.3.1　游标卡尺

游标卡尺是一种测量精度较高的量具,可直接测量工件的外径、内径、宽度、深度尺寸等,如图 5-10 所示,其读数准确度有 0.1mm、0.05mm 和 0.02mm 三种。下面以 0.02mm(即 1/50)游标卡尺为例,说明其刻线原理、读数方法、测量方法及其注意事项。

(1) 刻线原理　　如图 5-11(a)所示,当尺体(又称主尺)和游标(又称副尺)的卡脚贴合时,在尺体和游标上刻一上下对准的零线,尺体上每一小格为 1mm,取尺体 49mm 长度,在游标与之对应的长度上等分 50 格,即

$$游标每格长度 = \frac{49}{50}mm = 0.98mm$$

$$尺体与游标每格之差 = 1mm - 0.98mm = 0.02mm$$

(2) 读数方法　　如图 5-11(b)所示,游标卡尺的读数方法可分为三步:

第一步:根据游标零线以左的尺体上的最近刻度读出整数;

第二步:根据游标零线以右与尺体某一刻线对准的刻线数乘以 0.02 读出小数;

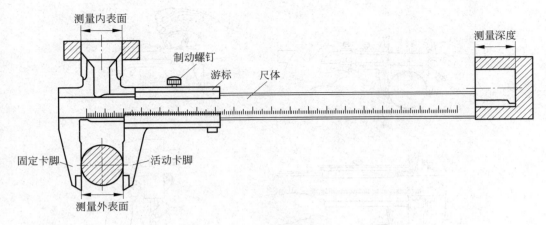

图 5-10　游标卡尺

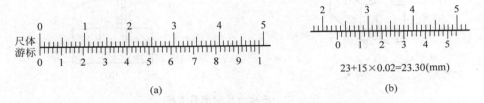

$$23+15\times0.02=23.30\text{(mm)}$$

(a)　　　　　　　　　　　(b)

图 5-11　0.02mm 游标卡尺的刻线原理和读数方法

第三步：将上面的整数和小数两部分尺寸相加，即为总尺寸。图 5-11(b)中的读数为

$$23+15\times0.02=23.30\text{mm}$$

(3) 测量方法　游标卡尺的测量方法如图 5-12 所示。其中图(a)为测量工件外径的方法，图(b)为测量工件内径的方法，图(c)为测量工件宽度的方法，图(d)为测量工件深度的方法。

(4) 注意事项　使用游标卡尺时应注意以下事项：

① 使用前，先擦净卡脚，然后合拢两卡脚使之贴合，检查尺体和游标零线是否对齐。若未对齐，应在测量后根据原始误差修正读数。

② 测量时，方法要正确；读数时，视线要垂直于尺面，否则测量值不准确。

③ 当卡脚与被测工件接触后，用力不能过大，以免卡脚变形或磨损，降低测量的准确度。

④ 不得用卡尺测量毛坯表面。使用完毕后须擦拭干净，放入盒内。

游标卡尺的种类很多，除了上述普通游标卡尺外，还有专门用于测量深度和高度的游标深度卡尺和游标高度卡尺，如图 5-13 所示。游标高度卡尺还可用于钳工精密划线工作。

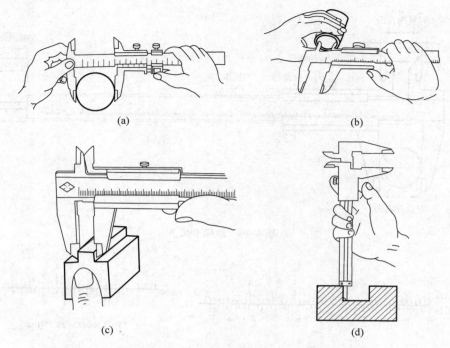

图 5-12　游标卡尺的测量方法
（a）测量外径；（b）测量内径；（c）测量宽度；（d）测量深度

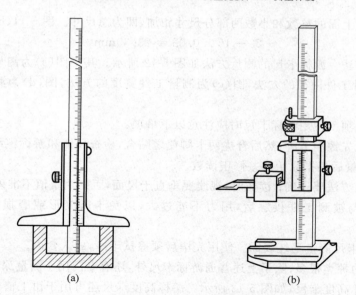

图 5-13　游标深度卡尺和游标高度卡尺
（a）游标深度卡尺及测量方法；（b）游标高度卡尺

5.3.2　千分尺

千分尺是一种测量精度比游标卡尺更高的量具,其测量准确度为 0.01mm。外径千分尺如图 5-14 所示。螺杆和活动套筒连在一起,当转动活动套筒时,螺杆和活动套筒一起向左或向右移动。

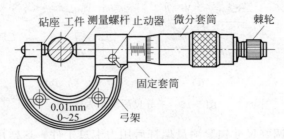

图 5-14　外径千分尺

(1) **刻线原理**　千分尺的读数机构由固定套筒和微分套筒组成(相当于游标卡尺的尺体和游标),如图 5-15 所示。固定套筒在轴线方向上刻有一条中线,中线的上、下方各刻一排刻线,刻线每小格间距均为 1mm,上、下刻线相互错开 0.5mm;在微分套筒左端圆周上有 50 等分的刻度线。因测量螺杆的螺距为 0.5mm,即测量螺杆每转一周,轴向移动 0.5mm,故微分套筒上每一小格的读数值为 0.5/50＝0.01mm。当千分尺的测量螺杆左端面与砧座表面接触时,微分套筒左端的边缘与轴向刻度的零线重合;同时圆周上的零线应与中线对准。

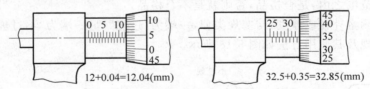

图 5-15　千分尺的刻线原理及读数方法

(2) **读数方法**　千分尺的读数方法如图 5-15 所示,可分为三步:

第一步:读出固定套筒上露出刻线的毫米数和半毫米数;

第二步:读出微分套筒上小于 0.5mm 的小数部分;

第三步:将上面两部分读数相加即为总尺寸。

(3) **测量方法**　千分尺的测量方法如图 5-16 所示,其中图(a)是测量小零件外径的方法,图(b)是在机床上测量工件外径的方法。

(4) **注意事项**　使用千分尺时应注意下列事项:

① 保持千分尺的清洁,尤其是测量面必须擦拭干净。使用前应先校对零点,若零点未对齐,应记住此数值,在测量时根据原始误差修正读数。

② 当测量螺杆快要接近工件时,必须拧动端部棘轮,当棘轮发出"嘎嘎"打滑声时,表示压力合适,停止拧动。严禁拧动微分套筒,以防用力过度致使测量不准确。

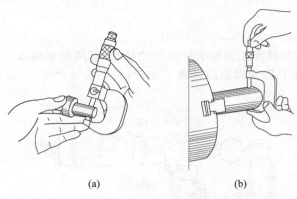

(a)　　　　　　　　　　(b)

图 5-16　千分尺的测量方法

③ 测量不得预先调好尺寸锁紧测量螺杆后用力卡过工件。这样用力过大,不仅测量不准确,而且会使分尺测量面产生非正常磨损。

5.3.3　塞规与卡规

塞规与卡规(又称卡板)是用于成批大量生产的一种专用量具。

塞规用于测量孔径或槽宽,其长度较短的一端叫"不过规"或"止规",用于控制工件的最大极限尺寸;其长度较长的一端叫"过规",用于控制工件的最小极限尺寸,塞规及其使用方法如图 5-17 所示。用塞规测量时,只有当过规能进去,不过规不能进去,才能说明工件的实际尺寸在公差范围之内,是合格品,否则就是不合格品。

卡规用于测量外径或厚度,与塞规类似,一端为"过规",另一端为"不过规",使用方法与塞规相同。卡规及其使用方法如图 5-18 所示。

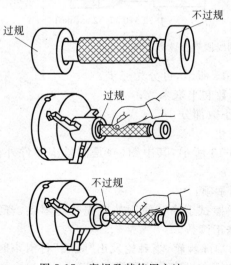

图 5-17　塞规及其使用方法

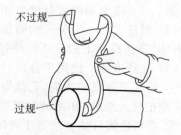

图 5-18　卡规及其使用方法

5.3.4 百分表

百分表是一种精度较高的比较量具,它只能测出相对数值,不能测出绝对数值,主要用于测量形状误差和位置误差,也可用于机床上安装工件时的精密找正。百分表的读数准确度为 0.01mm。

百分表的结构原理如图 5-19 所示。当测量杆 1 向上或向下移动 1mm 时,通过齿轮传动系统带动大指针 2 转一圈,小指针 3 转一格。刻度盘在圆周上有 100 个等分格,每格的读数值为 0.01mm。小指针每格读数为 1mm。测量时指针读数的变动量即为尺寸变化值。小指针处的刻度范围为百分表的测量范围。刻度盘可以转动,供测量时大指针对零用。

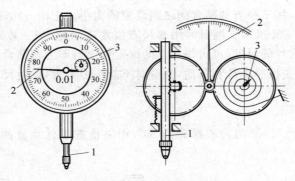

图 5-19　百分表的结构原理

百分表常装在专用的百分表座上使用。在图 5-20 中,左图为普通表座,右图为磁性表座。百分表在表座上的位置可进行前后、上下调整。表座应放在平板或某一平整的位置上,测量时百分表测量杆应与被测表面垂直。

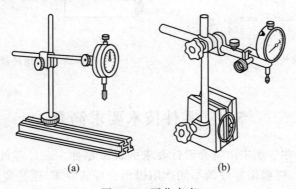

(a)　　　　　(b)

图 5-20　百分表座

5.3.5　刀口形直尺

刀口形直尺用于检查平面的平、直情况。如果平面不平,则刀口形直尺与平面之间有间隙,再用塞尺塞间隙,即可确定间隙数值的大小。刀口形直尺如图 5-21 所示。

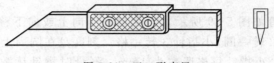

图 5-21　刀口形直尺

5.3.6　塞尺

塞尺又称厚薄尺,用于检查两贴合面之间缝隙的大小。它由一组薄钢片组成,其厚度为 0.03～0.3mm,如图 5-22 所示。测量时用塞尺直接塞进间隙,当一片或数片能塞进两贴合面之间时,则一片或数片的厚度(可由每片上的标记读出),即为两贴合面之间的间隙值。

使用塞尺时必须先擦净工件和尺面,测量时不能用力太大,以免尺片弯曲和折断。

5.3.7　90°角尺

90°角尺(又称直角尺)的两边成准确的 90°,用来检查工件垂直面之间的垂直情况,如图 5-23 所示。

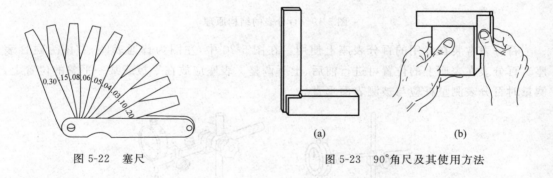

(a)　　　　　　　　(b)

图 5-22　塞尺　　　　　　　　图 5-23　90°角尺及其使用方法

5.4　零件技术要求简介

切削加工的目的在于加工出符合设计要求的机械零件。设计零件时,为了保证机械设备的精度和使用寿命,应根据零件的不同作用提出合理的要求,这些要求统称为零件的技术要求。零件的技术要求包括表面粗糙度、尺寸精度、形状精度、位置精度以及零件的材料、热处理和表面处理(如电镀、发蓝)等。前四项是几何量指标,均由切削加工来保证。其中尺寸精度、形状精度、位置精度统称为加工精度。

5.4.1 表面粗糙度

在切削加工中，由于振动、刀痕以及刀具与工件之间的摩擦，在工件已加工表面上不可避免地产生一些微小的峰谷。即使是光滑的磨削表面，放大后也会发现高低不同的微小峰谷。表面上这些微小峰谷的高低程度称为表面粗糙度，也称微观不平度。

国标 GB/T 3505—2009、GB/T 1031—2009 规定了表面粗糙度的评定参数和评定参数允许值系列，其中最为常用的是轮廓算术平均偏差 Ra。

如图 5-24 所示，在取样长度 l 内，被测轮廓上各点至轮廓中线偏距绝对值的算术平均值，称为轮廓算术平均偏差 Ra。即

$$Ra = \frac{1}{l} \int_0^l |z(x)| \, dx \approx \frac{1}{n} \sum_{i=1}^n |z_i|$$

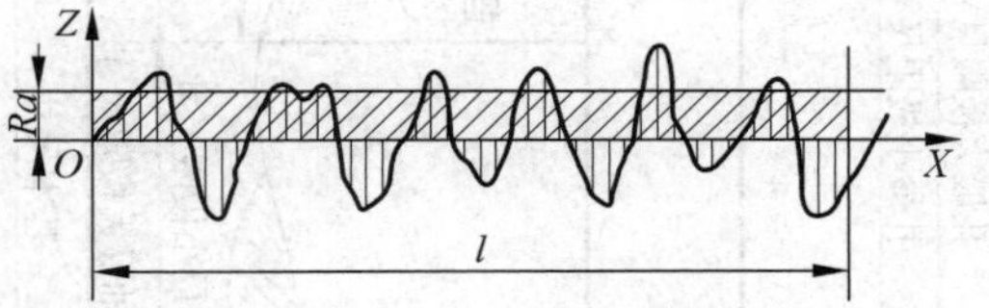

图 5-24 轮廓算术平均偏差

表面粗糙度对零件的尺寸精度和零件之间的配合性质、零件的接触刚度、耐蚀性、耐磨性以及密封性等有很大影响。在设计零件时，要根据具体条件合理选择 Ra 的允许值。Ra 值越小，加工越困难，成本越高。表 5-2 为表面粗糙度 Ra 允许值及其对应的表面特征。

表 5-2 表面粗糙度 Ra 允许值及其对应的表面特征

表面加工要求	表 面 特 征	$Ra/\mu m$	旧国标光洁度级别代号
粗加工	明显可见刀纹	50	▽1
	可见刀纹	25	▽2
	微见刀纹	12.5	▽3
半精加工	可见加工痕迹	6.3	▽4
	微见加工痕迹	3.2	▽5
	不见加工痕迹	1.6	▽6
精加工	可辨加工痕迹方向	0.8	▽7
	微辨加工痕迹方向	0.4	▽8
	不辨加工痕迹方向	0.2	▽9
精密加工(或光整加工)	暗光泽面	0.1	▽10
	亮光泽面	0.05	▽11
	镜状光泽面	0.025	▽12
	雾状光泽面	0.012	▽13
	镜面	<0.012	▽14

5.4.2　尺寸精度

尺寸精度是指零件的实际尺寸相对于理想尺寸的准确程度。尺寸精度是用尺寸公差来控制的。尺寸公差是切削加工中零件尺寸允许的变动量。在基本尺寸相同的情况下,尺寸公差越小,则尺寸精度越高。如图5-25所示,尺寸公差等于最大极限尺寸与最小极限尺寸之差,或等于上偏差与下偏差之差。

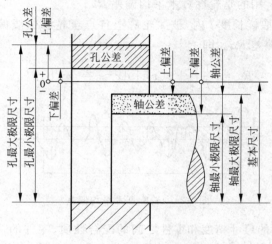

图 5-25　尺寸公差的概念

例如:$\phi 50_{-0.064}^{-0.025}$。其中,$\phi 50$ 为基本尺寸;-0.025 为上偏差;-0.064 为下偏差。

最大极限尺寸 $= 50 - 0.025 = 49.975(\mathrm{mm})$

最小极限尺寸 $= 50 - 0.064 = 49.936(\mathrm{mm})$

尺寸公差$=$ 最大极限尺寸 $-$ 最小极限尺寸

$$= 49.975 - 49.936$$

$$= 0.039(\mathrm{mm})$$

或

$$尺寸公差 = 上偏差 - 下偏差$$
$$= -0.025 - (-0.064)$$
$$= 0.039(\mathrm{mm})$$

国标 GB/T 1800.1—2009 将确定尺寸精度的标准公差等级分为 20 级,分别用 IT01、IT0、IT1、IT2、…、IT18 表示,IT01 的公差值最小,尺寸精度最高。

切削加工所获得的尺寸精度一般与所使用的设备、刀具和切削条件等密切相关。在一般情况下,若尺寸精度越高,则零件工艺过程越复杂,加工成本也越高。因此在设计零件时,在保证零件使用性能的前提下,应尽量选用较低的尺寸精度。

5.4.3 形状精度

形状精度是指零件上的线、面要素的实际形状相对于理想形状的准确程度。形状精度是用形状公差来控制的。为了适应各种不同的情况,国标 GB/T 1182—2008 规定了六项形状公差,如表 5-3 所示。下面简介其中的直线度、平面度、圆度、圆柱度公差的标注及其误差常用的检测方法。

表 5-3 形状公差的名称及符号

项目	直线度	平面度	圆度	圆柱度	线轮廓度	面轮廓度
符 号	—	▱	○	⌭	⌒	⌓

(1) 直线度   指零件被测素线(如轴线、母线、平面的交线、平面内的直线)直的程度。在图 5-26 中,图(a)为直线度公差的标注方法,表示箭头所指的圆柱表面上任一母线的直线度公差为 0.02mm;图(b)为小型零件直线度误差的一种检测方法,将刀口形直尺(或平尺)与被测直线直接接触,并使两者之间最大缝隙为最小,此时最大缝隙值即为直线度误差。误差值根据缝隙测定:当缝隙较小时,按标准光隙估读;当缝隙较大时,可用塞尺测量。

(2) 平面度   指零件被测平面要素平的程度。在图 5-27 中,图(a)为平面度公差的标注方法,表示箭头所指平面的平面度公差为 0.01mm;图(b)为小型零件平面度误差的一种检测方法,将刀口形直尺的刀口与被测平面直接接触,在各个不同方向上进行检测,其中最大缝隙值即为平面度误差,其缝隙值的确定方法与刀口形直尺检测直线度误差相同。

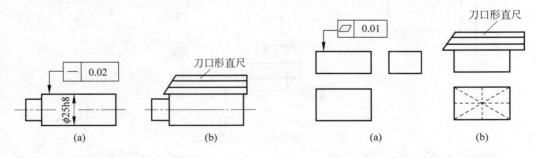

图 5-26 直线度的标注与检测   图 5-27 平面度的标注与检测

(3) 圆度   指零件的回转表面(圆柱面、圆锥面、球面等)横剖面上的实际轮廓线圆的程度。在图 5-28 中,图(a)为圆度公差的标注方法,表示箭头所指圆柱面的圆度公差为 0.007mm。图(b)为圆度误差的一种检测方法,将被测零件放置在圆度仪工作台上,并将被测表面的轴线调整到与圆度仪的回转轴线重合,测量头每回转一周,圆度仪即可显示出该测量截面的圆度误差。测量若干个截面,其中最大的圆度误差值即为被测表面的圆度误差。

圆度误差值 △ 实际上是包容实际轮廓线的两个半径差为最小的同心圆的半径差值,如图 5-28(c)所示。

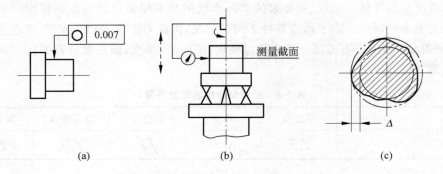

图 5-28　圆度的标注与检测

(4) 圆柱度　指零件上被测圆柱轮廓表面的实际形状对理想圆柱相差的程度。圆柱度公差的标注和误差的检测如图 5-29(a)、(b)所示,检测方法与圆度误差的检测大致相同,不同的是测量头一边回转,一边沿工件轴向移动。圆柱度误差值 △ 实际上是包容实际轮廓面的两个半径差为最小的同心圆柱的半径差值,如图 5-29(c)所示。

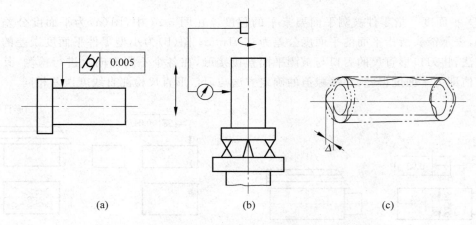

图 5-29　圆柱度的标注与检测

5.4.4　位置精度

位置精度是指零件上点、线、面要素的实际位置相对于理想位置的准确程度。位置精度是用位置公差(含方向公差和跳动公差)来控制的。国标 GB/T 1182—2008 规定了多项位置公差,其中 8 项如表 5-4 所示。下面仅简介平行度、垂直度、同轴度和圆跳动公差的标注及其常用的误差检测方法。

表 5-4　位置公差的名称及符号

项目	平行度	垂直度	倾斜度	位置度	同轴度	对称度	圆跳动	全跳动
符号	//	⊥	∠	⊕	◎	═	↗	↗↗

（1）平行度　指零件上被测要素（面或直线）相对于基准要素（面或直线）平行的程度。在图 5-30 中，图（a）为平行度公差的标注方法，表示箭头所指平面相对于基准平面 A 的平行度公差为 0.02mm；图（b）为平行度误差的一种检测方法，将被测零件的基准面放在平板上，移动百分表或工件，在整个被测平面上进行测量，百分表最大与最小读数的差值即为平行度误差。

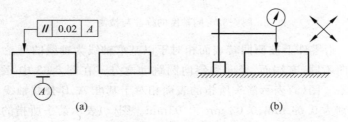

图 5-30　平行度的标注与检测

（2）垂直度　指零件上被测要素（面或直线）相对于基准要素（面或直线）垂直的程度。在图 5-31 中，图（a）为垂直度公差的标注方法，表示箭头所指平面相对于基准平面 A 的垂直度公差为 0.03mm；图（b）为垂直度误差的一种检测方法，其缝隙值用光隙法或用塞尺读出。

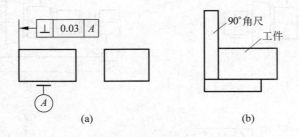

图 5-31　垂直度的标注与检测

（3）同轴度　指零件上被测回转表面的轴线相对基准轴线同轴的程度。在图 5-32 中，图（a）为同轴度公差的标注方法，表示箭头所指圆柱面的轴线相对于基准轴线 A、B 的同轴度公差为 0.03mm。图（b）为同轴度误差的一种检测方法，将基准轴线 A、B 的轮廓表面的中间截面放置在两个等高的刃口状的 V 形架上。首先在轴向测量，取上下两个百分表在垂直基准轴线的正截面上测得的各对应点的读数值 $|M_a - M_b|$ 作为该截面上的同轴度误差；

再转动零件，按上述方法测量若干个截面，取各截面测得的读数差中的最大值（绝对值）作为该零件的同轴度误差。这种方法适用于测量表面形状误差较小的零件。

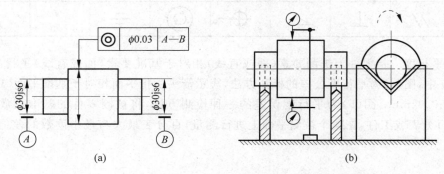

图 5-32   同轴度的标注与检测

（4）圆跳动   指零件上被测回转表面相对于以基准轴线为轴线的理论回转面的偏离程度。按照测量方向不同，有端面、径向和斜向圆跳动之分。在图 5-33 中，图（a）、（c）为圆跳动公差的标注方法。图（a）表示箭头所指的表面相对于基准 A、B 公共轴线的端面、径向、斜向圆跳动公差分别为 0.04 mm、0.03 mm、0.03mm。图（c）表示箭头所指的表面相对于基准轴线 A 的端面、径向、斜向圆跳动公差分别为 0.03 mm、0.04 mm、0.04mm。图（b）、（d）为圆跳动的检测方法。对于轴类零件，支承在偏摆仪两顶尖之间用百分表测量；对于盘套类零件，先将零件安装在锥度心轴上，然后支承在偏摆仪两顶尖之间用百分表测量。

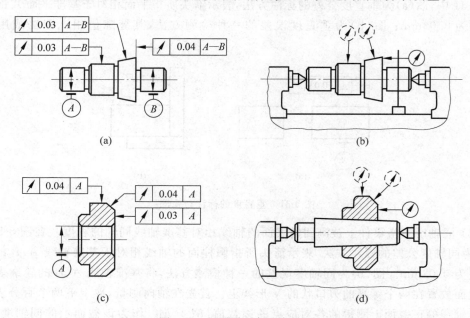

图 5-33   圆跳动的标注与检测

复习思考题

（1）试分析车、钻、铣、刨、磨几种常用加工方法的主运动和进给运动，并指出它们的运动件（工件或刀具）及运动形式（转动或移动）。

（2）什么是切削用量三要素？试用简图表示刨平面和钻孔的切削用量三要素。

（3）刀具材料应具备哪些性能？硬质合金的耐热性远高于高速钢，为什么不能完全取而代之？

（4）试分析通孔车刀和车断车刀的前角、后角、主偏角和副偏角。

（5）常用的量具有哪几种？试选择测量下列尺寸的量具：①未加工：$\phi50$ 孔。②已加工：$\phi30$ 外圆；$\phi25\pm0.2$ 外圆；$\phi22\pm0.01$ 孔。

（6）游标卡尺和千分尺测量准确度各是多少？怎样正确使用？能否测量铸件毛坯？

（7）在使用量具前为什么要检查它的零点、零线或基准？应如何用查对的结果来修正测得的读数？

（8）常用什么参数来评定表面粗糙度？它的含义是什么？

（9）形状公差和位置公差分别包括哪些项目？如何标注？如何检测？

（10）公差和误差有什么区别？

第 6 章

车　工

6.1　车 工 概 述

　　车工是机械加工中一个主要的基本工种,是在车床上利用工件的旋转运动和刀具的连续移动来加工工件的。车削时,工件的旋转为主运动,车刀的移动为进给运动。车刀可作纵

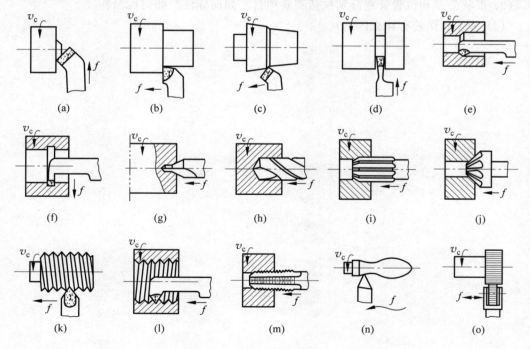

图 6-1　车床工作

　　(a) 车端面;(b) 车外圆;(c) 车外锥面;(d) 车槽、车断;(e) 车孔;(f) 车内槽;(g) 钻中心孔;
(h) 钻孔;(i) 铰孔;(j) 锪锥孔;(k) 车外螺纹;(l) 车内螺纹;(m) 攻螺纹;(n) 车成形面;(o) 滚花

向、横向或斜向的直线进给运动加工不同的表面。

车削加工在机械制造业中广泛应用,无论是在大批大量生产中,还是在单件小批生产以及机械维护修理方面,占有重要地位。车床的加工范围很广,主要适宜加工各种回转表面,其中包括端平面、外圆、内圆、锥面、螺纹、回转成形面、回转沟槽以及滚花等,如图 6-1、图 6-2 所示。普通卧式车床加工尺寸公差等级可达 IT8~IT7,表面粗糙度 Ra 值可达 $1.6\mu m$。

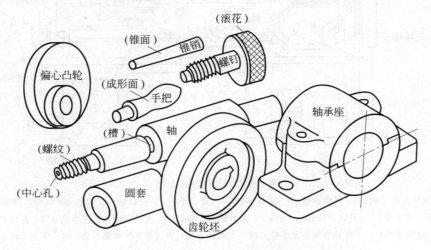

图 6-2　车床加工零件举例

6.2　卧式车床

卧式车床的型号很多,图 6-3 为 C6136 卧式车床。在编号 C6136 中:C 表示车床类;61 表示卧式车床;36 表示床身上最大工件回转直径的 1/10,即 360mm。

C6136 卧式车床主要由床身、主轴箱、进给箱、光杠、丝杠、溜板箱、刀架、尾座及床腿等部分组成。

床身　是车床的基础零件,用以连接各主要部件并保证各个部件之间有正确的相对位置。床身上的导轨用以引导刀架和尾座相对于主轴箱进行正确的移动。

主轴箱　内装主轴和主轴变速机构。电动机的运动经 V 型带传给主轴箱,通过变速机构使主轴得到不同的转速。主轴又通过齿轮传动,将运动传给进给箱。主轴为空心结构,如图 6-4 所示。前端外锥面安装卡盘等附件用于夹持工件,前端内锥面用来安装顶尖,细长通孔可穿入长棒料。

进给箱　内装进给系统的变速机构,可按所需要的进给量或螺距调整变速机构以改变进给速度。

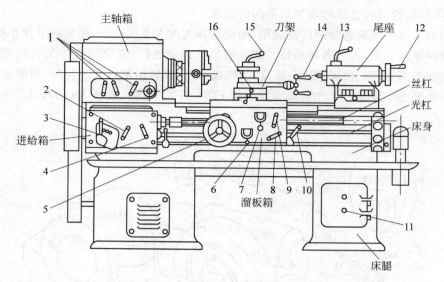

图 6-3　C6136 卧式车床

1—主轴变速手柄;2—倍增手柄;3—诺顿手柄;4—离合手柄;5—纵向手动手轮;6—纵向自动手柄;

7—横向自动手柄;8—自动进给换向手柄;9—对开螺母手柄;10—主轴启闭和变向手柄;11—总电源开关;

12—尾座手轮;13—尾座套筒锁紧手柄;14—小滑板手柄;15—方刀架锁紧手柄;16—横向手动手柄

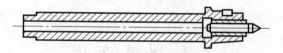

图 6-4　C6136 车床主轴结构示意图

光杠、丝杠　将进给箱的运动传给溜板箱。光杠用于自动走刀时车削除螺纹以外的表面,丝杠只用于车削螺纹。

溜板箱　是车床进给运动的操纵箱。它可将光杠传来的旋转运动变为车刀的纵向或横向的直线移动,也可通过对开螺母将丝杠的旋转运动直接转变为刀架的纵向移动以车削螺纹。

刀架　用来夹持车刀并使其作纵向、横向或斜向进给运动,由床鞍(又称大刀架、大拖板)、中滑板(又称中刀架、中拖板、横刀架)、转盘、小滑板(又称小刀架、小拖板)和方刀架组成,如图 6-5 所示。床鞍与溜板箱连接,带动车刀可沿床身导轨作纵向移动。中滑板沿床鞍上面的导轨作横向移动。转盘用螺栓与中滑板紧固在一起。松开螺母,转盘可在水平面内扳转

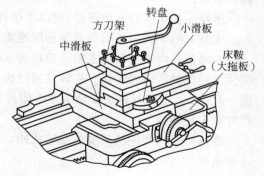

图 6-5　刀架的组成

任意角度。小滑板沿转盘上面的导轨作短距离移动。将转盘扳转某一角度后,小滑板便可带动车刀作相应的斜向移动,用于车削锥面。方刀架用于夹持刀具,可同时夹持四把车刀。

尾座 安装在床身导轨上。在尾座的套筒内安装顶尖可支承工件,也可安装钻头、铰刀等刀具,在工件上进行孔加工。

床腿 支承床身并与地基连接,其内部分别装有电动机和切削液循环系统。

C6136 卧式车床的传动系统,其示意图及说明如图 6-6(见书后插页)所示,其主运动和进给运动传动链如图 6-6 右侧所示,主轴可获得 42、68、104、165、255、405、615、980r/min 等 8 种转速,车床作一般进给时,对于一组配换齿轮,可获得 12 种不同的进给量,其变化范围是:

$$纵向进给量:f_纵 = 0.084 \sim 4.74 (\text{mm/r})$$
$$横向进给量:f_横 = 0.075 \sim 4.20 (\text{mm/r})$$

6.3 卧式车床操作要点

6.3.1 工件的安装

在卧式车床上安装工件时应使被加工表面的回转中心与车床主轴的回转中心重合,以保证工件的正确位置;同时还要将工件夹紧,以承受切削力,保证车削时的安全。在卧式车床上安装工件最常用的夹具是三爪自定心卡盘。

三爪自定心卡盘如图 6-7(a)所示。其结构主要由三个卡爪、三个小锥齿轮、一个大锥齿轮和卡盘体四部分组成,如图 6-7(b)所示。当三爪扳手转动任一个小锥齿轮时,均能带动大锥齿轮转动,大锥齿轮背面的平面螺纹带动三个卡爪沿着卡盘体的径向槽同时作向心或离心移动,以夹紧或松开不同直径的工件。由于三个卡爪是同时移动的,可自行对中,主要用来装夹截面为圆形、正三边形、正六边形的中小型工件。其对中精度不是很高,为 0.05~0.15mm。若在三爪自定心卡盘上换上三个反爪,即可用来安装直径较大的工件,如图 6-7(c)所示。

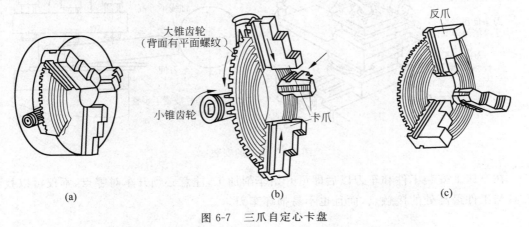

大锥齿轮
(背面有平面螺纹)

反爪

小锥齿轮

卡爪

(a) (b) (c)

图 6-7 三爪自定心卡盘

图 6-8(a)是用三爪自定心卡盘的正爪安装小直径工件。安装时先轻轻拧紧卡爪,低速开车观察工件端面是否摆动(即工件端面是否与主轴轴线基本垂直),然后再牢牢地夹紧工件。安装过程中需注意在满足加工的情况下,尽量减小伸出量。图 6-8(b)是用三爪自定心卡盘的反爪安装直径较大的工件,安装过程中需用小锤轻敲工件使其贴紧卡爪的台阶面。

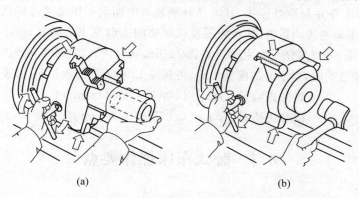

(a)　　　　　　　　　　　　(b)

图 6-8　用三爪自定心卡盘安装工件

6.3.2　车刀的安装

车刀的安装如图 6-9 所示。车刀安装在方刀架上,刀尖应与工件轴线等高。一般用安装在车床尾座上的顶尖来校对车刀刀尖的高低,在车刀下面放置垫片进行调整。此外,车刀在方刀架上伸出的长度要合适,通常不超过刀体高度的 1.5～2 倍。车刀与方刀架都要锁紧,并一定要对工件进行加工极限位置检查,避免发生安全事故。

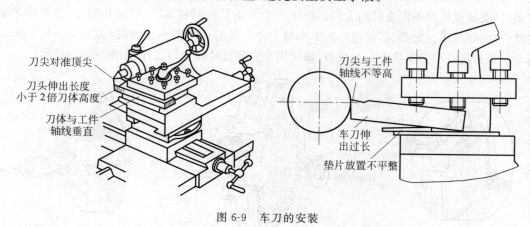

图 6-9　车刀的安装

在车床上安装工件和车刀以后即可开始车削加工,注意必须开车对零点,不仅可以找到刀具与工件最高处的接触点,而且也不易损坏车刀。

6.3.3　刻度盘及其手柄的使用

在车削工件时要准确、迅速地控制背吃刀量(切深),必须熟练地使用中滑板和小滑板的刻度盘。

中滑板刻度盘装在横向丝杠轴的端部,中滑板和横向丝杠的螺母紧固在一起。当中滑板手柄带着刻度盘转动一周时,丝杠也转一周,这时螺母带着中滑板移动一个螺距。所以中滑板移动的距离可根据刻度盘上的格数来计算:

$$刻度盘每转 1 格中滑板移动的距离 = \frac{丝杠螺距}{刻度盘格数}(mm)$$

例如,C6136 卧式车床中滑板丝杠螺距为 4mm,中滑板的刻度盘等分 200 格,故每转 1 格中滑板移动的距离为 4÷200＝0.02mm。测量工件的尺寸是看其直径的变化,所以用中滑板刻度盘进刀切削时,通常要将每格读作 0.04mm。

由于丝杠与螺母之间有间隙,进刻度时必须慢慢地将刻度盘转到所需要的格数,如图 6-10(a)所示;如果发现刻度盘手柄摇过了头而需将车刀退回时,绝不能直接退回,如图 6-10(b)所示;而必须向相反方向摇动半周左右,消除丝杠螺母间隙,再摇到所需要的格数,如图 6-10(c)所示。

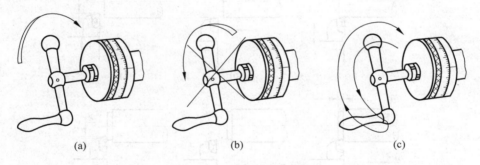

(a)　　　　　　　　　　(b)　　　　　　　　　　(c)

图 6-10　正确进刻度的方法

小滑板刻度盘的原理及其使用方法和中滑板刻度盘相同。小滑板刻度盘主要用于控制工件长度方向的尺寸。

6.3.4　粗车和精车

车削一个零件,往往需要经过多次走刀才能完成。为了提高生产效率,保证加工质量,生产中常把车削加工分为粗车和精车(零件精度要求高需要磨削时,车削分为粗车和半精车)。

粗车　粗车的目的是尽快地从工件上切去大部分加工余量,使工件接近最后的形状和尺寸。除此之外,还可以少部分释放工件内应力,改善其对零件精度的影响。粗车要给精车留有合适的加工余量,而精度和表面粗糙度则要求较低,粗车后尺寸公差等级一般为 IT12～IT11,表面粗糙度 Ra 值一般为 12.5～6.3μm。

粗车铸件时,如果背吃刀量过小,刀尖容易被工件表面硬皮碰坏或磨损,因此第一刀设定背吃刀量应大于硬皮厚度(图 6-11)。实践证明加大背吃刀量对车刀的耐用度影响不大。粗车给精车(或半精车)留的加工余量一般为 0.5~2mm。

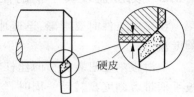

图 6-11　粗车铸件的背吃刀量

在 C6136 卧式车床上使用硬质合金车刀粗车时,切削用量的选用范围如下:背吃刀量 a_p 取 2~4mm;进给量 f 取 0.15~0.40mm/r;切削速度 v_c 因工件材料不同而略有不同,切钢时取 50~70m/min,切铸铁时可取 40~60m/min。

精车　精车的目的是要保证零件的尺寸精度和表面粗糙度等要求,尺寸公差等级可达 IT8~IT7,表面粗糙度 Ra 值可达 $1.6\mu m$。

精车时,完全靠刻度盘定背吃刀量来保证工件的尺寸精度是不够的,因为刻度盘和丝杠的螺距均有一定误差,往往不能满足精车的要求。必须采用试切法,如图 6-12(a)~(e)所示。如果试切处尺寸合格,就以该背吃刀量车削整个表面。

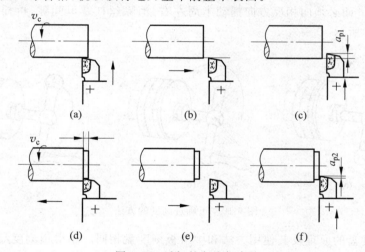

图 6-12　试切的方法与步骤

(a) 开车对刀;(b) 向右退出车刀;(c) 横向进刀 a_{p1};(d) 切削 1~2mm;(e) 退刀测量;(f) 未到尺寸,再进刀 a_{p2}

对于精车来说,减小表面粗糙度 Ra 值的主要措施如下:

(1) 选择几何形状合适的车刀。采用较小的副偏角 κ_r',或刀尖磨有小圆弧均能减小残留面积,使 Ra 值减小。

(2) 选用较大的前角 γ_0,并用油石把车刀的前刀面和后刀面打磨得光一些,亦可使 Ra 值减小。

(3) 合理选择精车时的切削用量。生产实践证明,车削钢件时较高的切速($v_c \geqslant 100m/min$)或较低的切速($v_c \leqslant 5m/min$)都可获得较小的 Ra 值。采用低速切削,生产率较低,一般只有在刀具材料为高速钢或精车小直径的工件时才采用。选用较小的背吃刀量对减小 Ra 值较为有利。但背吃刀量过小(a_p<0.03~0.05mm),因工件上原来凹凸不平的表面不能完全切除而达不到要求。采用较小的进给量可使残留面积减小,因而有利于减小 Ra 值。精车的切削用量选择范围推荐如下：背吃刀量 a_p 取 0.3~0.5mm(高速精车)或 0.05~0.10mm(低速精车),进给量 f 取 0.05~0.20mm/r,用硬质合金车刀高速精车钢件切速 v_c 取 100~200m/min,高速精车铸件取 60~100m/min。

(4) 合理地使用切削液也有助于降低表面粗糙度。低速精车钢件使用乳化液,低速精车铸铁件多用煤油。

6.3.5　车床安全操作规程

(1) 车床启动前：①应对机床进行加油润滑；②检查机床各部分机构是否完好,皮带安全罩是否装好；③检查各手柄是否处于正常位置。

(2) 安装工件：①工件要夹正、夹紧；②装卸工件后必须立即取下三爪扳手；③装卸大工件时应在床面上铺垫木板。

(3) 安装刀具：①刀具要夹紧,要正确使用方刀架扳手,防止滑脱伤人；②装卸刀具和切削工件时要先锁紧方刀架；③装好工件和刀具后要进行极限位置检查。

(4) 车床启动后：①不能改变主轴转速；②溜板箱上的纵、横向自动手柄不能同时抬起；③不能在旋转工件上度量尺寸；④不能用手摸旋转工件,不能用手拉切屑；⑤不许离开机床,要精神集中；⑥切削时要戴好防护眼镜。

(5) 工作结束后：①擦净机床,整理场地,切断机床电源；②擦机床时,小心刀尖、切屑等物划伤手臂；③擦拭导轨摇动溜板箱时,小心刀架或刀具与主轴箱、卡盘、尾座相撞。

(6) 发生事故后：①立即停车切断电源；②保护好现场；③及时向有关人员汇报,以便分析原因,总结经验教训。

6.4　车削基本工作

6.4.1　车端面

常用的端面车刀和车端面的方法如图 6-13 所示。安装车刀时,刀尖应严格对准工件的中心,以免车出的端面在中心处留有凸台和挤崩刀尖。由于端面的直径从外到中心是变化的,切削速度也在不断变化,不易获得较低的表面粗糙度,因此工件的转速可比车外圆时略高一些。

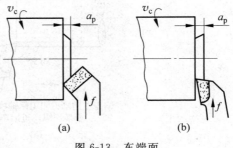

图 6-13　车端面

(a) 弯头刀车端面；(b) 右偏刀车端面

6.4.2　车外圆及台阶

　　常用的外圆车刀和车外圆的方法如图 6-14 所示。尖刀主要用于车没有台阶或台阶不大的外圆,并可倒角;弯头刀用于车外圆、端面、倒角和有 45°斜台阶的外圆;主偏角为 90°的右偏刀,车外圆时背向力(径向力)很小,常用于车细长轴和有直角台阶的外圆。精车外圆时,车刀的前刀面、后刀面均需用油石磨光。

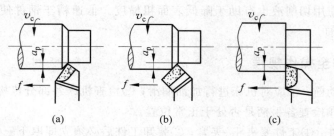

图 6-14　车外圆
(a) 尖刀车外圆;(b) 45°弯头刀车外圆;(c) 右偏刀车外圆

　　台阶的车削实际上是车外圆和车端面的综合。其车削方法与车外圆没有显著的区别,但在车削时需要兼顾外圆的尺寸精度和台阶长度的要求。

　　车削高度在 5mm 以下的低台阶,可在车外圆时同时车出,如图 6-15 所示。由于台阶面应与工件轴线垂直,所以必须用 90°右偏刀车削。装刀时要使主刀刃与工件轴线垂直。

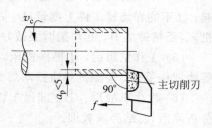

图 6-15　车低台阶

　　车削高度 5mm 以上的直角台阶,装刀时应使主偏角大于 90°,然后分层纵向进给车削,如图 6-16(a)所示。在末次纵向进给后,车刀横向退出,车出 90°台阶,如图 6-16(b)所示。

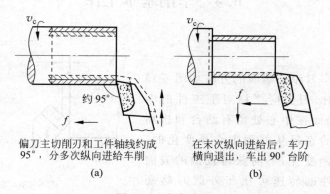

偏刀主切削刃和工件轴线约成
95°,分多次纵向进给车削
(a)

在末次纵向进给后,车刀
横向退出,车出 90°台阶
(b)

图 6-16　车高台阶

　　台阶的长度可用钢直尺确定,如图 6-17 所示。车削时先用刀尖车出切痕,以此作为加工界限。但这种方法不准确,切痕所定的长度一般应比要求的长度略短,以留有余地。台阶的准确长度可用游标卡尺上的深度尺测量,测量方法参见图 5-10。

6.4.3　钻孔和车孔

1. 钻孔

　　在车床上钻孔如图 6-18 所示,钻头装在尾座套筒内。钻削时,工件旋转(主运动),手摇尾座手轮带动钻头纵向移动(进给运动)。

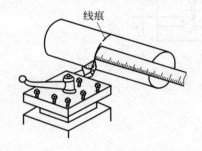

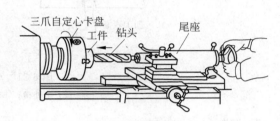

图 6-17　用钢直尺确定台阶长度　　　　　　图 6-18　在车床上钻孔

2. 车孔

　　车孔是对钻出或铸、锻出的孔的进一步加工。车孔刀及车孔的方法如图 6-19 所示。车通孔使用主偏角小于 90°的车孔刀。车不通孔或台阶孔时,车孔刀的主偏角应大于 90°。当车孔刀纵向进给至孔深时,需作横向进给加工内端面,以保证内端面与孔轴线垂直。不通孔及台阶孔的孔深尺寸粗加工时可在刀杆上做记号进行控制,如图 6-20 所示;精加工时需用游标卡尺上的深度尺测量。车孔时选用的背吃刀量(切深)a_p 和进给量 f 可比车外圆时略小一些。车孔可较好地纠正原孔轴线的偏斜,且大直径和非标准直径的孔均可加工,通用性较强,但生产率较低,因此车孔多应用于单件小批生产中。

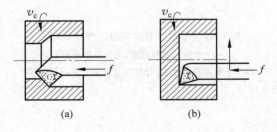

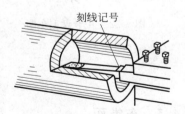

图 6-19　车孔　　　　　　　　　图 6-20　控制孔深的方法
(a) 车通孔;(b) 车不通孔

6.4.4 车槽和车断

1. 车槽

在车床上既可车外槽、也可车内槽,如图 6-21 所示。车宽度为 5mm 以下的窄槽,可以将主切削刃磨得和槽等宽,一次车出。槽的深度一般用横向刻度盘控制。

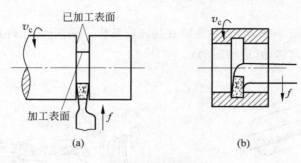

图 6-21　车槽
(a)车外槽;(b)车内槽

2. 车断

车断要用车断刀。车断刀的形状与车槽刀相似,如图 6-22 所示。车断工作一般在卡盘上进行,避免用顶尖安装工件。车断处应尽可能靠近卡盘。安装车断刀时,刀尖必须与工件的中心等高,否则车断处将留有凸台,且易损坏刀头,如图 6-23 所示。

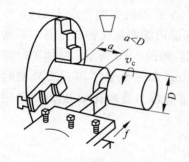

图 6-22　在卡盘上车断

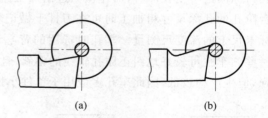

图 6-23　车断刀刀尖应与工件中心等高
(a)车断刀安装过低,刀头易被压断;
(b)车断刀安装过高,刀具后面顶住工件,不易切削

6.4.5 车锥面

在机器中除采用内外圆柱面作为配合表面外,还常采用内外圆锥面作为配合面。例如,尾座套筒的锥孔与顶尖和钻头锥柄的配合等。内外圆锥面配合具有配合紧密、拆装方便、多

次拆装仍能保持精确的定心作用等优点。

图 6-24 为圆锥面的基本参数，其中 K 为锥度，α 为圆锥角（$\alpha/2$ 称为圆锥斜角），D 为大端直径，d 为小端直径，L 为圆锥的轴向长度。它们之间的关系为

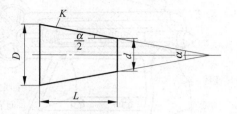

图 6-24　圆锥面的主要尺寸

$$K = \frac{D-d}{L} = 2\tan\frac{\alpha}{2}$$

当 $\alpha/2 < 6°$ 时，$\alpha/2$ 可用下列近似公式进行计算：

$$\frac{\alpha}{2} = 28.7° \times \frac{D-d}{L}$$

车锥面的方法有四种：小滑板转位法、尾座偏移法、靠模法和宽刀法。

小滑板转位法　小滑板转位法车锥面如图 6-25 所示。根据零件的圆锥角 α，把小滑板下面的转盘顺时针或逆时针扳转 $\alpha/2$ 角度后再锁紧。当用手缓慢而均匀转动小滑板手柄时，刀尖则沿着锥面的母线移动，从而加工出所需要的锥面。

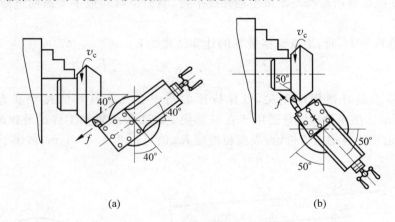

(a)　　　　　　　　(b)

图 6-25　小滑板转位法车锥面

小滑板转位法车锥面操作简便，可加工任意锥角的内外锥面。但加工长度受小滑板行程的限制（C6136 卧式车床小滑板行程为 100mm），不能自动走刀，需手动进给，劳动强度较大，表面粗糙度 Ra 值为 $6.3 \sim 3.2\mu m$。主要用于单件小批生产中车削精度较低和长度较短的内外锥面。

尾座偏移法　尾座主要由尾座体和底座两部分组成，如图 6-26(a) 所示。底座用压板和固定螺钉紧固在床身上，尾座体可在底座上作横向位置调节。当松开固定螺钉而拧动两个调节螺钉时，即可使尾座体在横向移动一定的距离，如图 6-26(b) 所示。

尾座偏移法车锥面如图 6-27 所示，工件安装在前后顶尖之间。将尾座体相对底座在横

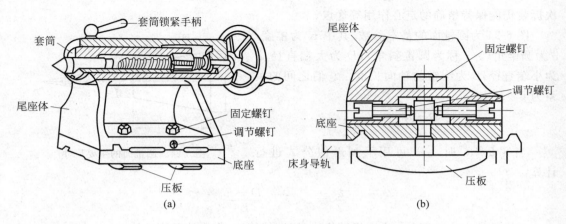

图 6-26 尾座

(a) 尾座的结构；(b) 尾座体可以横向调节

向向前或向后偏移一定距离 S，使工件回转轴线与车床主轴轴线的夹角等于工件圆锥斜角 $\alpha/2$，也就是使圆锥面的母线与车床主轴轴线平行，当刀架自动或手动纵向进给时即可车出所需的锥面。

若工件总长为 L_0 时，尾座偏移量 S 的计算公式如下：

$$S = \frac{D-d}{2L} \cdot L_0 \cdot \tan\frac{\alpha}{2} = L_0 \cdot \frac{K}{2}$$

尾座偏移法最好使用球顶尖，以保持顶尖与中心孔有良好的接触状态，球顶尖如图 6-27(b)所示。尾座偏移法只适用于在双顶尖上加工较长轴类工件的外锥面，且圆锥斜角 $\alpha/2 < 8°$；由于能自动走刀进给，表面粗糙度 Ra 值可达 $6.3 \sim 1.6\mu m$，多用于单件和成批生产。

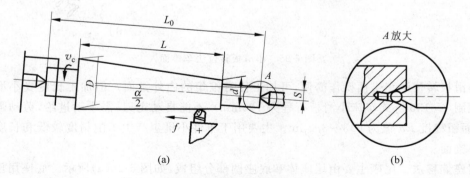

图 6-27 尾座偏移法车锥面

靠模法 靠模法车锥面如图 6-28 所示。靠模装置固定在床身后面。车锥面时，靠模板绕回转中心销钉相对底座扳转圆锥斜角 $\alpha/2$，滑块在靠模板导轨上可自由滑动，并通过联接板与中滑板相联。将中滑板的螺母与横向丝杠脱开,当床鞍自动或手动纵向进给时,中滑板与滑块一起沿靠模板导轨方向移动,即可车出圆锥斜角为 $\alpha/2$ 的锥面。加工时,小滑板需扳转 $90°$,以便调整车刀的横向位置和进背吃刀量。靠模法能自动走刀进给,可加工长度较长而圆锥斜角 $\alpha/2 < 12°$ 的内外锥面,表面粗糙度 Ra 值可达 $6.3 \sim 1.6\mu m$,适用于成批和大量生产。

宽刀法　宽刀法(又称样板刀法)车锥面如图 6-29 所示。刀刃必须平直,与工件轴线的夹角应等于锥面的圆锥斜角 $\alpha/2$,工件和车刀的刚度要好,否则容易引起振动。表面粗糙度取决于车刀刀刃的刃磨质量和加工时的振动情况,Ra 值一般可达 $6.3 \sim 3.2\mu m$。宽刀法只适宜车削较短的锥面,生产率高,在成批生产特别是大批大量生产中用得较多。宽刀法多用于车削外锥面,如果孔径较大,车孔刀又有足够的刚度,亦可车削锥孔。

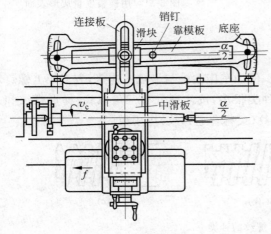

图 6-28　靠模法车锥面

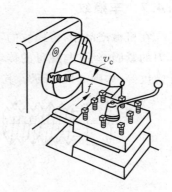

图 6-29　宽刀法车锥面

6.4.6　车回转成形面

回转成形面是由一条曲线(母线)绕一固定轴线回转而成的表面。如手柄、手轮、圆球等。车削回转成形面的方法有双手控制法、宽刀法和靠模法等。其中宽刀法和靠模法与车削圆锥面的宽刀法和靠模法基本相同。在单件生产中常采用双手控制法。

双手控制法车回转成形面如图 6-30 所示。车成形面一般使用圆头车刀。车削时,用双手同时摇动中滑板和小滑板的手柄或纵向手轮,使刀刃所走的轨迹与回转成形面的母线相符。加工中需要经过多次度量和车削。成形面的形状一般用样板检验,如图 6-31 所示。由于手动走刀进给不均匀,在工件的形状基本符合要求时,可用锉刀进行修整,最后用砂布抛光。

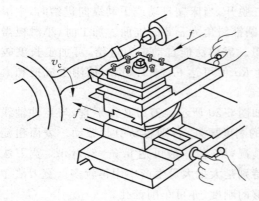

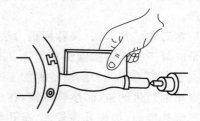

图 6-30　双手控制法车成形表面　　　　　　　图 6-31　用样板度量成形表面

6.4.7　车螺纹

在机械产品中,带螺纹的零件应用广泛。例如车床主轴与卡盘的连接,方刀架上螺钉对车刀的紧固,丝杠与螺母的传动等。螺纹的种类很多,按牙型分有三角螺纹、梯形螺纹和方牙螺纹等,如图 6-32 所示。其中米制三角螺纹(又称普通螺纹)应用最广。

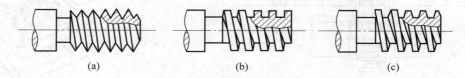

图 6-32　螺纹的种类

(a) 三角螺纹;(b) 方牙螺纹;(c) 梯形螺纹

内外螺纹总是成对使用的,决定内外螺纹能否配合,以及配合的松紧程度,决定其三个基本要素,即牙型角 α(牙型半角 $\alpha/2$)、螺距 P 和中径 $d_2(D_2)$,如图 6-33 所示。车普通螺纹的关键是如何保证这三个基本要素。

1. 牙型角 α 和牙型半角 $\alpha/2$ 及其保证方法

牙型角 α 是螺纹在过其轴线的轴向截面内牙型两侧面的夹角。牙型半角 $\alpha/2$ 是某一牙侧面与螺纹轴线的垂线之间的夹角。普通螺纹牙型角 $\alpha=60°$。

螺纹牙型角和牙型半角准确与否,取决于车刀刃磨后的形状及其在车床上安装的位置。刃磨螺纹车刀时,应使切削部分的形状与螺纹牙型相符,普通螺纹车刀刀尖角应刃磨成 $60°$,并使前角 $\gamma_0=0°$。安装螺纹车刀时,刀尖必须与工件中心等高,且刀尖的角平分线与工件轴线垂直。为此,常用对刀样板安装螺纹车刀,如图 6-34 所示。

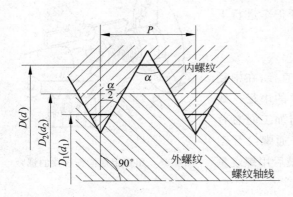

图 6-33　普通螺纹的三个基本要素

D、d—内、外螺纹大径(公称直径);

D_1、d_1—内、外螺纹小径;

D_2、d_2—内、外螺纹中径

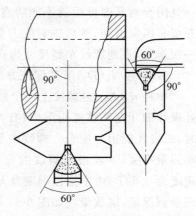

图 6-34　螺纹车刀的形状及对刀方法

2. 螺距 P 及其保证方法

螺距 P 是螺纹相邻两牙对应点之间的轴向距离(mm)。要获得准确的螺距,车螺纹时必须保证工件每转一周,车刀准确而均匀地沿纵向移动一个螺距 P 值,如图 6-35 所示。因此,车螺纹必须用丝杠带动刀架纵向移动,而且要求主轴与丝杠之间应保持一定的速比关系,该速比由配换齿轮和进给箱中的传动齿轮保证,在车床设计时已计算确定。加工前只要根据工件的螺距值,按进给箱上标牌所指示的配换齿轮 z_1、z_2、z_3、z_4 的齿数及进给箱各手柄应处的位置调整机床即可。在正式车螺纹前还应试切。选择正确的螺距规并将它放到试切的螺纹工件表面上,使螺纹的螺距必须符合螺距规相应的螺距,如图 6-36 所示。

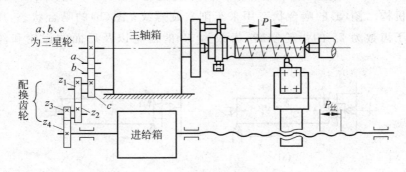

图 6-35　车螺纹传动示意图

车螺纹时,牙型需经多次走刀才能完成。每次走刀都必须落在第一次走刀车出的螺纹槽内,否则就会"乱扣"而成为废品。如果车床丝杠螺距 $P_丝$ 不是工件螺距 P 的整数倍,则

一旦闭合对开螺母后就不能随意打开,每车一刀后只能
开反车纵向退回,然后进背吃刀量(切深)开正车进行下
一次走刀,直到螺纹车到尺寸为止。

3. 中径 $d_2(D_2)$ 及其保证方法

中径 $d_2(D_2)$ 是螺纹上一个假想圆柱的直径,在中径
处螺纹的牙宽和槽宽相等,只有当内外螺纹的中径一致
时,二者才能很好配合。螺纹中径的大小与加工时总背
吃刀量有关,一般根据螺纹的牙型高度(普通螺纹牙型
高度为 $0.54P$)由中拖板刻度盘大致控制,最后用螺纹量
规检测保证,螺纹量规如图 6-37 所示。

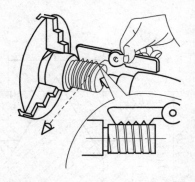

图 6-36　用螺距规检查螺纹的螺距

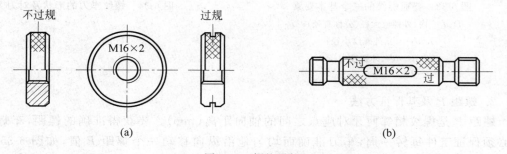

图 6-37　螺纹量规
(a)螺纹环规;(b)螺纹塞规

车削左、右旋螺纹如图 6-38 所示,其主要区别是车刀纵向移动的方向不同。因此,在
车床主轴至丝杠的传动系统中应有一个换向机构,使丝杠得以改变旋向,即可车削左旋
螺纹。图 6-39 中的三星轮(即齿数为 25、32、42 的齿轮)是 C6136 卧式车床车削左、右旋
螺纹的换向机构。图(a)的啮合状态用来车削右旋螺纹;图(b)的啮合状态,用来车削左
旋螺纹。由于齿数为 25 的齿轮空转,齿数为 32 的齿轮以及后面的齿轮和丝杠均改变
旋向。

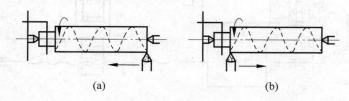

图 6-38　左、右旋螺纹的车削运动
(a)车削右旋螺纹;(b)车削左旋螺纹

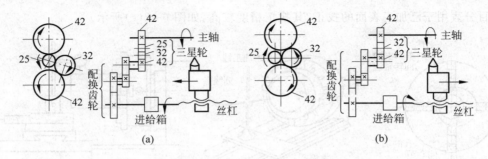

图 6-39 C6136 卧式车床换向机构

6.4.8 滚花

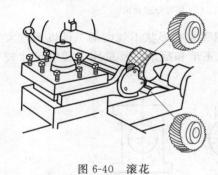

图 6-40 滚花

某些工具和机器零件的握持部分,如车床刻度盘以及螺纹量规等,为了便于手握和增加美观,常常在表面上加工出各种不同的花纹。

滚花是在车床上利用滚花刀挤压工件,使其表面产生塑性变形而形成花纹的一种工艺方法。图 6-40 是用网纹滚花刀滚制网状花纹。滚花的径向挤压力很大,因此加工时工件的转速要低,要供给充足的切削液。

6.5 车 床 附 件

在车床上需根据工件的不同形状、尺寸和加工数量选用不同的安装方法及附件。车床上安装工件常用的附件除三爪自定心卡盘(见本章 6.3 节)之外,还有四爪单动卡盘、顶尖、中心架、跟刀架、心轴、花盘、花盘-弯板等。

6.5.1 四爪单动卡盘

四爪单动卡盘的结构如图 6-41 所示,有四个互不相关的卡爪 1、2、3、4,每个卡爪的后面有一个半瓣的内螺纹与螺杆 5 相啮合,螺杆 5 的一端有方孔。当四爪扳手转动一根螺杆时,这根螺杆带动与之相啮合的卡爪单独向卡盘中心靠拢或离开。在安装工件时必须进行仔细找正,使工件上加工表面的轴线与车床主轴的回转轴线一致,如图 6-42(a)所示,划线盘用于毛坯面的找正或按划线找正,其找正精度较低,如图 6-42(b)所

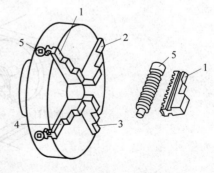

图 6-41 四爪单动卡盘

示。百分表用于已加工表面的找正,其找正精度较高,如图 6-42(c)所示。

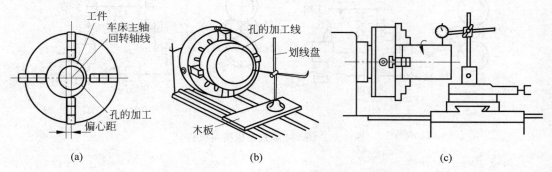

图 6-42　用四爪单动卡盘时工件的找正

(a) 四爪单动卡盘装夹工件;(b) 用划线盘找正;(c) 用百分表找正

　　四爪单动卡盘的卡爪可独立移动,且夹紧力大,适用于装夹形状不规则的工件以及较大的圆盘形工件,如图 6-43 所示。四爪单动卡盘也可装成正爪和反爪。反爪用于装夹尺寸较大的工件。

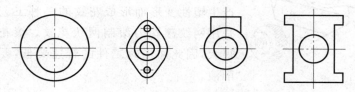

图 6-43　四爪单动卡盘装夹零件举例

6.5.2　双顶尖、拨盘和卡箍

　　在车床上加工轴类工件时,一般采用双顶尖、拨盘和卡箍安装工件,如图 6-44 所示。把轴安装在前后顶尖之间,主轴旋转,通过拨盘和卡箍带动工件旋转。有时在三爪自定心卡盘上夹持一段棒料,车出 60°锥面代替前顶尖,用三爪自定心卡盘代替拨盘,如图 6-45 所示。

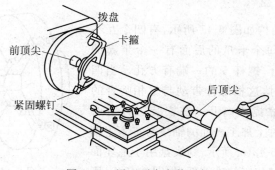

图 6-44　用双顶尖安装工件

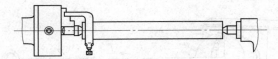

图 6-45　用三爪自定心卡盘代替拨盘

前后顶尖的作用是支承工件,确定工件旋转中心并承受刀具作用在工件上的切削力,常用的顶尖有死顶尖和活顶尖两种,其形状如图 6-46 所示。前顶尖插在主轴锥孔内,如图 6-47所示,并随主轴和工件一起旋转,与工件无相对运动,不发生摩擦,故用死顶尖。后顶尖装在尾座套筒内,高速车削时为了防止后顶尖与工件中心孔之间由于摩擦发热烧损或破坏顶尖和中心孔,常使用活顶尖。这种顶尖把顶尖与工件中心孔的滑动摩擦改成顶尖内部轴承的滚动摩擦,因此能承受很高的转速。

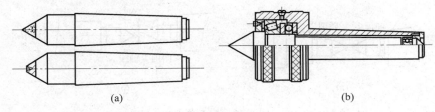

图 6-46　顶尖

（a）死顶尖；（b）活顶尖

用双顶尖安装轴类工件的步骤如下:

（1）在轴的两端钻中心孔　常用中心孔的形状有普通中心孔和双锥面中心孔,如图 6-48 所示。中心孔的 60°锥面和顶尖的锥面相配合,前面的小圆柱孔是为了保证顶尖与锥面紧密接触,同时储存润滑油。双锥面中心孔的 120°锥面称为保护锥面,用于防止 60°锥面被碰坏。中心孔多用中心钻在车床上钻出,加工前要先把轴的端面车平。图 6-49 为在车床上钻中心孔的情形。

（2）安装并校正顶尖　顶尖是依靠其尾部锥柄与主轴或尾座套筒的锥孔配合而定位的。安装时要先擦净锥孔和顶尖锥柄,然后对正撞紧,否则影响定位的准确度。

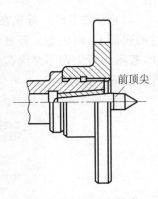

图 6-47　前顶尖的安装

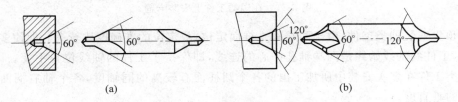

图 6-48　中心孔和中心钻

（a）加工普通中心孔；（b）加工双锥面中心孔

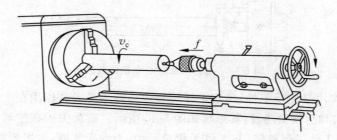

图 6-49   在车床上钻中心孔

校正时将尾座移向主轴箱,检查前后两顶尖的轴线是否重合,如图 6-50 所示。前后顶尖在水平面内不重合,车出的外圆将产生锥度误差。

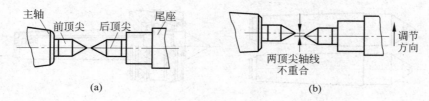

图 6-50   校正顶尖
(a) 两顶尖轴线必须重合;(b) 横向调节尾座体使两顶尖轴线重合

(3) 安装工件   首先在轴的一端安装卡箍,安装方法如图 6-51 所示。若夹在已精加工过的表面上,则应垫上开缝的小套或薄铜皮以免夹伤工件。在轴的另一端中心孔里涂上黄油,若用活顶尖则不必涂黄油。将卡箍的尾部插入拨盘的槽中,在双顶尖上安装轴类工件的方法如图 6-52 所示。

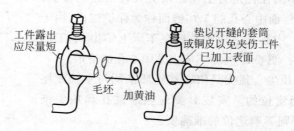

图 6-51   在轴类工件上安装卡箍

用顶尖安装轴类工件,由于两端都是锥面定位,故定位的准确度比较高。即使多次装卸与调头,工件的轴线始终是两端锥孔中心的连线,即保持了工件的轴线位置不变。因此,能保证轴类工件在多次安装中所加工出的各个圆柱面有较高的同轴度,各个轴肩端面对轴线有较高的垂直度。

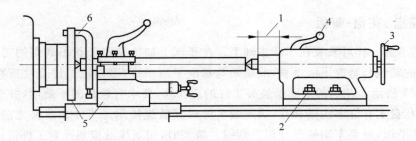

图 6-52 在双顶尖上安装轴类工件

1—调整套筒伸出长度；2—将尾座固定；3—调节工件与顶尖松紧程度；4—锁紧套筒；

5—刀架移至车削行程左端，用手转动拨盘，检查是否会碰撞；6—拧紧卡箍

6.5.3 心轴

心轴一般要与双顶尖、卡箍、拨盘一起配合使用。当盘套类零件上某一外圆或端面与孔的轴线有圆跳动要求，而又无法与孔在一次装夹中加工完成时，如果把零件的孔先精加工出来，以孔定位安装心轴，再将心轴安装在前后顶尖之间，这样就可以把盘套类工件当成轴类工件来加工，即可保证圆跳动要求。

心轴的种类很多，常用的有锥度心轴、可胀心轴和圆柱心轴等。图 6-53 为锥度心轴安装工件，锥度心轴的锥度一般为 1∶2000～1∶5000。工件压入锥度心轴后靠摩擦力与心轴紧固。锥度心轴安装工件，装卸方便，对中准确，但不能承受过大的切削力，多用于精加工盘套类工件。图 6-54 为可胀心轴安装工件，拧紧螺母，可使胀套涨开，从内向外撑紧工件，松动螺母，即可卸下工件。可胀心轴的特点是既定心又夹紧，夹紧力比锥度心轴大，但定位精度比锥度心轴低。

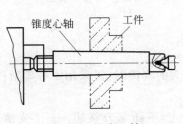

图 6-53 锥度心轴

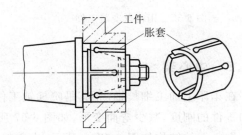

图 6-54 可胀心轴

盘套类零件用于安装心轴的孔应有较高的精度（一般为 IT8～IT7）和较低的表面粗糙度（一般 Ra 值为 3.2～1.6μm），否则工件在锥度心轴上无法准确定位。

6.5.4　花盘、花盘-弯板

花盘与卡盘一样可安装在车床主轴上。在车床上加工某些形状不规则的工件,为保证其外圆、孔的轴线与基准平面垂直,或端面与基准平面平行,可以把工件直接压在花盘上加工,如图 6-55 所示。花盘的端面是装夹工件的工作面,要求有较高的平面度,并垂直于车床主轴轴线,花盘上有许多沟槽和孔,供安装工件时穿放螺栓用。工件在装夹之前,一般要先加工出基准平面,对要车削的部分钳工划线。装夹时,用划线盘按划线对工件进行找正。如果工件的重心偏向花盘一边,还需要在花盘另一边加一质量适当的平衡铁。

有些复杂的零件,当要求外圆、孔的轴线与基准平面平行,或端面与基准平面垂直时,可用花盘-弯板安装工件,如图 6-56 所示。在花盘上再装一个角度为 90°的弯板,安装工件时先将工件用压板螺栓初步压紧在弯板工作平面上,用划线盘对工件进行找正。找正时要一边通过垫铜皮等来调整弯板在花盘上的上下位置,一边调整工件在弯板上的前后位置。找正后分别将弯板和工件压紧。由于弯板和工件的重心偏向花盘一边,应在花盘另一边配上质量适当的平衡铁。

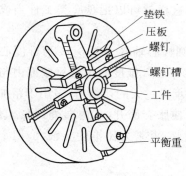

图 6-55　用花盘安装工件

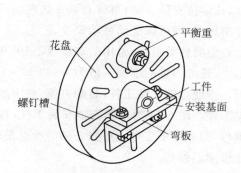

图 6-56　用花盘-弯板安装工件

6.5.5　中心架

在车床上加工细长轴(尤其是阶梯轴工件)和尺寸较大的套筒时,需采用中心架附件,以增加工件的刚度,减少弯曲变形,如图 6-57 所示。

中心架的结构如图 6-58(a)所示,中心架固定在床身上,不随车刀移动。三个支承爪支承在零件预先加工过的外圆表面上,需用百分表找正工件,支承爪的松紧程度要合适。车削时要在支承爪与工件的接触面上添加润滑油,转速也不宜过高。

6.5.6　跟刀架

当加工细长光轴工件时,为了减小轴受切削力的作用产生的弯曲变形,增加工件的刚

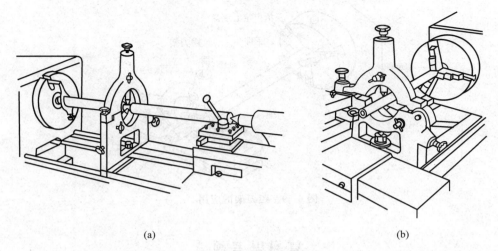

图 6-57 中心架的应用

（a）用中心架车细长轴的外圆；（b）用中心架车轴或套筒的端面和孔

度，常需使用跟刀架作为辅助支承，如图 6-59 所示。

跟刀架的基本结构如图 6-58（b）、（c）所示，由架体、紧固螺钉和可调支承爪组成。跟刀架与中心架不同，它固定在床鞍（大拖板）的左侧，并随床鞍一起作纵向移动。支承爪和车刀刀头一起对工件形成支承。将细长轴安装在卡盘与顶尖或两顶尖之间，先在工件右端按要求车出一小段外圆，然后调整支承爪，使之与已车外圆表面轻轻接触，在支承爪与工件的接触面上添加润滑油，加工时转速也不宜过高。

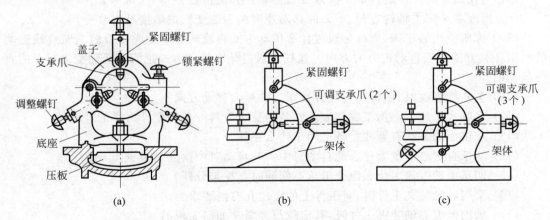

图 6-58 中心架和跟刀架

（a）中心架；（b）二爪跟刀架；（c）三爪跟刀架

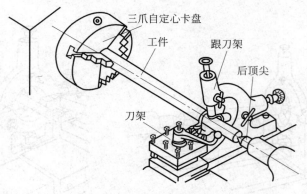

图 6-59　跟刀架的应用

复习思考题

(1) 卧式车床的主要组成部分有哪些,各起什么作用?

(2) 在卧式车床上安装工件、安装刀具及开车操作时应注意哪些事项?

(3) 卧式车床的主运动与进给运动各是什么?

(4) 什么是切削用量? 其单位是什么? 车床主轴的转速是否就是切削速度?

(5) 为什么要开车对刀?

(6) 试切的目的是什么? 结合实际操作说明试切的步骤。

(7) 在切削过程中进刻度时,若刻度盘手柄摇过了几格怎么办? 为什么?

(8) 为什么要对工件进行加工极限位置检查? 如何检查?

(9) 当改变车床主轴转速时,车刀的移动速度是否改变? 进给量是否改变?

(10) 你所使用的车床,光杠是通过什么传动方式将旋转运动变成车刀的纵向直线运动的? 用什么方法改变自动走刀的方向? 丝杠是通过什么传动方式把旋转运动变为车刀的直线运动的?

(11) 车左旋螺纹时,用什么方法改变车刀的纵向移动方向?

(12) 在卧式车床上能加工哪些表面? 各用什么刀具? 各需要什么样的运动?

(13) 车锥面的方法有哪些? 各适用于什么条件?

(14) 三爪自定心卡盘为什么能自动对中? 其自动对中精度是多少?

(15) 四爪单动卡盘为什么四个卡爪不能同时靠拢与分开?

(16) 采用心轴装夹工件时,对工件上的定位孔有何要求?

(17) 采用锥度心轴装夹工件时,其定位与夹紧是如何实现的?

(18) 中心架、跟刀架是如何固定在卧式车床上的? 它们的用途是什么?

(19) 中心架与跟刀架所装夹的工件在结构上有何异同?

(20) 花盘与花盘-弯板所装夹的工件,其被加工面与定位基面的位置关系有何区别?

第 7 章

铣工、刨工和磨工

7.1 铣 工

7.1.1 铣工概述

铣工是机械加工中一个重要工种,是在铣床上利用刀具的旋转运动和工件的连续移动来加工工件的。铣削时,刀具的旋转运动为主运动,工件的直线移动为进给运动。

铣削加工的范围比较广泛,可加工平面(按加工时所处位置可分为水平面、垂直面、斜面)、台阶面、沟槽(包括键槽、直角槽、角度槽、燕尾槽、T 形槽、圆弧槽、螺旋槽)和成形面等。此外,还可进行孔加工(钻孔、扩孔、铰孔、铣孔)和分度工作。图 7-1 为铣床加工零件的部分实例。铣削后两平面之间距离尺寸的公差等级可达 IT9～IT8,表面粗糙度 Ra 值可达 $3.2～1.6\mu m$。

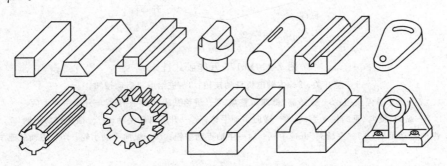

图 7-1　铣床加工零件举例

铣削加工可以在卧式铣床、立式铣床、龙门铣床、工具铣床以及各种专用铣床上进行。对于单件小批生产中的中小型零件,以卧式铣床(简称卧铣)和立式铣床(简称立铣)最为常用。

7.1.2 普通铣床

1. 卧式铣床

卧铣是铣床中应用最多的一种,铣削时,铣刀安装在主轴上或与主轴连接的刀轴上,随主轴作旋转运动;工件装夹在夹具上或工作台面上,随工作台作纵向、横向或垂向直线运动。因主轴处于横卧位置,所以称作卧铣。

图 7-2 为 X6125 万能卧式铣床。编号 X6125 中字母和数字的含义为:X 表示铣床类,6 表示卧铣,1 表示万能升降台铣床,25 表示工作台宽度的 1/10,即工作台的宽度为 250mm。X6125 的旧编号为 X61W。

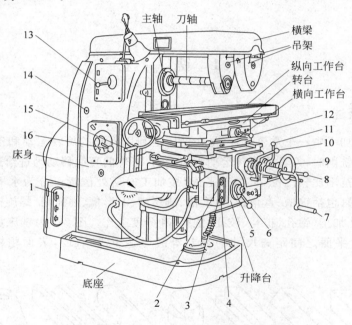

图 7-2　X6125 万能卧式铣床

1—总开关;2—主轴电机启动按钮;3—进给电机启动按钮;
4—机床总停按钮;5—进给高、低速调整盘;6—进给数码转盘手柄;7—升降手动手柄;
8—纵向、横向、垂向快动手柄;9—横向手动手轮;10—升降自动手柄;11—横向自动手柄;
12—纵向自动手柄;13—主轴高、低速手柄;14—主轴点动按钮;15—纵向手动手轮;16—主轴变速手柄

X6125 万能卧式铣床由床身、主轴、横梁、纵向工作台、转台、横向工作台、升降台和底座等部分组成。床身用于支承和连接铣床各部件,其内部装有传动机构。主轴是空心轴,孔的前端为 7:24 的锥孔,用于安装铣刀或刀轴,并带动铣刀或刀轴旋转。横梁上面可安装吊架,用来支承刀轴外端,以增加刀轴刚度。它可沿床身顶部水平导轨移动,以适应安装不同长度的刀轴。纵向工作台可沿转台上的导轨作纵向移动,以带动台面上的工件纵向进给。

转台可以使纵向工作台在水平面内扳转一个角度,有无转台,是万能铣床与其他铣床的主要区别。横向工作台位于转台与升降台之间,可沿升降台上面的导轨作横向移动,以带动工件横向进给。升降台可使整个工作台沿床身前壁上的垂直导轨上下移动,以调整工作台面至铣刀或刀轴的距离,亦可带动工件垂向进给。底座用于支承床身和工作台,并与地基相连接。

X6125 万能卧式铣床的 16 种主轴转速范围是 65~1800r/min,在纵向、横向和垂向的 16 种进给量范围是 35~980mm/min。当加工工件时,可以手动和自动方式实现进给,当加工工件的表面的一次走刀完毕之后空程退刀时可以使用机床的快动手柄实现工作台的快速移动。

2. 立式铣床

立铣和卧铣的主要区别是其主轴轴线与工作台面垂直。因主轴处于铅垂位置,所以称作立铣。

图 7-3 为 X5030 立式铣床。编号 X5030 中字母和数字的含义:X 表示铣床类,5 表示立铣,0 表示立式升降台铣床,30 表示工作台宽度的 1/10,即 300mm。

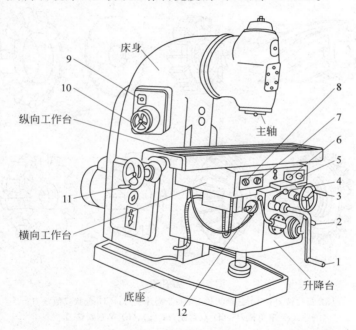

图 7-3 X5030 立式铣床
1—升降手动手柄;2—进给量调整手柄;3—横向手动手轮;
4—纵、横、垂向自动进给选择手柄;5—机床启动按钮;6—机床总停按钮;7—自动进给换向旋钮;
8—切削液泵开关旋钮;9—主轴点动按钮;10—主轴变速手轮;11—纵向手动手轮;12—快动手柄

X5030 立铣的主要组成部分与 X6125 万能卧铣基本相同,除主轴所处位置不同外,它没有横梁、吊架和转台。铣削时,铣刀安装在主轴上,由主轴带动作旋转运动;工作台带动工件作纵向、横向、垂向直线运动。

主轴共有 40～1500r/min 12 种不同的转速。进给量通过调整共可得到从 5～800mm/min 36 种,进给操作可以手动和自动进行,在表面的一次走刀完毕之后空程退刀时,可以使用快动手柄,用途与 X6125 卧铣相同。

7.1.3 铣刀及其安装

铣刀的种类很多,按安装方法可分为带孔铣刀和带柄铣刀两大类。

1. 带孔铣刀

带孔铣刀如图 7-4 所示,一般用于卧式铣床。在图 7-4 中,图(a)为圆柱铣刀,用于铣削中小型平面;图(b)为三面刃铣刀,用于铣削小台阶面、直槽和柱形工件的小侧面;图(c)为锯片铣刀,用于铣削窄缝或铣断;图(d)为盘状模数铣刀,用于铣削齿轮的齿形;图(e)、(f)分别为单角、双角铣刀,用于加工各种角度槽及斜面等;图(g)、(h)为半圆弧铣刀,用于铣削内凹和外凸圆弧表面。带孔铣刀多用长刀轴安装,如图 7-5 所示。

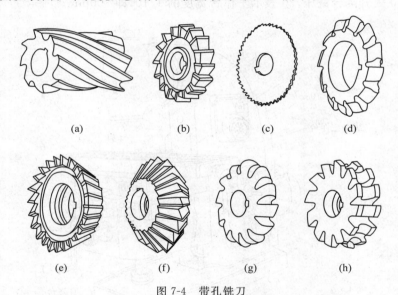

图 7-4 带孔铣刀

(a) 圆柱铣刀;(b) 三面刃铣刀;(c) 锯片铣刀;(d) 盘状模数铣刀;
(e) 单角铣刀;(f) 双角铣刀;(g)、(h) 半圆弧铣刀

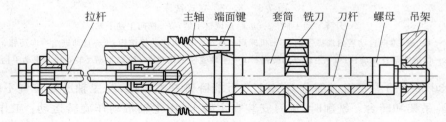

图 7-5 带孔铣刀的安装

2. 带柄铣刀

带柄铣刀如图 7-6 所示,多用于立铣,有时亦可用于卧铣。在图 7-6 中,图(a)为镶齿端铣刀,用于铣削较大平面;图(b)为立铣刀,用于铣削直槽、小平面和内凹平面等;图(c)为键槽铣刀,用于铣削轴上键槽;图(d)为 T 形槽铣刀,与立铣刀配合使用,铣削 T 形槽;图(e)为燕尾槽铣刀,用于铣削燕尾槽。

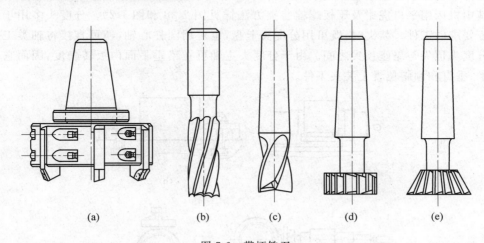

图 7-6　带柄铣刀

(a) 镶齿端铣刀;(b) 立铣刀;(c) 键槽铣刀;(d) T 形槽铣刀;(e) 燕尾槽铣刀

带柄铣刀有锥柄和直柄之分,其中图 7-7(a)为锥柄铣刀;图 7-7(b)为直柄铣刀,一般其直径不大于 20mm,多用弹簧夹头进行安装。铣刀的柱柄插入弹簧套孔内,由于弹簧套上面

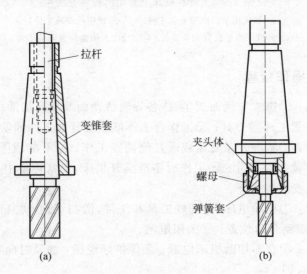

图 7-7　带柄铣刀的安装

有三个不通的开口,所以用螺母压弹簧套的端面,致使其外锥面受压而孔径缩小,从而将铣刀夹紧。弹簧套有多种孔径,以适应不同尺寸的直柄铣刀。

7.1.4　工件的安装

工件在铣床上常采用机床用平口虎钳、压板螺栓和分度头等附件进行安装,如图 7-8 所示。其中机床用平口虎钳及压板螺栓装夹方法详见图 7-28 和图 7-29。分度头多用于装夹有分度要求的工件。装夹时,既可用分度头卡盘,也可用圆柱心轴,还可直接将轴类工件装夹在分度头顶尖与尾座顶尖之间。由于分度头主轴可在铅垂平面内扳转角度,因而它可以在水平、垂直和倾斜位置上装夹工件。

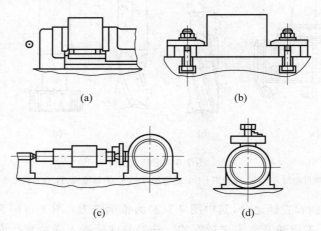

(a)　　　　　　　　(b)

(c)　　　　　　　　(d)

图 7-8　工件在铣床上常用的装夹方法
(a) 机床用平口虎钳安装工件;(b) 压板螺栓安装工件;
(c) 分度头水平位置安装工件;(d) 分度头铅垂位置安装工件

7.1.5　铣床安全操作规程

(1) 铣床启动前:①擦去导轨面灰尘,往各导轨滑动面及油孔加油;②检查各手柄是否处于正常位置;③夹紧工件和刀具;④工作台上不准放置其他工件和量具等。

(2) 铣床启动后:①不准开车变速或做其他调整工作;②不准用手摸铣刀及其他旋转部件;③不准开车度量工件尺寸;④工作时不准离开机床,要精神集中,并站在合适的位置上;⑤发现异常现象要立即停车。

(3) 工作结束后:①擦净机床,整理好工具和工件,清扫场地;②机床各手柄应回复到停止位置,将工作台摇到合适位置;③关闭电闸。

(4) 发生事故后:①立即切断机床电源;②保护好现场;③及时向有关人员汇报,以便分析原因,总结经验教训。

7.1.6　铣削基本工作

铣床工作范围很广,这里只介绍铣削平面、分度件和沟槽的方法。

1. 铣水平面和垂直面

铣平面可在卧铣或立铣上进行,如图 7-9 所示。在图 7-9 中,图(a)为镶齿端铣刀在立铣上铣水平面;图(b)为镶齿端铣刀在卧铣上铣垂直面;图(c)为立铣刀在立铣上铣内凹平面;图(d)为圆柱铣刀在卧铣上铣平面;图(e)为立铣刀在立铣上铣台阶平面;图(f)为三面刃铣刀在卧铣上铣台阶平面。

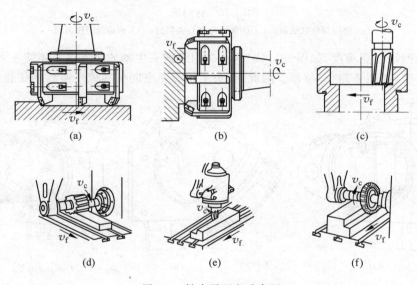

(a)　　　　　　(b)　　　　　　(c)

(d)　　　　　　(e)　　　　　　(f)

图 7-9　铣水平面和垂直面

2. 铣斜面

斜面虽属平面,但铣削方法与铣削一般水平面和垂直面有较大的差别。铣斜面常用的方法有以下三种:

使用斜垫铁铣斜面　如图 7-10(a)所示,在工件基准面下面垫一块斜角 α 与工件相同的斜垫铁,即可铣出所需斜面。改变斜垫铁的角度 α,即可铣出不同角度的斜面。这种方法一般采用机床用平口虎钳装夹。

使用分度头铣斜面　如图 7-10(b)所示,在一些适宜用卡盘装夹的工件上加工斜面时,可利用分度头装夹工件,将其主轴扳转一定角度后即可铣出所需斜面。

偏转铣刀铣斜面　这种方法如图 7-10(c)所示。偏转铣刀可在主轴能回转一定角度的立铣上实现,亦可在卧铣上利用万能铣头实现。万能铣头是铣床的重要附件,其工作情况如图 7-11 所示。它的底座 1 用螺栓 5 通过压条紧固在卧铣的垂直导轨上,铣床主轴的旋转运动通过铣头内的两对锥齿轮传递到铣头主轴上,如图 7-11(a)所示。铣头的大本体 3 可绕铣

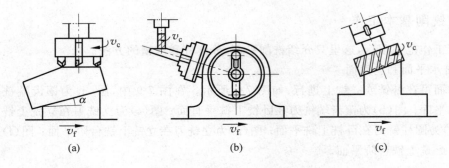

图 7-10　铣斜面

(a) 使用斜垫铁铣斜面；(b) 使用分度头铣斜面；(c) 偏转铣刀铣斜面

床主轴轴线回转任意角度，如图 7-11(b)所示。内装铣头主轴的小本体 4 还能在大本体 3 上回转任意角度，如图 7-11(c)所示。因此，铣头主轴能在空间偏转成所需要的任意角度。

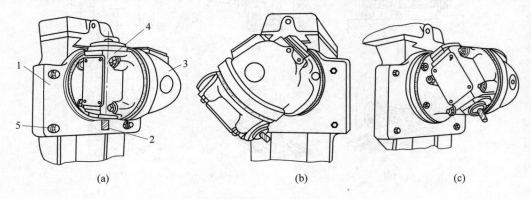

图 7-11　万能铣头

1—底座；2—铣刀；3—大本体；4—小本体；5—螺栓

3. 铣沟槽

在铣床上能加工的沟槽有直角槽、V 形槽、燕尾槽、T 形槽、键槽和圆弧槽等，如图 7-12 所示。需要说明的是，在铣燕尾槽和 T 形槽之前，应先用立铣刀铣出宽度合适的直角槽。下面只介绍铣键槽和圆弧槽的方法。

铣键槽　对于封闭式键槽，单件生产一般在立铣上加工，采用机床用平口虎钳装夹工件，如图 7-13(a)所示。由于机床用平口虎钳不能自动对中，工件需要找正。当批量较大时，常在键槽铣床上加工，工件多采用轴用虎钳装夹，如图 7-13(b)所示。轴用虎钳的优点是自动对中，工件不需找正。

铣圆弧槽　铣圆弧槽要使用铣床附件圆形工作台，圆形工作台如图 7-14 所示，工件用压板螺栓直接或通过三爪自定心卡盘安装在圆形工作台上。圆形工作台还用于较大工件的分度工作或外圆弧面的加工。

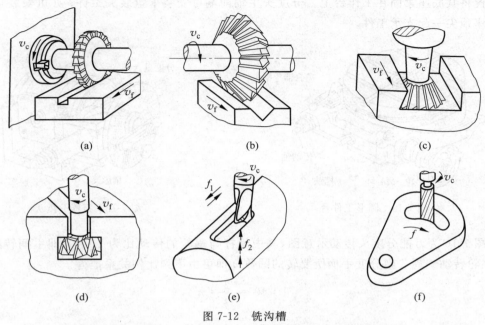

图 7-12 铣沟槽

（a）三面刃铣刀铣直角槽；（b）角度铣刀铣 V 形槽；（c）燕尾槽铣刀铣燕尾槽；
（d）T 形槽铣刀铣 T 形槽；（e）键槽铣刀铣键槽；（f）立铣刀铣圆弧槽

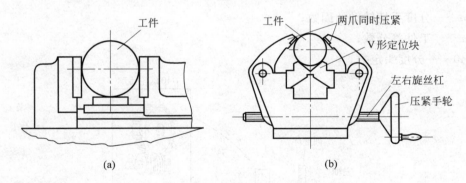

图 7-13 铣轴上键槽工件的装夹方法

（a）机床用平口虎钳装夹工件；（b）轴用虎钳装夹工件

4. 铣分度件

在铣削加工中，经常遇到铣六方、齿轮和花键轴等工作。这时，工件每铣过一面或一个槽之后，需要转过一定角度再铣下一面或下一个槽，这种工作称为分度。分度工作常在万能分度头上进行。

万能分度头是铣床的主要附件之一，其外形如图 7-15 所示。它由底座、转动体、主轴和分度盘等组成。工作时，它利用底座下面的导向键与纵向工作台中间的 T 形槽相配合，并

用螺栓将其底座紧固在工作台上。分度头主轴前端可安装卡盘装夹工件;亦可安装顶尖,
与尾座顶尖一起支承工件。

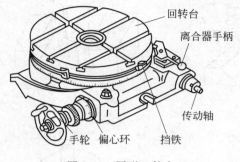

图 7-14　圆形工件台

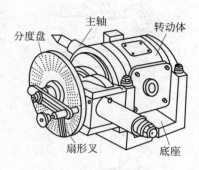

图 7-15　万能分度头

图 7-16 为万能分度头传动示意图,其中蜗杆与蜗轮的传动比为 1∶40,即手柄转过 40
圈,蜗轮转动一周。则分度手柄所要转的圈数 n 即可由下列比例关系推得

$$1 : 40 = \frac{1}{z} : n$$

即

$$n = \frac{40}{z}$$

式中: n——分度手柄转动的圈数;

　　　 z——工件等分数;

　　　 40——分度头定数。

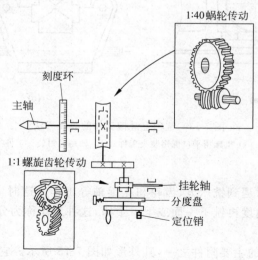

图 7-16　万能分度头传动示意图

分度头进行分度的方法之一是简单分度法。这种分度法可直接利用公式 $n=40/z$。例如，铣齿数 z 为 38 的齿轮，每铣一齿后分度手柄需要转的圈数为：$n=\dfrac{40}{z}=\dfrac{40}{38}=1\dfrac{1}{19}$（圈）。也就是说，每铣一齿后分度手柄需转过一整圈又 1/19 圈。其中 1/19 圈可通过分度盘控制。

分度盘如图 7-17 所示。国产分度头一般备有两块分度盘。每块的两面分别有许多同心圆圈，各圆圈上钻有数目不同的相等孔距的不通小孔。

第一块分度盘正面各圈孔数依次为：24、25、28、30、34、37；反面依次为：38、39、41、42、43。

第二块分度盘正面各圈孔数依次为：46、47、49、51、53、54；反面依次为：57、58、59、62、66。

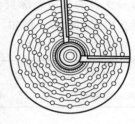

图 7-17　分度盘

分度时，将分度手柄上的定位销调整到孔数为 19 的倍数的孔圈上，即调整到孔数为 38 的孔圈上。这时，手柄转过 1 圈后，再在孔数为 38 的孔圈上转过 2 个孔距，即 $n=1\dfrac{1}{19}=1\dfrac{2}{38}$。

为确保每次分度手柄转过的孔距数准确无误，可调整分度盘上的扇形尺的夹角，使之正好等于 2 个孔距。这样，每次分度手柄所转圈数的真分数部分可扳转扇形叉由其夹角保证。

铣分度件如图 7-18 所示。其中图（a）为铣削六方螺钉头的小侧面，图（b）为铣削圆柱直齿轮。

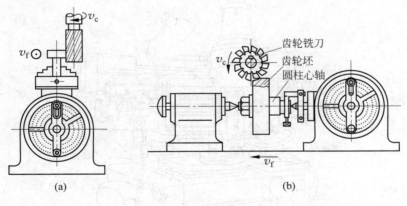

| (a) | (b) |

图 7-18　铣分度件

7.1.7　齿轮齿形加工简介

齿轮齿形的加工方法有成形法和展成法两类。铣齿属于成形法，插齿和滚齿属于展成法。

1. 铣齿

铣齿是用与被切齿轮齿槽形状相符的成形铣刀切出齿形的方法。铣削时，在卧式铣床上用分度头和心轴水平装夹工件,用齿轮铣刀(又称模数铣刀)进行铣削,见图 7-18(b)。铣完一个齿槽后,将工件退出进行分度,再铣下一个齿槽,直到铣完所有齿槽为止。

由于齿轮齿槽的形状与模数和齿数有关,因此要铣出准确的齿形,必须对一种模数和一种齿数的齿轮制造一把铣刀。为便于刀具的制造和管理,一般把铣削模数相同而齿数不同的齿轮所用的铣刀制成 8 把,分为 8 个刀号,每号铣刀加工一定齿数范围的齿轮,见表 7-1。每号铣刀的刀齿轮廓只与该号齿数范围内的最少齿数的齿槽轮廓一致,对其他齿数的齿轮只能获得近似齿形。例如,铣削模数为 2、齿数为 38 的齿轮,应选择模数为 2 的 6 号齿轮铣刀。

表 7-1 齿轮铣刀的刀号和加工的齿数范围

刀号	1	2	3	4	5	6	7	8
加工齿数范围	12～13	14～16	17～20	21～25	26～34	35～54	55～134	135 以上及齿条

铣齿的特点是设备简单,刀具费用少,生产效率低;加工出的齿轮精度低,只能达到 11～9 级。铣齿多用于修配或单件生产中制造某些转速低、精度要求不高的齿轮。

2. 插齿

插齿加工在插齿机上进行,插齿机如图 7-19 所示。插齿过程相当一对齿轮对滚。插齿

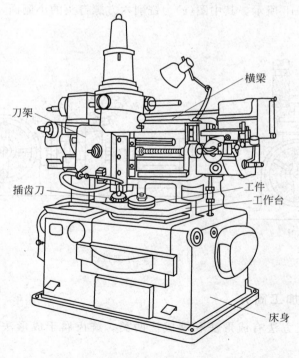

图 7-19 插齿机

刀的形状与齿轮类似，只是在轮齿上刃磨出前、后角，使其具有锋利的刀刃，如图 7-20(a)所示。插齿时，插齿刀一边上下往复运动，一边与被切齿轮坯之间强制保持一对齿轮的啮合关系，即插齿刀转过一个齿，被切齿轮坯也转过相当一个齿的角度，逐渐切去工件上的多余材料获得所需要的齿形，插齿工作原理如图 7-20(b)所示。

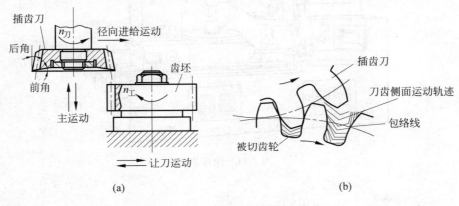

图 7-20　插齿及其工作原理

插齿需要以下五个运动：

主运动　插齿刀的上下往复直线运动。

分齿运动　插齿刀与被切齿轮坯之间强制保持一对齿轮啮合关系的运动。

圆周进给运动　在分齿运动中，插齿刀的旋转运动。插齿刀每往复一次在自身分度圆上转过的弧长(mm/srt)称为圆周进给量。

径向进给运动　在插齿开始阶段，插齿刀沿被切齿轮坯半径方向的移动，以逐渐切至齿全深的运动。插齿刀每上下往复一次沿齿轮坯径向移动的距离(mm/srt)称为径向进给量。

让刀运动　为避免刀具回程时与工件表面摩擦，工作台带动工件在插齿刀回程时让开插齿刀，在插齿刀工作行程时又恢复原位的短距离的往复移动。

插齿除可以加工一般外圆柱直齿轮外，尤其适宜加工双联齿轮、多联齿轮和内齿轮，其加工精度为 8~7 级，齿面粗糙度 Ra 值为 $1.6\mu m$。插齿适用于各种批量的生产。

3. 滚齿

滚齿加工在滚齿机上进行，滚齿机如图 7-21 所示。滚齿过程可近似看作是齿条与齿轮的啮合。齿轮滚刀的刀齿排列在螺旋线上，在轴向或垂直于螺旋线的方向开出若干槽，磨出刀刃，即形成一排排齿条，如图 7-22(a)所示。当滚刀旋转时，一方面一排刀刃由上而下进行切削，另一方面又相当于齿条连续向前移动。只要滚刀与齿轮坯的转速之间能严格保持齿条齿轮啮合的运动关系，再加上滚刀的沿齿宽方向的垂直进给运动，即可将齿轮坯切出所需要的齿形，滚齿工作原理如图 7-22(b)所示。

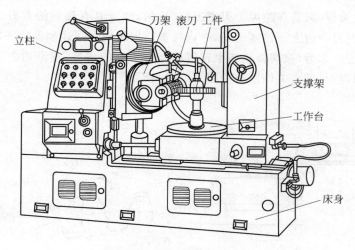

图 7-21　滚齿机

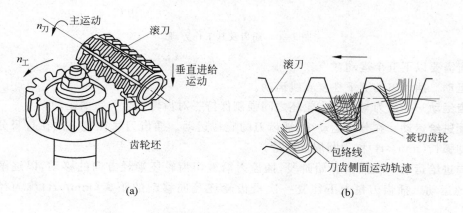

(a)　　　　　　　　　　　　　　　　(b)

图 7-22　滚齿及其工作原理

滚齿时，为保证滚刀刀齿的运动方向（即螺旋齿的切线方向）与齿轮的轮齿方向一致，滚刀的刀轴必须扳转一定的角度。

滚齿需要以下三个运动：

主运动　滚刀的旋转运动。

分齿运动　滚刀与被切齿轮之间强制保持的齿条齿轮啮合关系的运动。

垂直进给运动　滚刀沿被切齿轮坯轴向移动逐渐切出全齿宽的运动。被切齿轮坯每转一转，滚刀沿齿轮坯轴向移动的距离（mm/r）称为垂直进给量。

滚齿除可以加工直齿、斜齿圆柱齿轮外，还能加工蜗轮和链轮等，其加工精度为 8～7 级，齿面粗糙度 Ra 值为 3.2～1.6μm。滚齿适用于各种批量的生产。

7.2　刨　　工

7.2.1　刨工概述

　　刨削加工是在刨床上利用刨刀来加工工件的。刨削能加工的表面有平面（按加工时所处的位置又分为水平面、垂直面、斜面）、沟槽（包括直角槽、V 形槽、T 形槽，燕尾槽）和直线型成形面等。刨削后两平面之间的尺寸公差等级可达 IT9～IT8，表面粗糙度 Ra 值可达 $3.2～1.6\mu m$。

　　刨削加工可以在牛头刨床、龙门刨床和插床上进行。

7.2.2　牛头刨床

　　牛头刨床是刨削类机床中应用较广泛的一种，多用于单件小批生产中的中小型零件，图 7-23 为牛头刨床加工零件举例。牛头刨床刨削水平面、垂直面或斜面时，刨刀的往复直线运动为主运动，工件的横向、垂向或斜向的间歇移动为进给运动。

　　图 7-24 为 B6050 牛头刨床。在编号 B6050 中，字母和数字的含义为：B 表示刨床类，60 表示牛头刨床，50 表示刨削工件最大长度的 1/10，即最大刨削长度为 500mm。

　　1. B6050 牛头刨床主要组成部分

　　B6050 牛头刨床由床身、滑枕、刀架、横梁、工作台和底座等部分组成。

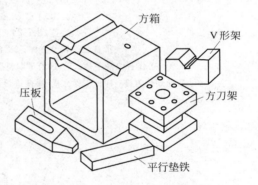

图 7-23　牛头刨床加工零件举例

　　床身　用于支承和连接刨床各部件，其顶面水平导轨供滑枕作往复运动用；前侧面垂直导轨供工作台升降用；内部装有传动机构。

　　滑枕　其前端装有刀架，滑枕带动刨刀作往复直线运动。

　　刀架　刀架用于夹持刨刀，刀架结构简图如图 7-25 所示。摇动刀架手柄，滑板可沿转盘上的导轨带动刨刀上下移动或进给。松开转盘上的螺母，将转盘扳转一定角度后，可使刀架斜向进给。滑板上还装有可偏转的刀座（又称刀盒）。抬刀板可以绕 A 轴向上转动。刨刀安装在刀夹上，在返回行程时刨刀可绕 A 轴自由上抬，以减少刀具与工件的摩擦。

　　横梁　横梁安装在床身前侧的垂直导轨上，其底部装有升降横梁用的丝杠。

　　工作台　用于安装夹具和工件。两侧面上有许多沟槽和孔，以便在侧面上用压板螺栓装夹某些特殊形状的工件。工作台除可随横梁上下移动或垂向间歇进给外，还可沿横梁水平横向移动或横向间歇进给。

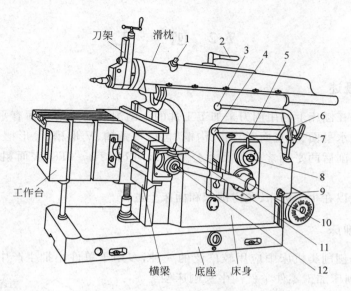

图 7-24　B6050 牛头刨床

1—滑枕位置调整方榫；2—滑枕锁紧手柄；3—离合器操纵手柄；

4—工作台快动手柄；5—进给量调整手柄；6,7—变速手柄；8—行程长度调整方榫；

9—变速到位方榫；10—工作台横、垂向进给选择手柄；11—进给换向手柄；12—工作台手动方榫

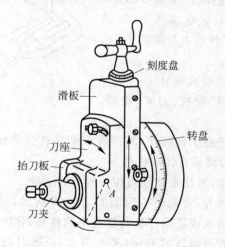

图 7-25　牛头刨床刀架

底座　用于支承床身和工作台,并与地基相连接。

2. B6050 牛头刨床调整及手柄使用

(1) 主运动的调整

主运动的调整包括滑枕行程长度、滑枕起始位置和滑枕移动速度的调整。

滑枕行程长度的调整　松开行程长度调整方榫 8 上的螺母,用方孔摇把转动方榫 8,顺时针转动行程变长,反之变短。

滑枕起始位置的调整　松开滑枕锁紧手柄 2,用方孔摇把转动滑枕位置调整方榫 1,顺时针转动起始位置向前移动,反之向后移动。

滑枕移动速度的调整　推拉变速手柄 6、7,可获得 15～158str/min 间 9 种不同的速度。注意:开车不准变速;当变速手柄推拉不能到位时,可用方孔摇把摇一下变速到位方榫 9。

(2) 进给运动的调整

进给运动的调整包括进给量和工作台进给方向的调整。

进给量的调整　拉动离合器操纵手柄 3 开动机床,顺时针转动进给量调整手柄 5,观察工作台手动方榫 12 处的刻度盘间歇转动情况,直到每往复行程间歇移动的刻度值为所需要的进给量时为止。顺时针转动进给量变大,反之变小。

工作台进给方向的调整　手摇工作台手动方榫 12 时,进给换向手柄 11 放在中间空挡位置。要求工作台自动进给时,顺时针扳动换向手柄 11,工作台右移(操作者面对滑枕行程方向),反之左移。

7.2.3　刨刀及其安装

刨刀常用的有平面刨刀、偏刀、角度偏刀、切刀、弯切刀等,各种刨刀的用途如图 7-26 所示。平面刨刀用于加工水平面,如图 7-26(a)所示,偏刀加工垂直面和外斜面,如图 7-26(b)、(c)所示,角度偏刀加工内斜面和燕尾槽,如图 7-26(d)所示,切刀加工直角槽和切断工件,如图 7-26(e)所示,弯切刀加工 T 形槽,如图 7-26(f)所示。

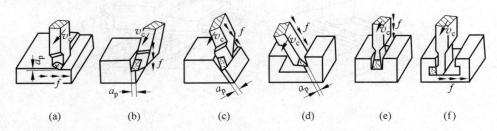

图 7-26　刨刀的用途

(a)刨水平面;(b)刨垂直面;(c)刨斜面;(d)刨燕尾槽;(e)刨直槽;(f)刨梯形槽

由于使用情况不同,有的做成直头刨刀,有的做成弯头刨刀,如图 7-27 所示。弯头刨刀在受到较大的切削阻力时,刀杆围绕 O 点向后上方弹起,刀尖不会啃入工件。而直头刨刀受力弯曲变形后则啃入工件,易损坏刀刃和加工表面。因此,弯头刨刀的应用比直头刨刀广泛。

刨刀安装在刀夹上,不宜伸出过长,以免切削时产生振动和折断刨刀。直头刨刀的伸出长度一般为刀杆厚度的 1.5～2 倍;弯头刨刀伸出可稍长些,一般以弯曲部分不碰抬刀板为宜,如图 7-27 所示。

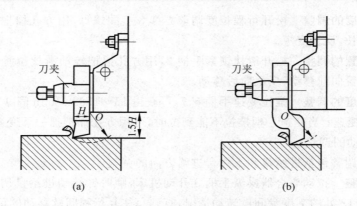

(a)　　　　　　　　　　　(b)

图 7-27　直头刨刀和弯头刨刀的安装及工作情况

7.2.4　工件的安装

　　牛头刨床安装工件的方法常用的有机床用平口虎钳装夹和压板螺栓装夹两种。

　　平口虎钳装夹　机床用平口虎钳是一种通用夹具,多用于小型工件的装夹。装夹时,工件的加工面应高于钳口,如果工件的高度不够,可用平行垫铁将工件垫高,并用手锤轻敲工件,当垫铁用手不能拉动时工件则与垫铁贴紧,如图 7-28(a)所示。如果工件需要按划线找正,可用划线盘进行,如图 7-28(b)所示。

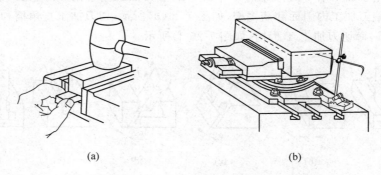

(a)　　　　　　　　　　　(b)

图 7-28　用机床用平口虎钳装夹工件

　　压板螺栓装夹　对于大型工件或平口虎钳难以装夹的工件,可用压板螺栓直接将其装夹在工作台上,如图 7-29 所示。压板的位置要安排得当,压点要靠近切削面,压力大小要合适。

7.2.5　牛头刨床安全操作规程

　　(1)刨床启动前:①擦去导轨面灰尘,往各

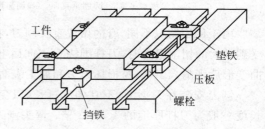

图 7-29　用压板螺栓装夹工作

导轨滑动面及油孔加油;②检查各手柄是否处于正常位置;③夹紧工件和刀具;④工作台上不准放置其他工件和量具等。

(2)刨床启动后:①不准开车变速或做其他调整工作;②不准用手摸刨刀及其他运动部件;③不准开车度量尺寸;④工作时不准离开机床,要精神集中,并站在合适的位置上;⑤发现异常现象要立即停车。

(3)工作结束后:①擦净机床,整理好工具和工件,清扫场地;②机床各手柄应回复到停止位置,将工作台摇到合适位置;③关闭电源。

(4)发生事故后:①立即切断机床电源;②保护好现场;③及时向有关人员汇报,以便分析原因,总结经验教训。

7.2.6　刨削基本工作

1. 刨水平面

刨水平面时,刀架和刀座均在中间垂直位置上,如图 7-30(a)所示。背吃刀量(刨削深度)a_p 为 0.5~4mm,进给量 f 为 0.1~0.6mm/str,粗刨取较大值,精刨取较小值。切削速度 v_c 随刀具材料和工件材料不同而略有不同,一般取 20m/min 左右。上述切削用量也适用于刨削垂直面和斜面。

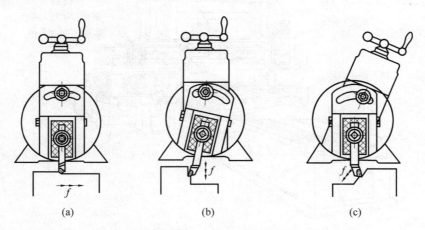

图 7-30　刨水平面、垂直面、斜面时刀架和刀座的位置
(a)刨水平面;(b)刨垂直面;(c)刨斜面

2. 刨垂直面

刨垂直面多用于不能用刨水平面的方法加工的情况,例如长工件的端面,用刨垂直面的方法就较为方便。先把刀架转盘的刻线对准零线,再将刀座按一定方向(即刀座上端偏离加工面的方向)偏转合适的角度,一般为 10°~15°,如图 7-30(b)所示。偏转刀座的目的是使抬刀板在回程中能使刨刀抬离工件加工面,保护已加工表面,减少刨刀磨损。刨垂直面时,有的牛头刨床(如 B6065)只能手动进给。手动进给是用手间歇转动刀架手柄移动刨刀来实现

进给的;有的牛头刨床(如 B6050)既可手动进给,又可自动进给,即工作台带动工件间歇向上移动。

3. 刨斜面

刨斜面最常用的方法是正夹斜刨,即依靠倾斜刀架进行。刀架扳转的角度应等于工件的斜面与铅垂线的夹角。刀座偏转方向与刨垂直面相同,即刀座上端偏离加工面,如图 7-30(c)所示。在牛头刨床上刨斜面只能手动进给。

7.2.7 刨削类机床

在刨削类机床中,除牛头刨床外,还有龙门刨床和插床等。

1. 龙门刨床

图 7-31 是 B2010A 型龙门刨床。在编号 B2010A 中,B 表示刨床类;20 表示龙门刨床;10 表示最大刨削宽度的 1/100,即最大刨削宽度为 1000mm;A 表示机床结构经过一次重大改进。

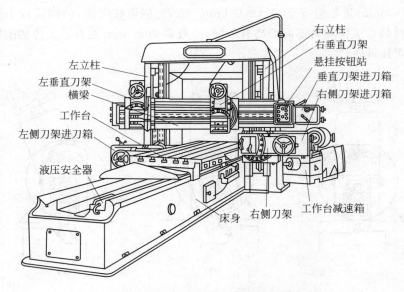

图 7-31　B2010A 龙门刨床外形图

刨削时,工件多用压板螺栓直接安装在工作台面上,工作台带动工件的往复直线运动为主运动。横梁上的刀架,可在横梁导轨上间歇横向移动,刨削水平面;侧立柱上的侧刀架,可沿立柱导轨间歇垂向移动,刨削垂直面;刀架还能扳转一定角度刨削斜面。横梁可沿立柱导轨升降,以调整刀具和工件的相对位置。龙门刨床主要用于加工大型零件上的平面和沟槽,或同时加工多个中型零件上的平面和沟槽,其中可加工沟槽的类型与牛头刨床相同。

2. 插床

图 7-32 是 B5020 插床。在编号 B5020 中，B 表示刨床类；50 表示插床（立式刨床）；20 表示最大插削长度的 1/10，即最大插削长度为 200mm。

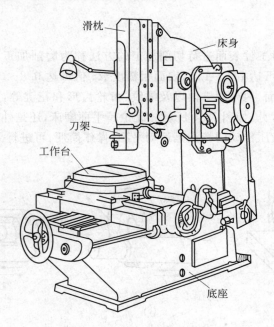

图 7-32　B5020 插床

插床的结构原理与牛头刨床属于同一类型，只是它的滑枕不是在水平方向而是在铅垂方向上下往复直线运动，即主运动。因此，插床实际上是一种立式刨床。插床主要用于零件上内表面的加工，如方孔、长方孔、多边孔、孔内键槽及花键孔等。插削方孔和孔内键槽如图 7-33 所示。插床生产率较低，多用于单件小批生产和维修工作中。

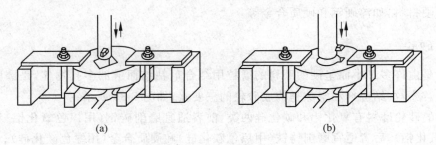

(a)　　　　　　　　　　　　(b)

图 7-33　插床工作举例
(a)插削方孔；(b)插削孔内键槽

7.3　磨　工

7.3.1　磨工概述

　　在磨床上用砂轮对工件表面进行切削加工的方法称为磨削加工,它是零件的精加工方法之一,尺寸公差等级可达 IT6~IT5,表面粗糙度 Ra 值可达 $0.8~0.2\mu m$。磨削能加工的表面有平面、内外圆柱面、内外圆锥面以及螺纹、齿轮齿形和花键等,其中以平面磨削、外圆磨削和内圆磨削最为常见,如图 7-34 所示。无论是平面磨床,还是外圆磨床和内圆磨床,一般均采用液压传动。液压传动的特点是运动平稳,操作简便,可进行无级调速。

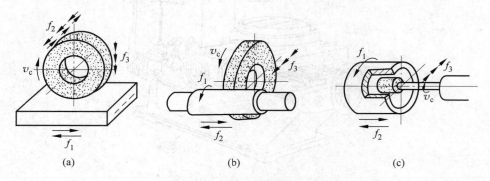

图 7-34　最常见磨削加工方法
(a) 平面磨削;(b) 外圆磨削;(c) 内圆磨削

　　磨削产生大量的切削热,为减少摩擦和散热,降低切削温度,及时冲走屑末,保证工件的加工质量,磨削时需使用大量的切削液。

　　磨削不仅可以加工一般的金属材料,如碳钢、铸铁等,而且可以加工一般刀具难以切削加工的高硬材料,如淬硬钢和硬质合金等。

7.3.2　砂轮

　　砂轮是由许多细小而坚硬的磨料的磨粒用结合剂粘结而成的多孔物体,是磨削加工的切削工具。磨粒、结合剂和空隙是构成砂轮的三要素,如图 7-35 所示。

　　常用的砂轮磨料有氧化铝和碳化硅两类,前者适宜磨削碳钢(用棕色氧化铝)和合金钢(用白色氧化铝),后者适宜磨削铸铁(用黑色碳化硅)和硬质合金(用绿色碳化硅)。

　　磨料的颗粒有粗细之分,粗磨选用粗颗粒的砂轮,精磨选用细颗粒的砂轮。

　　为适应不同表面形状与尺寸的加工,砂轮制成各种形状和尺寸,如图 7-36 所示,其中平形砂轮用于普通平面、外圆和内圆的磨削。

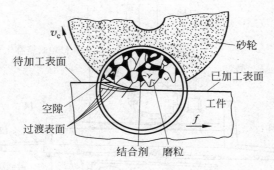

图 7-35　砂轮的三要素

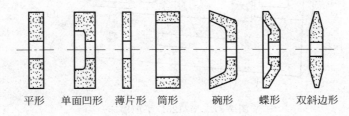

平形　单面凹形　薄片形　筒形　碗形　蝶形　双斜边形

图 7-36　砂轮的形状

7.3.3　平面磨床及其工作

1. 平面磨床

图 7-37 为 M7120D 平面磨床，由床身、工作台、立柱、磨头、砂轮修整器和电器操纵板等组成。编号 M7120D 中，M 表示磨床类；71 表示卧轴矩形工作台平面磨床；20 表示工作台宽度的 1/10，即工作台宽度为 200mm；D 表示机床结构第四次重大改进。

磨头上装有砂轮，砂轮的旋转为主运动。砂轮由单独的电机驱动，有 1500r/min 和 3000r/min 两种转速，分别由按钮 15 和 13 控制，一般情况多用低速挡。磨头可沿拖板的水平横向导轨作横向移动或进给，可手动（使用手轮 1）或自动（使用旋钮 4 和推拉手柄 17）；磨头还可随拖板沿立柱的垂直导轨作垂向移动或进给，多用手动操纵（使用手轮 5 或微动手柄 6）。

矩形工作台装在床身水平纵向导轨上，由液压传动实现工作台的往复移动，带动工件纵向进给（使用手柄 3）。工作台也可手动移动（使用手轮 2）。工作台上装有电磁吸盘，用以装夹工件（使用开关 11）。

2. 平面磨床基本工作

工件安装方法　在平面磨床上磨削中小型工件，采用电磁吸盘装夹，可以保证工件被吸在工作台面上。

磨平面　磨平面时，一般是以一个平面为基准，磨削另一个平面。如果两个平面都要磨削并要求平行时，可互为基准反复磨削，如图 7-38 所示。

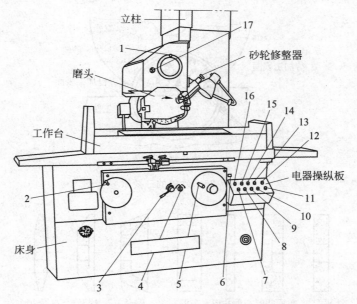

图 7-37　M7120D 平面磨床

1—砂轮横向手动手轮；2—工作台手动手轮；3—工作台自动及无级调速手柄；

4—砂轮横向自动进给(断续或连续)旋钮；5—砂轮升降手动手轮；6—砂轮垂向进给微动手柄；

7—总停按钮；8—液压油泵启动按钮；9—砂轮上升点动按钮；10—砂轮下降点动按钮；

11—电磁吸盘开关；12—切削液泵开关；13—砂轮高速启动按钮；14—砂轮停止按钮；

15—砂轮低速启动按钮；16—电源指示灯；17—砂轮横向自动进给换向推拉手柄

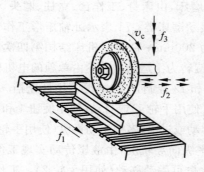

图 7-38　磨平面的方法

7.3.4　外圆磨床及其工作

1. 外圆磨床

图 7-39 为 M1420 万能外圆磨床，由床身、工作台、工件头架、尾座、砂轮架、砂轮修整器和电器操纵板等组成。在编号 M1420 中，M 表示磨床类；14 表示万能外圆磨床；20 表示

最大磨削直径的 1/10，即最大磨削直径为 200mm。

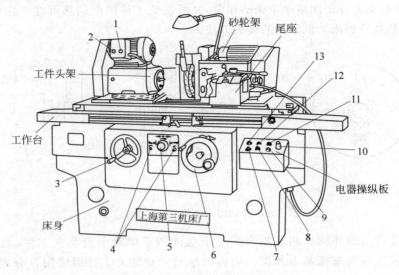

图 7-39 M1420 万能外圆磨床

1—工件转动变速旋钮；2—工件转动点动按钮；3—工作台手动手轮；4—工作台左、右端停留时间调整旋钮；
5—工作台自动及无级调速旋钮；6—砂轮横向手动手轮；7—砂轮启动按钮；
8—砂轮引进、工件转动、切削液泵启动按钮；9—液压油泵启动按钮；10—砂轮变速旋钮；
11—液压油泵停止按钮；12—砂轮退出、工件停转和切削液泵停止按钮；13—总停按钮

砂轮架上装有砂轮，砂轮的转动为主运动。它由单独的电机驱动，有 1420r/min 和 2850r/min 两种转速。砂轮启动由按钮 7 控制，变速由旋钮 10 控制。砂轮架可沿床身后部横向导轨前后移动，其方式一般有手动、快速引进和退出两种，分别使用手轮 6、按钮 8 和 12。

M1420 磨床砂轮引进距离为 20mm。注意：在引进砂轮之前，务必使砂轮与工件之间的距离大于砂轮引进距离 10mm 左右，以免砂轮引进时碰撞工件而发生事故。

工作台有两层，下工作台作纵向往复移动，以带动工件纵向进给（手动使用手轮 3，自动使用旋钮 5）；上工作台相对下工作台可在水平面内扳转一个不大的角度，以便磨削圆锥面。

工件头架和尾座安装在工作台上，用于装夹工件，带动工件转动作圆周进给运动。工件转动有 60～460r/min 间 6 种转速，由旋钮 1 控制。

万能外圆磨床和普通外圆磨床的主要区别是：万能外圆磨床增加了内圆磨头；且砂轮架上和工件头架上均装有转盘，能围绕铅垂轴扳转一定的角度。因此，万能外圆磨床除了磨削外圆和锥度较小的外锥面外，还可磨削内圆和任意锥角的内锥面。

2. 外圆磨床的基本操作

工件安装方法 在外圆磨床上常见的工件装夹方法有双顶尖装夹、卡盘装夹和心轴装夹三种。双顶尖装夹适用于两端有中心孔的轴类工件，如图 7-40 所示。工件支承在两顶尖之间，其方法与车床顶尖装夹基本相同。不同点在于：磨床的两顶尖不随工件一起转动，避

免因顶尖转动可能带来的径向跳动误差;后顶尖依靠弹簧推力顶紧工件,自动控制松紧程度,这样既可避免工件轴向窜动带来的误差,又可避免工件因磨削热可能产生的弯曲变形。双顶尖装夹是外圆磨床上最常用的装夹方法。

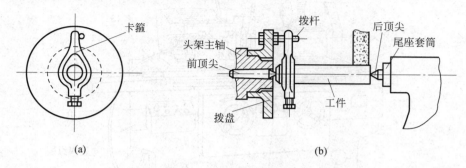

图 7-40　外圆磨床上用双顶尖装夹工件

　　磨削短工件上的外圆可用三爪自定心卡盘或四爪单动卡盘装夹工件,如图 7-41(a)、(b)所示,装夹方法与车床基本相同。用四爪单动卡盘装夹工件时要用百分表找正。磨削盘套类空心工件上的外圆常用心轴装夹,如图 7-41(c)所示,装夹方法亦与车床基本相同,只是磨削用的心轴的精度要求更高些。心轴通过双顶尖安装在外圆磨床上,主轴通过拨盘、卡箍带动心轴和工件一起转动。

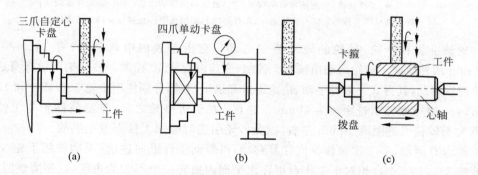

图 7-41　外圆磨床上用卡盘和心轴装夹工件
(a) 三爪自定心卡盘装夹;(b) 四爪单动卡盘装夹及其找正;(c) 锥度心轴装夹

　　磨外圆和台肩端面　在外圆磨床上常用的磨外圆的方法有纵磨法和横磨法两种。纵磨法如图 7-42(a)所示,磨削时工件旋转(圆周进给),并与工作台一起作纵向往复运动(纵向进给),每次纵向行程(单行程或双行程)终了时,砂轮作一次横向进给运动(相当于进背吃刀量)。每次背吃刀量很小,一般为 0.005~0.01mm,磨削余量是在多次往复行程中磨去的。当工件加工到接近最终尺寸时,采用无横向进给的几次光磨行程,直至火花消失为止,以提高工件的加工精度。横磨法如图 7-42(b)所示,当工件刚度较好,待磨表面较短时,可采用宽度大于待磨表面长度的砂轮进行横磨。横磨时工件无纵向进给运动,砂轮以很慢的速度连续地或断续地向工件作横向进给运动,直至磨去全部余量为止。在磨削外圆时,有时需要靠磨台肩端面,其方法如图 7-42(c)所示。当外圆磨到所需尺寸后,将砂轮稍微退出,一般为 0.05～0.10mm,手摇工作台纵向移动手轮,使工件的台肩端面贴靠砂轮,磨平即可。

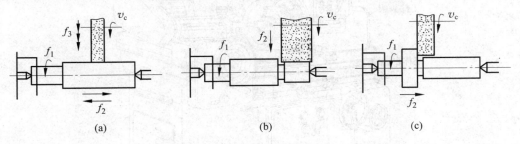

图 7-42　磨削外圆和台肩端面的方法

(a)纵磨法磨外圆；(b)横磨法磨外圆；(c)靠磨台阶端面

磨锥面　在万能外圆磨床上磨锥面的方法有扳转上工作台法和扳转工件头架法两种,如图 7-43 所示。前者适宜磨削锥度较小、锥面较长工件,后者适宜磨削锥度较大、锥面较短工件。

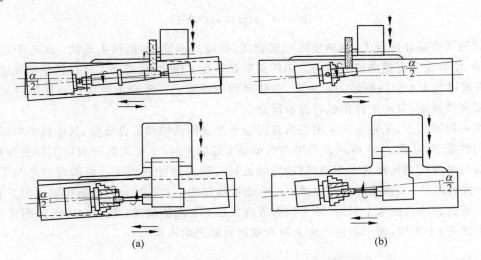

图 7-43　在万能外圆磨床上磨锥面的方法

(a)扳转上工作台法磨锥面；(b)扳转工件头架法磨锥面

7.3.5　内圆磨床及其工作简介

图 7-44 为 M2110 内圆磨床。在编号 M2110 中,M 表示磨床类；21 表示内圆磨床；10 表示最大磨削孔径的 1/10,即最大磨削孔径为 100mm。它由床身、工作台、工件头架、砂轮架、砂轮修整器等组成。

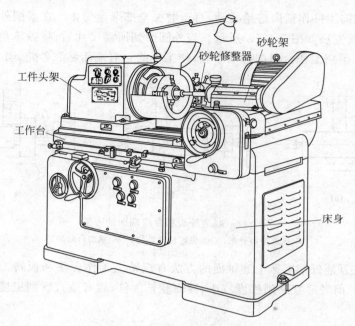

图 7-44   M2110 内圆磨床

砂轮架安装在床身上,由单独的电机驱动,砂轮高速旋转,提供主运动;砂轮架还可横向移动,使砂轮实现横向进给运动。工件头架安装在工作台上,带动工件旋转作圆周进给运动;头架可在水平面内扳转一定角度,以便磨削内锥面。工作台由液压传动沿床身纵向导轨往复直线移动,带动工件作纵向进给运动。

在内圆磨床上,工件一般采用三爪自定心卡盘或四爪单动卡盘装夹,其中四爪单动卡盘装夹用得最多,如图 7-45 所示。当用四爪单动卡盘装夹时,也要用百分表对工件进行找正。磨内圆与磨外圆的运动基本相同,但砂轮的旋转方向与磨外圆相反。磨削时砂轮与工件的接触方式有两种:后面接触和前面接触。后面接触如图 7-46(a)所示,前面接触如图 7-46(b)所示。前者在内圆磨床上采用,便于操作者观察加工表面的情况;后者在万能外圆磨床(利用内圆磨头上)采用,便于利用机床上原有横向自动进给机构。

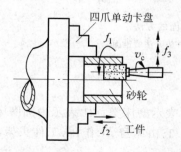

图 7-45   磨内圆的装夹方法及磨削运动

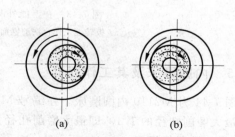

图 7-46   磨内圆时砂轮与工件的接触方式

7.3.6　磨床安全操作规程

（1）磨床启动前：①检查供油情况，按规定加注润滑油脂；②检查各手柄是否处于正常位置，砂轮罩是否罩好；③禁止在工作导轨上或工作台上放置工件和量具等；④严格检查砂轮是否有裂纹，安装前要进行砂轮静平衡，安装时严禁敲击砂轮；⑤对磨床进行保护性空机床运转一段时间；⑥采用电磁吸盘吸磨工件，一定要检查工件的吸牢程度，做到安全可靠；⑦吸磨较高较小工件时，要适当加好保护性安全靠板，并禁止在边缘区吸磨工件；⑧调整定位挡块，位置合适后再紧固螺钉，一定要手动检查安全可靠后，方可开车正式磨削加工。

（2）磨床启动后：①不准用手触摸砂轮及其他旋转部件；②不准开车装卸工件和度量尺寸；③砂轮退离工件时不得中途停车；④工作时不准离开机床，要精神集中，并站在合适的位置上；⑤发现异常现象要立即停车。

（3）工作结束后：①擦净机床，整理好工具和工件，清扫场地；②机床各手柄应回复到停止位置，将工作台摇到合适位置；③关闭电闸。

（4）发生事故后：①立即切断机床电源；②保护好现场；③及时向有关人员汇报，以便分析原因，总结经验教训。

复习思考题

（1）X6125万能卧式铣床主要由哪几部分组成，各部分的主要作用是什么？

（2）为什么要开车对刀？为什么必须停车变速？

（3）铣床的主要附件有哪几种，其主要作用是什么？

（4）铣床上工件的主要安装方法有哪几种？

（5）简单分度的公式是什么？拟铣一齿数 z 为 30 的直齿圆柱齿轮，试用简单分度法计算每铣一齿，分度头手柄应在孔数为多少的孔圈上转过多少圈又多少个孔距？已知分度盘的某圈的孔数为 37、38、39、41、42、43。

（6）刨削时刀具和工件须做哪些运动？与车削相比，刨削运动有何特点？

（7）刨刀为什么往往做成弯头的？

（8）试比较龙门刨床和牛头刨床在切削运动、工件安装和加工范围等方面的异同点。

（9）磨削加工的特点是什么？为什么会有这些特点？

（10）试用工艺简图表示出磨外圆、内圆和平面的切削运动。

第8章

钳 工

8.1 钳 工 概 述

8.1.1 钳工工作范围

钳工一般是通过工人手持工具进行切削加工的,其主要工作包括划线、锯削、锉削、钻孔、扩孔、铰孔、攻螺纹、套螺纹、刮削、研磨、装配和修理等。钳工工具简单,操作灵活,在某些情况下可以完成用机械加工不方便或难以完成的工作。因此,钳工虽然劳动强度较大,技术水平要求较高,生产效率较低,但在机械制造和修配工作中,仍占有十分重要的地位。

8.1.2 钳工工作台和虎钳

钳工大多数操作是在钳工工作台和虎钳上进行的。

钳工工作台如图 8-1 所示,一般用坚实的木材或铸铁制成,要求牢固平稳,台面高度为

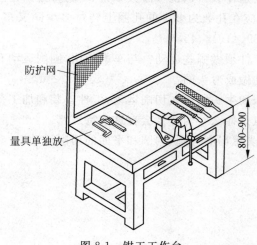

图 8-1 钳工工作台

800～900mm。为了安全,台面正前方一般装有防护装置。

　　虎钳是钳工夹持工件的主要工具,它有固定式和回转式两种。图 8-1 中所示的虎钳就是固定式的,回转式虎钳如图 8-2 所示。虎钳规格用钳口宽度表示,常用的为 100～150mm。虎钳夹持工件时,尽可能夹在钳口中部,使钳口受力均匀;夹持工件的光洁表面时,应垫铜皮或铝皮加以保护。

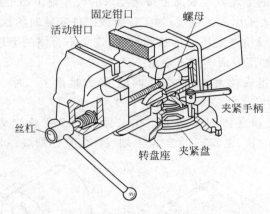

图 8-2　回转式虎钳

8.1.3　钳工安全操作规程

　　(1) 使用带把的工具时,检查手柄是否牢固、完整。

　　(2) 虎钳装夹时,工件应尽量放在钳口中部夹紧,锉削时手不准摸工件,不准用嘴吹工件和铁屑。

　　(3) 錾子头部不准淬火,不准有飞刺,不能沾油,錾削时要戴眼镜。

　　(4) 用手锯时锯条要装正,锯齿尖朝向前方,拉紧不能用力过大、过猛。

　　(5) 手锤必须有铁楔,抡锤的方向要避开旁人。

　　(6) 各种板牙的尺寸要合适,防止滑脱伤人。

　　(7) 使用手电钻时要检查导线是否绝缘可靠,要保证安全接地,要戴绝缘手套。

　　(8) 操作钻床不准戴手套,运转时不准变速,不准手摸工件和钻头。

　　(9) 正确使用夹头、套管、铁楔和钥匙,不准乱打乱砸。

　　(10) 下班前擦净机床,清扫铁屑和场地,整理好工具,切断电源。

　　(11) 发生事故后,立即切断电源,保护好现场,及时向有关人员汇报,以便分析原因,总结经验教训。

8.2　划　　线

8.2.1　划线的作用和种类

划线是在某些工件的毛坯或半成品上按所要求的尺寸划出加工界线的一种操作。

划线的作用:一是表示出加工余量、加工位置或工件安装时的找正线,作为工件加工和安装的依据;二是借划线检查毛坯的形状和尺寸,避免不合格的毛坯投入机械加工而造成浪费;三是合理分配各加工表面的加工余量。

划线一般在单件小批或较大型工件加工时应用,大批量生产时一般使用工装装夹,不需要划线。

划线分为平面划线和立体划线两类。在工件的一个平面上划线称为平面划线,如图 8-3(a)所示;在工件的长、宽、高三个方向上划线称为立体划线,如图 8-3(b)所示。

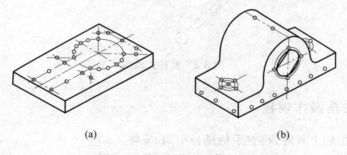

(a)　　　　　　　　　　　　　　(b)

图 8-3　平面划线和立体划线

8.2.2　划线工具及其用途

划线最常用的工具有划线平板、方箱、V 形架、千斤顶、划针、划卡、划线盘、高度尺、高度游标卡尺、样冲等。

划线平板　划线平板是划线的基准工具,如图 8-4 所示。它用铸铁制成,上平面要求平直光洁,是划线用的基准平面。平板应安放稳固,上平面保持水平,不许碰磕和锤击平板。若长期不用,上平面应涂抹防锈油,并用木板或油毡护盖。

方箱　方箱用于划线时夹持较小的工件。通过在平板上翻转方箱,便可在工件表面上划出相互垂直的线来,如图 8-5 所示。

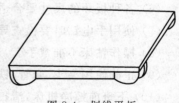

图 8-4　划线平板

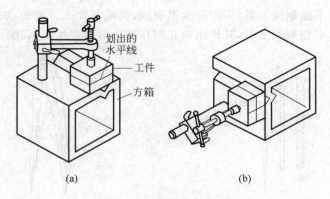

图 8-5　方箱及其用途

V 形架　V 形架用于划线时支承圆柱体工件,使其轴线与平板平面平行并自动对中,如图 8-6 所示。

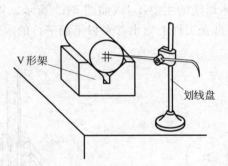

图 8-6　V 形架及其用途

千斤顶　当工件划线时不适合用方箱和 V 形架时,通常用三个千斤顶来支承工件,其高度可以调整,以便找正工件,如图 8-7 所示。

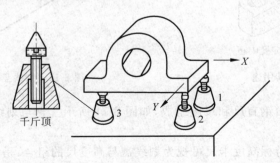

图 8-7　千斤顶及其用途

划针　划针是平面划线工具,多用弹簧钢制成,其端部淬火后磨尖,如图 8-8 所示。

划规　划规是平面划线工具,其作用与几何作图中的圆规类似,如图 8-9 所示。

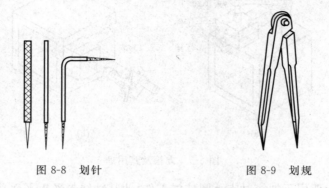

图 8-8　划针　　　　　　　　　图 8-9　划规

划卡　划卡又称单脚划规,主要用于确定轴和孔的中心,如图 8-10 所示。

划线盘　划线盘是立体划线的主要工具,如图 8-11 所示。将划针调节到一定高度,并且在平板上移动划线盘,即可在工件上划出与平板平面平行的水平线。此外,划线盘还用于工件找正,见图 7-28(b)。

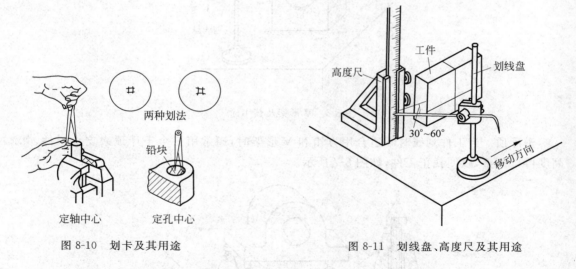

两种划法

铅块

定轴中心　　　　定孔中心

图 8-10　划卡及其用途

高度尺　　　工件　　　划线盘

30°~60°

移动方向

图 8-11　划线盘、高度尺及其用途

高度尺　高度尺由钢直尺和尺座组成,如图 8-11 所示。它与划线盘配合使用,以确定划针的高度。

游标高度卡尺　游标高度卡尺可视为划线盘与高度尺的组合,是一种精密工具,主要用于半成品划线,不允许用它在毛坯上划线。游标高度卡尺见图 5-13(b)。

样冲　如图 8-12 所示,用样冲在工件所划线上打出样冲眼,以便在划线模糊后能找到原线的位置。打样冲眼时,开始样冲向外倾斜,以便样冲尖头与线对正,然后摆正样冲,用小锤轻击样冲顶部即可。钻孔前在孔的中心应打样冲眼,以便钻孔时寻找孔的中心,对于小孔还便于钻头定心。

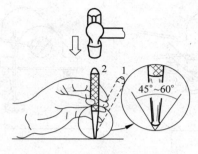

图 8-12　样冲及其用途

8.2.3　划线基准

划线时应在工件上选择一个或几个面、线或点作为划线的依据,以确定工件上其他表面、线或点相对于作为依据的面、线或点的相对位置,这样的面、线或点称为划线基准。若工件上有重要的孔需要加工,一般选择该孔的轴线作为划线基准,如图 8-13(a)所示;若工件上个别平面已经加工,则应以该平面作为划线基准,如图 8-13(b)所示。

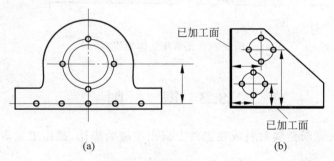

图 8-13　划线基准

(a)以孔的轴线为基准;(b)以加工平面为基准

8.2.4　划线操作

首先研究零件图样,确定划线部位和划线基准,检查毛坯是否合格;其次清理毛坯上的氧化皮和毛刺;然后在划线的部位涂一层涂料,铸锻件涂大白浆;已加工面涂品紫或品绿颜料;带孔的毛坯用铅块或木块堵孔,以便确定孔的中心位置;最后进行划线操作。

划线分为平面划线和立体划线两种。

平面划线　平面划线与几何作图相同,在工件的表面上按零件图样划出所要求的线或点。

立体划线　立体划线比平面划线复杂。图 8-14 为支承座立体划线的实例,其中图(a)

支承及找平工件；图(b)划出各水平线；图(c)翻转 90°，用 90°角尺找正工件，划线；图(d)再翻转 90°，用 90°角尺在两个方向上找正工件，划线。

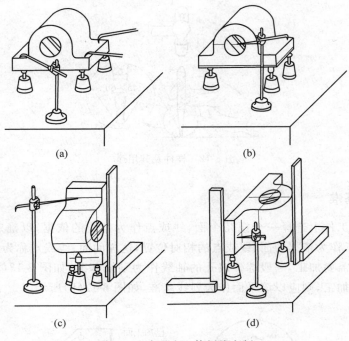

(a)   (b)

(c)   (d)

图 8-14   支承座立体划线实例

8.3　锯　　削

锯削是用手锯锯断金属材料或在工件上锯出窄缝的操作，是钳工基本操作之一。

8.3.1　手锯

手锯是钳工锯削所使用的工具。手锯由锯弓和锯条组成，如图 8-15 所示。

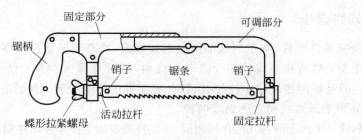

图 8-15   手锯

锯弓　锯弓的作用是安装和张紧锯条,它有可调式和固定式两种,图 8-15 为可调式锯弓。

锯条　锯条是用碳素工具钢(T10 或 T10A)制成,并经淬火处理。常用的锯条约长 300mm,宽 12mm,厚 0.8mm。锯齿的形状如图 8-16 所示。锯条齿距大小以 25mm 长度所含齿数的多少分为粗(14~16 个齿)、中(18~22 个齿)、细(24~32 个齿)三种。粗齿锯条适宜锯削铜、铝等软金属及厚的工件,细齿锯条适宜锯削硬钢、板料及薄壁管子,中齿锯条适宜锯削普通钢、铸铁及中等厚度的工件。

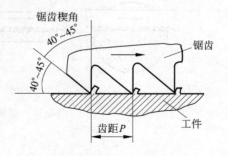

图 8-16　锯齿的形状

8.3.2　锯削操作

锯条安装　根据工件材料及锯削厚度选择合适的锯条。安装锯条时,锯齿尖必须朝前,锯条在锯弓上的松紧程度要适当,过紧或过松锯削时易折断锯条。

工件安装　右手握锯柄锯削时,工件尽可能夹持在虎钳的左边,以免锯削操作过程中碰伤左手。若左手握锯柄锯削时,工件在虎钳上的夹持位置与前述正好相反。工件悬伸长度要短,以增加工件刚度,避免锯削时颤动。

起锯方法　锯条开始切入时称为起锯。起锯时锯条垂直于工件加工表面,并以左手(或右手)拇指靠稳锯条,使锯条落在所需的位置上,右手(或左手)稳推锯柄,起锯角 α 一般略小于 15°,如图 8-17 所示。α 太小不易切入,太大易被工件棱角卡住和损坏锯齿。锯弓往复行程要短,压力要轻。锯出锯口后,锯弓逐渐改变到水平方向。

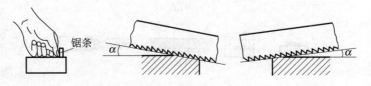

图 8-17　起锯方法

锯削方法　锯削时,锯条前推进行切削,握锯柄的手向前施力推进,另一只手压在锯弓前端施加适当压力并引导锯削方向,返回时不切削,不必施加压力,使锯条从工件上轻轻滑过以减小磨损。锯条应直线往复移动,不要左右摆动,以免折断锯条。应保持锯条全长的 2/3~3/4 参加工作,避免锯条局部磨钝而降低其使用寿命。临近锯断时,用力要轻,以免碰伤手臂或折断锯条。锯削速度通常以每分钟往复 60 次左右为宜,锯削硬材料速度可低些,锯削软材料可高些。锯削钢件可施加机油润滑。

锯削圆钢、扁钢、圆管、薄板的方法如图 8-18 所示。为了得到整齐的锯缝,锯削扁钢应在较宽的面下锯;锯削圆管不可从上至下一次锯断,而应每锯到内壁后工件向推锯方向转一定角度再继续锯削;锯削薄板时,可用木板夹住薄板两侧,或多片重叠锯削。

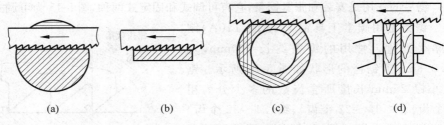

(a)　　　　(b)　　　　(c)　　　　(d)

图 8-18　锯削圆钢、扁钢、圆管、薄板的方法

8.4　锉　　削

锉削是用锉刀对工件表面进行切削加工的操作,是钳工基本操作之一。它可以加工平面、型孔、曲面、沟槽及内外倒角等,其表面粗糙度 Ra 值可达 $1.6\sim0.8\mu m$。

8.4.1　锉刀

锉刀是锉削所使用的刀具,它由碳素工具钢(T12 或 T12A)制成,并经过淬火处理。

锉刀构造和种类　锉刀由锉面、锉边和锉柄等组成,如图 8-19(a)所示。锉刀的齿纹多制成双纹,这样锉削时比较省力,且铁屑不易堵塞锉面。

锉边　锉面　　　　　　　　　锉柄

(a)

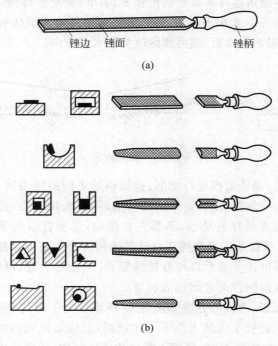

(b)

图 8-19　锉刀的构造和种类

锉刀按其横截面形状可分为平锉（又称板锉）、半圆锉、方锉、三角锉和圆锉等，如图 8-19(b)所示；按其长度又可分为 100mm、150mm、……、400mm 等多种规格；按其齿纹的粗细又可分为粗齿、中齿、细齿和最细齿等系列。

锉刀选用 锉刀的长度按工件加工表面的尺寸大小选用，以操作方便为宜；锉刀的截面形状按工件加工表面的形状选用；锉刀齿纹粗细的选用要根据工件材料、加工余量、加工精度和表面粗糙度等因素综合考虑：即粗加工或锉削铜、铝等软金属多选用粗齿锉刀，半精加工或锉削钢、铸铁多选用中齿锉刀，细齿和最细齿锉刀只用于表面最后修光。

8.4.2 锉削操作

工件安装 工件必须牢固地夹持在虎钳钳口的中部，并略高于钳口。夹持已加工表面时，应在钳口与工件之间加垫铜皮或铝皮，以免夹伤已加工表面。

锉刀使用 锉削时应正确掌握锉刀的握法及施力的变化。使用大的锉刀时，右手（或左手）握住锉柄，左手（或右手）压在锉刀前端，使其保持水平，如图 8-20(a)所示。使用中型锉刀时，因用力较小，可用左手（或右手）的拇指和食指握住锉刀的前端部，以引导锉刀水平移动，如图 8-20(b)所示。

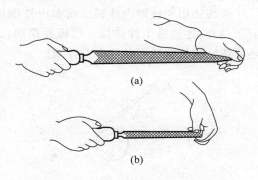

图 8-20　锉刀的握法

锉削时应始终保持锉刀水平移动，因此要特别注意两手施力的变化。开始推进锉刀时，左手（或右手）压力大，右手（或左手）压力小；锉刀推到中间位置时，两手的压力大致相等；再继续推进锉刀，左手（或右手）的压力逐渐减小，右手（或左手）的压力逐渐增大。锉刀返回时不加压力，以免磨钝锉齿和损伤已加工表面。

锉削方法 常用的锉削方法有顺锉法、交叉锉法、推锉法和滚锉法。前三种锉削平面，后一种用于锉削弧面和倒角。

顺锉法是最基本的锉法，适用于较小平面的锉削，如图 8-21(a)所示。顺锉可得到正直的锉纹，使锉削的平面较为整齐美观。其中左图多用于粗锉，右图只用于修光。

交叉锉法适用于粗锉较大的平面，如图 8-21(b)所示。由于锉刀与工件接触面增大，锉刀易掌握平衡，因此交叉锉易锉出较平整的平面。交叉锉之后要转用图 8-21(a)右图所示的顺锉法或图 8-21(c)所示的推锉法进行修光。

推锉法仅用于修光，尤其适宜窄长平面或用顺锉法受阻的情况，如图 8-21(c)所示。两手横握锉刀，沿工件表面平稳地推拉锉刀，可得到平整光洁的表面。

锉削平面时，工件的尺寸可用钢直尺或游标卡尺测量。工件平面的平直度及相邻两平面之间的垂直度检测，可用 90°角尺贴靠观察其透光缝隙大小来检查，见图 5-31。

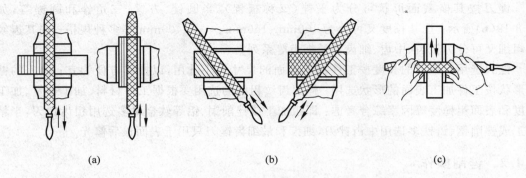

图 8-21　锉削平面的方法

(a) 顺锉法；(b) 交叉锉法；(c) 推锉法

滚锉法用于锉削内外圆弧面和内外倒角,如图 8-22 所示。锉削外圆弧面时,锉刀除向前运动外,还要沿工件被加工圆弧面摆动；锉削内圆弧面时,锉刀除向前运动外,锉刀本身还要作一定的旋转运动和向左移动。

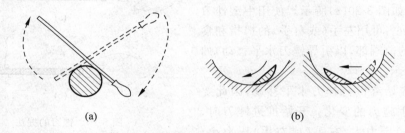

图 8-22　锉削圆弧面的方法(滚锉法)

(a) 锉削外圆弧面；(b) 锉削内圆弧面

锉削操作注意事项　锉削操作时,锉刀必须装柄使用,以免刺伤手心；由于虎钳钳口淬火处理过,不要锉到钳口上,以免磨钝锉刀和损坏钳口；锉削过程中不要用手抚摸工件加工表面,以免工件表面粘上汗渍和油脂,继续锉时打滑；锉下来的屑末不要用嘴吹,要用毛刷清除,以免屑末进入眼内；锉面堵塞后,用钢丝刷顺着锉纹方向刷去屑末；锉刀放置时,不要伸出工件台面之外,以免碰落摔断锉刀或砸伤脚背。

8.5　钻孔、扩孔和铰孔

8.5.1　钻床

钳工的钻孔、扩孔和铰孔工作,多在钻床上进行。常用的钻床有台式钻床、立式钻床和摇臂钻床。下面只简介前两种。

台式钻床　台式钻床简称台钻。它是一种放在台桌上使用的小型钻床,钻孔直径一般在 12mm 以内。图 8-23 为 Z4012 台钻。在编号 Z4012 中,Z 表示钻床类;40 表示台式钻床;12 表示最大钻孔直径,即 12mm。台钻主轴的转速可通过改变 V 型带在塔式带轮上的位置来调节。主轴的向下进给是手动的。台钻小巧灵活,使用方便,主要用于加工小型工件上的小孔。

立式钻床　立式钻床简称立钻。图 8-24 为 Z5125 立钻。在编号 Z5125 中,Z 表示钻床类;51 表示立式钻床;25 表示最大钻孔直径,即 25mm。立钻主要由主轴、主轴变速箱、进给箱、立柱、工作台和机座等组成。主轴向下进给既可手动,也可机动。立钻主要用于加工中小型工件上中小直径的孔。

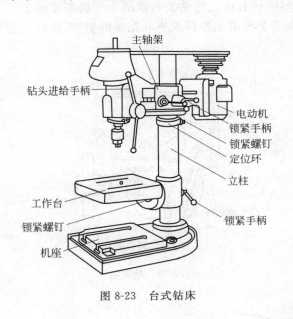

图 8-23　台式钻床

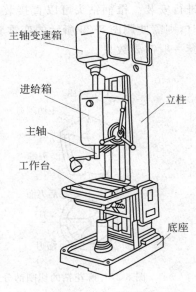

图 8-24　立式钻床

8.5.2　钻孔

钻孔是用钻头在实体材料上加工孔的方法。在钻床上钻孔,工件固定不动,钻头一边旋转(主运动),一边轴向向下移动(进给运动),如图 8-25 所示。钻孔属于粗加工,尺寸公差等级一般为 IT12~IT11,表面粗糙度 Ra 值为 25~12.5μm。

麻花钻及其安装　麻花钻是钻孔最常用的刀具,其组成部分如图 8-26 所示。麻花钻的前端为切削部分,有两个对称的主切削刃,如图 8-27 所示。钻头的顶部有横刃,横刃的存在使钻削时轴向力增加。麻花钻有两条螺旋槽和两条刃带,螺旋槽的作用是形成切削刃、向孔外排屑和向孔内输送切削液;刃带的作用是引导钻头和减少与孔壁的摩擦。麻花钻的结构决定了它的刚度和导向性均比较差。

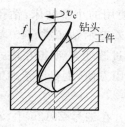

图 8-25　钻孔及钻削运动

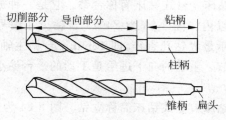

图 8-26　麻花钻

　　按尾部形状不同,麻花钻有不同的安装方法。柱柄钻头通常要用图 8-28 所示的钻夹头进行安装。锥柄钻头可以直接装入机床主轴的锥孔内。当钻头的锥柄小于机床主轴锥孔时,则需要用图 8-29 所示的变锥套。由于变锥套要用于各种规格麻花钻的安装,所以变锥套一般需要数只。

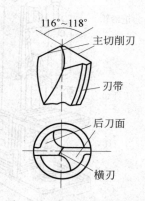

图 8-27　麻花钻的切削部分

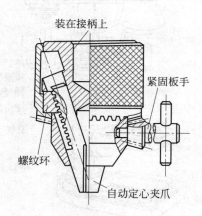

图 8-28　钻夹头

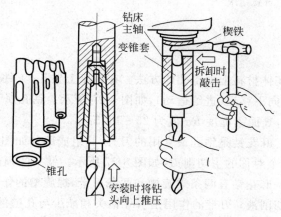

图 8-29　用变锥套安装与拆卸钻头

工件安装　在台钻或立钻上钻孔,工件多采用平口虎钳装夹,如图 8-30(a)所示。对于不便于平口虎钳装夹的工件,可采用压板螺栓装夹,如图 8-30(b)所示。工件在钻孔之前,一般要先按事先划好的线找正孔的位置。

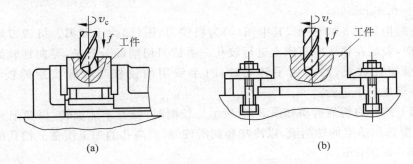

(a)　　　　　　　　　　　　　　　　　　(b)

图 8-30　钻床钻孔常用的装夹方法

钻孔方法　按划线找正钻孔时,一定要使麻花钻的钻尖对准孔中心的样冲眼。钻削开始时,要用较大的力向下进给,以免钻头在工件表面上来回晃动而不能切入;临近钻透时,压力要逐渐减小。若孔较深,要经常退出钻头以排出切屑和进行冷却,否则切屑堵塞在孔内易卡断钻头或因过热而加剧钻头的磨损。

8.5.3　扩孔

　　扩孔是用扩孔钻对已有孔的进一步加工,以扩大孔径,适当提高孔的加工精度和降低表面粗糙度。扩孔属于半精加工,尺寸公差等级可达 IT10~IT9,表面粗糙度 Ra 值可达 6.3~3.2μm。

　　扩孔钻的形状与麻花钻相似,如图 8-31 所示。不同的是扩孔钻有 3~4 个切削刃,钻芯较粗,无横刃,刚度和导向性较好,切削比较平稳,因而加工质量比钻孔高。

　　在钻床上扩孔的切削运动与钻孔相同,如图 8-32 所示。扩孔的加工余量为 0.5~4mm,小孔取较小值,大孔取较大值。

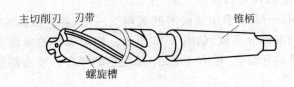

图 8-31　扩孔钻

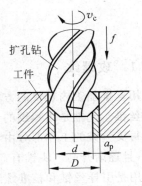

图 8-32　扩孔及其切削运动

8.5.4　铰孔

铰孔是用铰刀对孔进行精加工的方法，其尺寸公差等级可达 IT8～IT6，表面粗糙度 Ra 值可达 $1.6～0.8\mu m$。

铰刀的结构如图 8-33 所示，其中图（a）为机铰刀，图（b）为手铰刀。机铰刀切削部分较短，多为锥柄，安装在钻床或车床上进行铰孔。手铰刀切削部分较长，导向性较好。手铰孔时，将铰刀沿原孔放正，然后用手转动铰杠（手铰用的铰杠与攻螺纹用的铰杠相同，见图 8-35），并轻压向下进给。

在钻床上铰孔的切削运动如图 8-34 所示。铰削时，铰刀不能反转，以免崩刃和损坏已加工表面；要选用适当的切削液，以冷却和润滑铰刀，提高孔的加工质量。铰孔的加工余量一般为 $0.05～0.25mm$。

钻孔→扩孔→铰孔配合应用，通常是中小直径孔精加工的典型工艺方法。

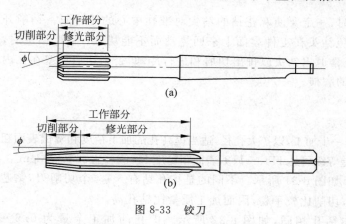

图 8-33　铰刀

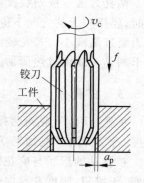

图 8-34　铰孔及其切削运动

8.6　攻螺纹和套螺纹

8.6.1　攻螺纹

用丝锥加工内螺纹的方法叫攻螺纹（俗称攻丝），如图 8-35 所示。

丝锥　丝锥是攻螺纹的专用刀具。M3～M20 手用丝锥多制成两支一套，称为头锥、二锥。每支丝锥的工作部分由切削部分和校准部分组成，如图 8-36 所示。切削部分的牙齿不完整，且逐渐升高。头锥有 5～7 个不完整的牙齿，二锥有 1～2 个不完整的牙齿。校准部分的作用是引导丝锥和校准螺纹牙型。

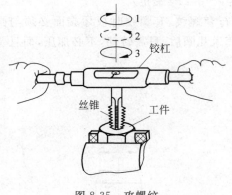

图 8-35 攻螺纹

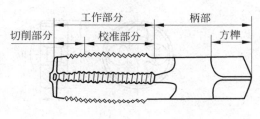

图 8-36 丝锥

攻螺纹操作 首先确定螺纹底孔的直径(即钻底孔所用钻头的直径)和深度,可查有关手册或按下列经验公式计算:

脆性材料(如铸铁、青铜等):D_0(底孔直径)$= D$(螺纹大径)$-1.1\,P$(螺距)

塑性材料(如钢、紫铜等):D_0(底孔直径)$= D$(螺纹大径)$-P$(螺距)

L(底孔深度)$= l$(螺纹有效深度)$+ 0.7D$(螺纹大径)

其次,钻底孔,并对孔口进行倒角,其倒角尺寸一般为$(1\sim1.5)P\times45°$。若是通孔两端均要倒角。倒角有利于丝锥开始切削时切入,且可避免孔口螺纹牙齿崩裂。

再次,用头锥攻螺纹。开始时,将丝锥垂直插入孔内,然后用铰杠轻压旋入 1~2 圈,目测或用 90°角尺在两个方向上检查丝锥与孔端面的垂直情况。丝锥切入 3~4 圈后,只转动,不加压,每转 1~2 圈后再反转 1/4~1/2 圈,以便断屑。图 8-35 中第二圈虚线,表示要反转。攻钢件螺纹时应加机油润滑,攻铸铁件螺纹时可加煤油润滑。

最后,用二锥攻螺纹。先将丝锥用手旋入孔内,当旋不动时再用铰杠转动,此时不要加压。

8.6.2 套螺纹

用板牙加工外螺纹的方法叫套螺纹(俗称套扣),如图 8-37 所示。

板牙和板牙架 图 8-38(a)为常用的固定式圆板牙。圆板牙螺孔的两端各有一段 40°的锥度,是板牙的切削部分。图 8-38(b)为套螺纹用的板牙架。

套螺纹操作 首先检查要套螺纹的圆杆直径,尺寸太大套螺纹困难,尺寸太小套出的螺纹牙齿不完整。圆杆直径可用下列经验公式计算:

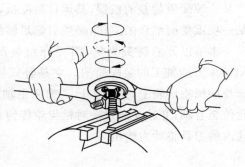

图 8-37 套螺纹

$$d_0(圆杆直径)＝D(螺纹大径)－0.2P(螺距)$$

　　圆杆的端部必须倒角，如图 8-39 所示。然后进行套螺纹，套螺纹时板牙端面必须与圆杆严格保持垂直，开始转动板牙架时，要适当加压，套入几圈后，只需转动，不必加压，而且要经常反转，以便断屑。套螺纹时可加机油润滑。

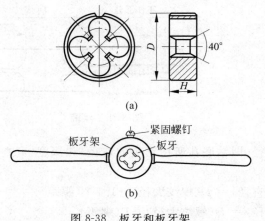

(a)

(b)

图 8-38　板牙和板牙架

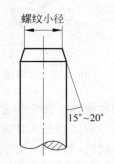

图 8-39　圆杆套螺纹前要倒角

8.7　装　　配

8.7.1　装配的作用

　　装配是将已加工的合格零件按装配工艺过程组装起来，并经过调试使之成为合格产品的过程。

　　装配是产品制造过程中的最后环节。产品质量的优劣，不仅取决于零件的加工质量，而且取决于装配质量。即使零件的加工质量很好，如果装配工艺不正确，也不能获得高质量的产品。装配质量差的机器，其运行精度低，性能差，寿命短，将造成很大的浪费。因此，装配是一项重要而细致的工作，必须引起足够的重视。

　　本节以万能铣头为例，简要介绍装配的有关问题。图 8-40 为一台中等复杂程度的 XC624 万能铣头的装配简图。它是卧式铣床的主要附件之一。万能铣头安装在卧式铣床床身的铅垂导轨上，见图 7-11。铣床主轴将动力通过端面键传至 I 轴，I 轴通过一对锥齿轮传至 II 轴，II 轴又通过一对锥齿轮传到 III 轴（即万能铣头的主轴），最后通过安装在 III 轴锥孔内的刀具将动力输出。

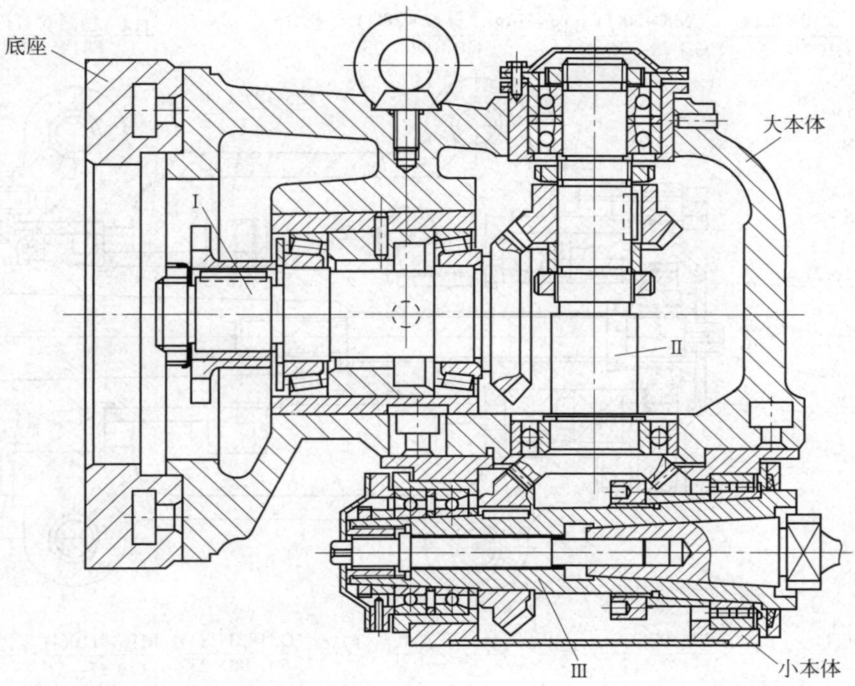

图 8-40　XC624 万能铣头装配简图

8.7.2　装配的组合形式

装配分为组件装配、部件装配和总装配。

组件装配　将若干个零件安装在一个基础零件上而构成组件,例如万能铣头中的Ⅰ轴及其轴上零件就构成一个组件。组件可作为基本单元进入装配。

部件装配　将若干个零件、组件安装在另一个基础零件上而构成部件。部件是装配中比较独立的部分,例如万能铣头中的小本体,如图 8-41 所示。

总装配　将若干个零件、组件、部件安装在产品的基础零件上而构成产品,例如万能铣头。

8.7.3　部件装配举例

图 8-41 为万能铣头小本体部件装配图。铣头主轴前端,采用调心圆柱滚子轴承,用以承受切削时的径向力,拧动固定螺母 134,通过套筒 126 使轴承内圈沿主轴外锥面移动,可调整前轴承的径向间隙,以调整环 114 调控主轴的径向跳动量。主轴的轴向力,通过锥齿轮 109、环 116、两个角接触球轴承以及环 118、法兰盘 107、四个螺钉 M10×22、法兰盘 120、销子 8×80,最后由小本体壳体承受。拧动圆螺母 M33×1.5-2a,通过环 116,可调整后轴承径向间隙及主轴的轴向窜动量。环 138 本可不要,在后轴承径向间隙调整合适后,实测两轴承

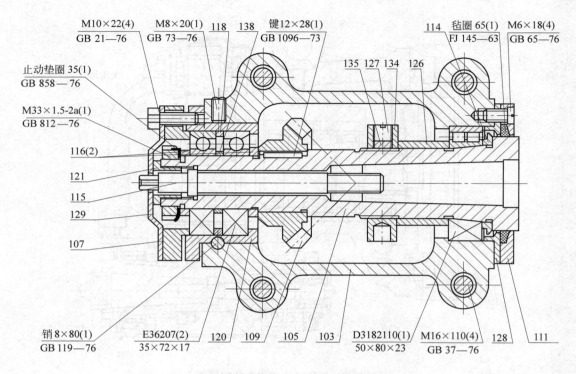

图 8-41　万能铣头小本体部件装配图

103—小本体壳体；105—主轴；107—法兰盘；109—锥齿轮；111,128—轴承端盖；114,138—调整环；
115—拉杆；116,118—环；120—法兰盘(即轴承套)；121—螺套；126—套筒；127—螺钉；
129—罩；134—固定螺母；135—紫铜垫

内圈轴向间距,选配厚度与之相等的环 138 装配在此处,起保证间隙的作用。由此可见,主轴后端轴向是固定的,前端轴向是可以自由游动的,这种轴系结构称为固游式结构。

1. 小本体部件中零件的作用

在装配之前,首先应熟悉和研究装配图的技术要求。了解产品结构和零件作用以及相互连接的关系。小本体部件中主要零件的作用如下：

小本体壳体(103)　支承铣头主轴轴系,容纳润滑油脂,与大本体相配实现 360°回转。

主轴(105)　安装轴系零件,工作时安装刀具,输出动力。

键 12×28　连接锥齿轮和主轴,传递扭矩。

锥齿轮(109)　将动力从Ⅱ轴传到主轴。

前轴承(D3182110)　支承主轴前端,经过调整可使主轴径向跳动误差控制在允许范围内,并在温度升高时可使主轴前端自由游动。

固定螺母(134)和套筒(126)　调整前轴承径向间隙,固定前轴承内圈。

调整环(114)　保证前轴承的径向间隙,它是装配时选配的。使用调整环 114 可使调整工作更为方便。

　　螺钉（127）和紫铜垫（135）　防止固定螺母 134 在工作中松动。加紫铜垫是为了避免螺钉与主轴螺纹直接接触，以保护主轴螺纹。

　　后轴承（E36207）　支承主轴后端。

　　圆螺母（M33×1.5-2a）　压紧后轴承内圈，调整后轴承径向和轴向间隙。

　　止动垫圈 35　防止圆螺母 M33×1.5-2a 在工作中松动。

　　法兰盘（120）　这是轴承套，内装后轴承，调整锥齿轮的啮合位置时通过移动它来实现主轴轴系的轴向移动。

　　法兰盘（107）　通过四个螺钉将后轴承外圈压紧在法兰盘 120 上。

　　螺钉 M8×20　调整锥齿轮到正确啮合位置后，临时固定主轴轴系的轴向位置。

　　销 8×80　在主轴轴系的轴向位置调整合适后，永久固定其位置。

　　毡圈 65　密封主轴前端，防止漏油和灰尘进入前轴承。

　　罩（129）　防止灰尘进入后轴承，也较为美观。

　　2. 小本体部件装配顺序

　　在中小批量生产中，小本体部件的装配过程大致可分为四部分：①将前轴承及有关零件安装在主轴上；②将主轴装入小本体壳体，安装锥齿轮；③安装后轴承及有关零件；④安装其他零件。小本体部件的装配顺序如下：

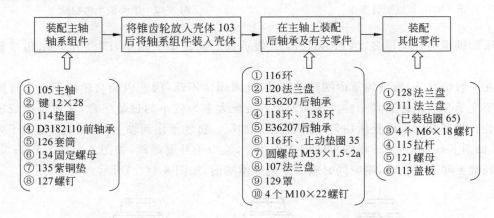

8.7.4　几种典型装配工作

　　1. 轴、键、传动轮的装配

　　传动轮（如齿轮、带轮、蜗轮等）与轴一般采用键连接，其中又以普通平键连接最为常用，如图 8-42 所示。键与轴槽、轴与轮孔多采用过渡配合，键与轮槽常采用间隙配合。

　　在单件小批生产中，轴、键、传动轮的装配要点如下：

　　(1) 清理键及键槽上的毛刺；

（2）用键的头部与轴槽试配，使键能较紧地嵌入轴槽中；

（3）锉配键长，使键与轴槽在轴向有 0.1mm 左右的间隙；

（4）在配合处加机油，用铜棒或虎钳（钳口应加软钳口）将键压入轴槽中，并与槽底接触良好；

（5）试配并安装传动轮，注意键与轮槽底部应留有间隙。

2. 滚动轴承的装配

滚动轴承一般由外圈、内圈、滚动体和保持架组成，如图 8-43 所示。在内、外圈上有光滑的凹形滚道，滚动体可沿滚道滚动。滚动体的形状有球形、短圆柱形、圆锥形等。保持架的作用是使滚动体沿滚道均匀分布，并将相邻的滚动体隔开。

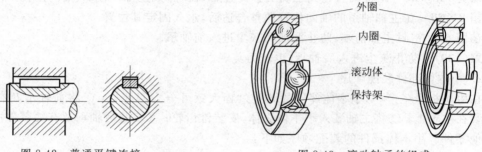

图 8-42　普通平键连接　　　　　　　　　图 8-43　滚动轴承的组成

滚动轴承的种类很多，例如 D3182110 表示调心圆柱滚子轴承，E36207 表示角接触球轴承。

在一般情况下，滚动轴承内圈随轴转动，外圈固定不动，因此内圈与轴的配合比外圈与轴承座支承孔的配合要紧一些。滚动轴承的装配大多为较小的过盈配合，常用铜锤或压力机压装。为了使轴承圈受压均匀，需垫套之后加压。将轴承压到轴上，通过垫套施力于内圈端面，如图 8-44（a）所示；将轴承压到支承孔中，施力于外圈端面，如图 8-44（b）所示；若同时压到轴上和支承孔内，则应同时施力于内外圈端面，如图 8-44（c）所示。

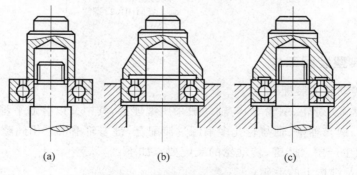

(a)　　　　　　　　　(b)　　　　　　　　　(c)

图 8-44　用垫套压装滚动轴承

3．螺钉、螺母的装配

螺纹连接是一种可拆卸的固定连接。在装配工作中要碰到大量的螺钉、螺母的装配,装配时要注意如下事项:

(1) 内外螺纹的配合应做到能用手自由旋入,既不能过紧,也不能过松。

(2) 螺钉、螺母端面应与螺纹轴线垂直,零件与螺钉、螺母的贴合面应平整光洁。为了提高贴合质量和在一定程度上防松,一般应加垫圈。

(3) 装配一组螺钉、螺母时,为了保持零件贴合面受力均匀,应按一定顺序拧紧,如图 8-45 所示。且不要一次完全拧紧,而要按顺序分两次或三次逐步拧紧。

(4) 螺纹连接在很多情况下要有防松措施,以免在机器的使用过程中螺母回转松动,常用的防松措施有:双螺母、弹簧垫圈、开口销、止动垫圈、锁片和串联钢丝等,如图 8-46 所示。

4．销钉的装配

销钉在机器中多用于定位和连接,常用的销钉有圆柱销和圆锥销,如图 8-47 所示。

圆柱销一般依靠过盈配合固定在孔中,因此对销孔尺寸精度、形状精度和表面粗糙度 Ra 值有一定的要求。被连接件的两孔应一起配钻、配铰出来,且表面粗糙度 Ra 值不大于

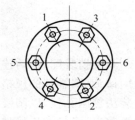
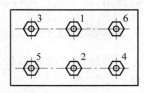

图 8-45 拧紧成组螺母的顺序

$1.6\mu m$。装配时,销钉表面可涂机油,用铜棒轻轻敲入。圆柱销不宜多次装拆,否则会降低定位精度和连接的可靠性。

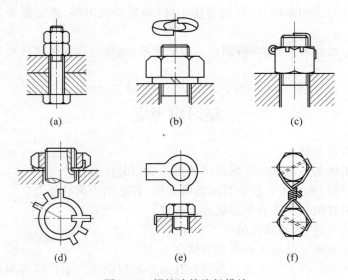

图 8-46 螺纹连接防松措施

(a) 双螺母；(b) 弹簧垫圈；(c) 开口销；(d) 止动垫圈；(e) 锁片；(f) 串联钢丝

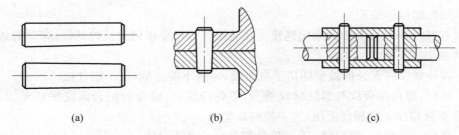

图 8-47　销钉及其作用

(a) 圆柱销和圆锥销；(b) 定位作用；(c) 连接作用

圆锥销装配时，两连接件的销孔也应一起配钻、配铰出来。钻、铰时按圆锥销小头直径选用钻头（圆锥销的规格用小头直径和长度表示），铰刀选用 1∶50 的锥度铰刀。铰孔时用试装法控制孔径，以圆锥销能自由插入 80%～85% 为宜。最后用手锤敲入，销钉的大头可稍微露出，或与被连接件表面平齐。

8.7.5　拆卸工作

机器使用一段时间后，要进行检查和修理，这时要对机器进行拆卸。拆卸时要注意如下事项：

（1）机器拆卸前，要拟定好操作程序。初次拆卸还应熟悉装配图，了解机器的结构。

（2）拆卸顺序一般与装配相反，后装的先拆。

（3）拆卸时要记住每个零件原来的位置，防止再次组装时装错。零件拆下后，要摆放整齐，严防丢失。配合件要做记号，以免搞乱。

（4）拆卸配合紧密的零部件，要用专用工具（如各种拉出器、固定扳手、铜锤、铜棒等），以免损伤零部件。

（5）紧固件上的防松装置，在拆卸后一般要更换，避免这些零件再次使用时折断而造成事故。

复习思考题

（1）划线的作用是什么？

（2）怎样选用锯条？起锯时和锯削时的操作要领是什么？

（3）怎样选择粗、细锉刀？锉削方法有哪几种，各适用于何种场合？

（4）怎样检验锉削后工件的平面度和垂直度？

（5）试画出钻孔、扩孔和铰孔的工艺简图。

（6）如何确定攻螺纹前底孔的直径和深度？

（7）为什么套螺纹前要检查圆杆直径？其大小如何确定？圆杆端部为什么要倒角？

（8）试简述万能铣头小本体部件的装配顺序。

第 9 章

数控加工和特种加工

9.1　数控加工及其程序编制基础

9.1.1　数控加工概述

数控加工是一种可编程的、由数字和符号实施控制的自动加工过程。数控机床仍采用刀具和磨具对材料进行切削加工,在本质上与普通机床基本相同。但在如何控制切削运动等方面则与普通机床存在着很大的区别,如图 9-1 所示。

图 9-1　普通机床与数控机床加工区别示意图

数控机床加工的主要特点如下:

(1) 适应性强　加工不同零件,只需更改加工程序,更换刀具即可,具有很强的适应性和灵活性。

(2) 生产效率高　数控机床加工工件安装次数少,自动化加工使生产准备时间和辅助工时减少,机床的净切削时间加长。普通机床的净切削时间一般为 15%~20%,而数控机床可达 65%~70%,机床利用率大为提高。加工复杂零件时,生产效率甚至可提高数倍。

(3) 加工质量稳定　减少人为影响(如人工测量、操作技术水平的影响等),零件加工质量较为稳定。有的数控机床具有加工过程自动检测和误差补偿等功能,能可靠地保证加工精度的稳定性。

(4) 初始投资大　数控机床的价格一般是同规格的普通机床的若干倍,机床备件的价格也较高。数控机床是技术密集性的机电一体化产品,其复杂性和综合性加大了维修工作的难度。

因此,数控机床适宜多品种小批量生产中形状复杂的零件以及单件生产中需要频繁改型和修改的复杂型面零件。

9.1.2　数控机床坐标系

编制数控加工程序有手工和自动编程两种方法。无论哪种编程方法,首先必须确定坐标系。数控加工标准坐标系采用右手直角笛卡儿定则。基本坐标轴为 X、Y、Z 轴,相应的旋转坐标分别为 A、B、C。

1. 数控机床坐标轴的规定

Z 轴　规定平行于机床主轴轴线的坐标轴为 Z 轴。规定刀具远离工件的方向为其正方向(+Z)。

X 轴　对于工件旋转的机床,X 轴的方向是在工件的径向上,且平行于横向拖板的运动方向。规定刀具离开工件旋转中心的方向为其正方向(+X)。对于刀具旋转的立式机床,操作者面向机床,右边为其正方向(+X);对于刀具旋转的卧式机床,操作者从主轴尾端向工件方向看,右边为其正方向(+X)。

Y 轴　Y 轴垂直于 X、Z 坐标轴。Y 轴的正方向(+Y)根据 X 和 Z 坐标的正方向按右手直角笛卡儿定则来确定。

旋转运动 A、B、C　轴线平行于 X、Y 和 Z 坐标轴的旋转运动分别用 A、B 和 C 表示。

2. 绝对坐标与增量坐标

绝对坐标和增量坐标是在数控编程中常用的两个概念。

绝对坐标　当坐标原点唯一,刀具相对于工件运动轨迹的坐标值,称为绝对坐标。

增量坐标　当坐标原点定义为刀具移动的前一个位置,刀具运动轨迹相对于前一位置进行计算的坐标值,称为增量坐标。增量坐标又称相对坐标。

通常用 G90、G91 代码来分别说明其后的坐标指令是绝对坐标值还是增量坐标值。

3. 机床坐标系与工件坐标系

数控机床坐标系的规定如图 9-2 所示。

机床坐标系及其原点　机床坐标系是机床上固有的坐标系,并建立在机床原点上。机床原点是机床固有的固定点。

工件坐标系及其原点　工件坐标系是编程人员在编程时根据具体情况设定的坐标系,其原点的确定以方便机床调整为宜。编制加工程序通常按工件坐标系进行。

在数控加工前,测量工件原点与机床原点之间的距离,确定工件原点偏置值,并将该偏置值预存到数控系统中。加工时,工件原点偏置值便自动加到工件坐标系上,使数控系统按照机床坐标系确定其坐标值。

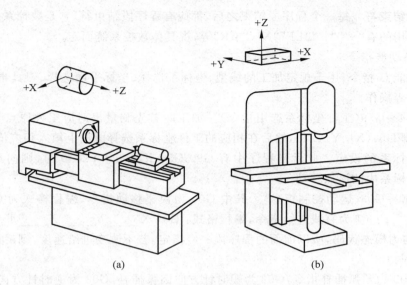

图 9-2　常见数控机床坐标系的规定

（a）卧式车床；（b）立式升降台铣床

9.1.3　手工编程

手工编程是由人工完成程序编制的方法，适用于几何形状较为简单的零件。

1. 数控加工程序的结构及指令

一个完整的程序由程序名、程序内容和程序结束三部分组成。每一个程序段由顺序号字、准备功能字、尺寸字、进给功能字、主轴功能字、刀具功能字、辅助功能字和程序段结束符组成。各类指令的意义如下：

顺序号字　它是程序段的标号，用地址码"N"和后面所带的若干位数字（视具体数控系统而定）表示。

准备功能字　准备功能也称 G 功能，各指令的意义将在后面介绍。

尺寸字　尺寸字用于给定各坐标轴位移量、运动方向以及相应的插补参数，它由地址符和后面带正负号的若干位数字组成。

进给功能字　进给功能也称为 F 功能，它给定刀具相对于工件的运动速度，它由"F"和其后面的若干位数字构成。

主轴速度功能字　主轴速度功能也称为 S 功能，该功能字用来选择主轴速度，它由"S"和在其后面的若干位数字构成。

刀具功能字　该功能也称为 T 功能，它由"T"和后面的若干位数字构成。

辅助功能字　辅助功能也称 M 功能，前面已作介绍，各指令的详细意义参见本节后面内容。

程序段结束符　每一个程序段结束之后,都应有程序段结束符,它是数控系统编译程序的标志。常用的有"∗""；""LF""NL""CR"等,视具体数控系统而定。

2. 准备功能指令

准备功能 G 指令,用于规定加工的线型、坐标系选择、坐标平面选择、刀具半径补偿、刀具长度补偿等操作。

(1) G54～G59(工件坐标系选用指令)　加工时首先测量出对应工件原点与机床原点的偏置量,即 G54(X1、Y1、Z1),然后在相应的工件坐标系选择画面上填入相应值,就完成了 G54 工件坐标系的设定。此后当程序中有 G90 G54 X10.0　Y20.0 时,则向预先设定的 G54 工件坐标系中的该点移动。

(2) G00～G03(运动控制指令)　其中 G00 为快速移动指令,编程格式为 G00 X ____ Y ____ Z ____；G01 为直线进给指令,编程格式：G01 X ____ Y ____ Z ____ F ____。因为"G01""F"均为模态代码,所以前面的程序段一经指定,若不改变进给速度,则后面的程序段不必重复书写。

G02、G03 为圆弧插补指令,G02 为顺时针方向圆弧插补,G03 为逆时针方向圆弧插补。X、Y 为圆弧的终点坐标值。I、J、K 分别为从圆弧起点到圆心的矢量在 X、Y、Z 轴上的投影。无论是绝对值还是增量值编程,均按增量值计算。其编程格式(以 XY 平面为例)为：

$$\begin{Bmatrix} G02 \\ G03 \end{Bmatrix} X \underline{\quad} Y \underline{\quad} \begin{Bmatrix} I \underline{\quad} J \underline{\quad} \\ \hline R \underline{\quad} \end{Bmatrix} F \underline{\quad} ;$$

(3) G40、G41、G42(刀具半径补偿指令)　其中 G40 为取消刀具半径补偿功能；G41 为在刀具相对于工件前进方向的工件左侧进行补偿,称为左刀补；G42 为在刀具相对于工件前进方向的工件右侧进行补偿,称为右刀补。刀具半径补偿编程格式为：

$$\begin{Bmatrix} G00 \\ G01 \end{Bmatrix} \begin{Bmatrix} G41 \\ G42 \end{Bmatrix} D \underline{\quad} X \underline{\quad} Y \underline{\quad} F \underline{\quad} ;$$

其中 D 的数值为刀具序号。如 D01 表示存储的是第 1 号刀具的半径值,其值要预先输入。

(4) G28、G29(刀具自动返回指令)　出于安全考虑,在刀具的返回途中需设置一个中间点。因为夹具有一定高度,若不设中间点而直接回归,则有可能相碰撞。自动换刀(M06)之前,必须使用 G28 指令。G29 一定要在 G28 指令以后使用。其编程格式为：

G28X ____ Y ____；(X、Y 为中间点坐标,刀具经此点回原点)

G29X ____ Y ____；(X、Y 为刀具返回点坐标)

(5) G04(暂停指令)　该指令可使刀具在短时间内无进给运动,常用于车削环槽、镗孔和棱角加工等。其编程格式为：G04 X ____ 或 G04 P ____；其中 X 值或 P 值为暂停时间,G04 为非模态代码。

(6) 固定循环指令　在数控加工中有许多典型的加工过程,如钻孔、镗削和攻螺纹等。为了简化编程,常将典型加工过程定义为相应的 G 指令即循环加工指令。

以数控车中普通螺纹加工为例,其编程格式为：

G86　U＿＿＿　W＿＿＿　L＿＿＿　D＿＿＿　F＿＿＿；

U、W：第一刀终点 X、Z 相对坐标点。W 不论正负都负向运行。

L：循环次数。

D：X 方向循环增量值。单位：mm

F：螺纹导程。单位：mm

3. 辅助功能 M 指令

辅助功能 M 指令是控制机床相关辅助操作的一类命令。如开、停切削液泵，主轴正转、反转、停转以及程序结束等。

（1）M02、M30　程序结束指令。M30 还可使运行程序返回起始点。

（2）M03、M04、M05　主轴顺时针旋转、逆时针旋转和停转指令。

（3）M06　换刀指令，执行自动换刀动作。

（4）M98、M99　子程序调用指令。M98 用于从主程序中调用子程序，M99 为子程序结束符，用于子程序返回主程序。

4. 子程序的使用

子程序的编程格式为：M98 P＿＿＿　L＿＿＿；其中 P 后的数字为子程序号码，L 后的数字为子程序调用次数。L 的默认值为 1，即调用一次。

5. S、F、T 指令

（1）S 指令　主轴速度指令。由地址 S 和后面的数字表示，单位常用 m/min、r/min。

（2）F 指令　进给速度指令。由地址 F 和后面的数字表示，单位常用 mm/min 或 mm/r（切削螺纹时用）。

（3）T 指令　刀具选择指令。由地址 T 和后面的 2～4 位数字表示。T 后的数字为刀具号，表示刀具在刀库或刀塔上的位置。

9.1.4　自动编程

数控编程是从零件图样到获得数控加工程序的全过程，其主要任务是计算加工走刀中的刀位点（简称 CL 点）。刀位点一般取刀具轴线与刀具表面的交点，多轴加工中还要给出刀轴矢量。常用的自动编程系统软件有 Pro/Engineer、UG、MasterCAM 和 CAXA 等。

（1）Pro/Engineer　是一种典型的基于参数化（parametric）实体造型的软件，具有简单零件设计、装配设计、设计文档（绘图）、复杂曲面造型以及从产品模型生成模具模型的功能。提供图形标准数据库交换接口，支持车削加工、2～5 轴铣削加工、电火花线切割、激光切割等功能。加工模块能自动识别工件毛坯和成品的特征。当特征发生修改时，系统能自动修改加工轨迹。

（2）UG　具有实体建模、自由曲面建模、装配建模、标准件库建模等造型手段和环境；支持 2～4 轴的车削加工，具有粗车、精车、车沟槽、车螺纹等功能；支持 2～5 轴或更多轴数的铣削加工，尤其适用于各种模具的加工。

（3）MasterCAM　是一套适用于机械设计、制造的 3D CAD/CAM 交互式图形集成系统。它可以完成产品的设计和各种类型数控机床的自动编程,包括数控铣床(3～5 轴)、车床(可带 C 轴)、线切割机(4 轴)、激光切割机、加工中心等的编程加工。它还具有很强的加工能力,可实现多曲面连续加工、毛坯粗加工、刀具干涉检查与消除、实体加工模拟、DNC 连续加工以及开放式的后置处理等功能。

（4）CAXA　具有线框造型、曲面造型并生成真实感很强的图形的能力,提供丰富的工艺控制参数、多种加工方式、刀具干涉检查、真实感仿真、数控代码反读和后置处理等功能。支持车削加工,具有粗车、精车、切槽、钻中心孔、车螺纹等功能;支持 2～5 轴的铣削加工,可任意控制刀轴方向;支持钻削加工。

自动编程完成后,通过通信接口实现计算机与数控机床之间 NC 程序的双向传输。

9.2　数控车床加工

9.2.1　数控车床概述

数控车床是目前使用较为广泛的数控机床。图 9-3 所示的为经济型数控车床。数控车床由数控系统和机床本体组成。数控系统包括数控主机、控制电源、伺服电机装置、编码器和显示器等;机床本体包括床身、主轴箱、电动回转刀架、进给传动系统、冷却系统、润滑系统和安全保护系统等。

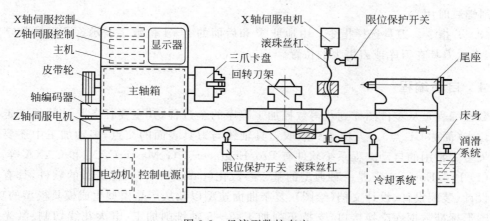

图 9-3　经济型数控车床

9.2.2　数控车床加工工艺的制定

在数控车床上加工零件时,制定加工工艺的方法如下:

（1）分析零件图样，明确技术要求和加工内容。

（2）确定工件坐标系原点位置。在一般情况下，Z 坐标轴与工件回转中心重合，X 坐标轴在工件的右端面上。

（3）确定工艺路线。首先确定刀具起始点位置，起始点应便于安装和检查工件。同时，起始点一般也作为加工的终点。其次确定粗、精车路线，在保证零件加工精度和表面粗糙度的前提下，尽可能使加工路线最短。最后确定自动换刀点位置，以换刀过程中不发生干涉为宜，它可以与起始点重合，亦可不重合。

（4）选择合理的切削用量。主轴转速 S 的范围一般为 30～2000r/min，根据工件材料和加工性质（粗、精加工）选取；进给速度 F 的范围为 0～15000mm/min，粗加工为 70～100mm/min，精加工为 1～70mm/min，快速移动为 100～2500mm/min；背吃刀量 a_p 粗加工一般小于 2.5mm，精加工为 0.05～0.4mm。

（5）选择合适的刀具。根据零件的形状和精度要求选择，回转方刀架可依次安装 4 把刀具。

（6）编制和调试加工程序。

（7）完成零件加工。

9.2.3　数控车床程序格式及指令

程序格式是程序书写的规则，它包括程序段号、机床要求执行的功能、运动所需的几何参数和工艺数据。程序格式如下：

N∗∗∗　G∗∗　X±∗∗（U±∗∗）Y±∗∗（W±∗∗）R∗∗　L∗∗　D∗∗　F∗∗　S∗∗

T∗∗　M∗∗；　　　（其中"∗"表示数字）

其中，N 是程序段号，范围为 0～9999；G 是准备功能指令，规定动作方式，范围为 00～99；X、Y 是绝对坐标指令，范围为 0～±9999.99mm，其中 X 值取直径值；U、W 是相对坐标指令，范围为 0～±9999.99mm；R 是圆弧半径，范围为 0～±9999.99mm；L 是固定循环次数，范围为 00～99；D 是子程序起始段号，范围为 0～99；F 是进给速度、螺纹导程、英制螺纹扣数指令，其范围分别为 0～15000mm/min、0.01～65.00mm、0～99；S 是主轴转速指令，其范围随机床而异，一般为 30～2000r/min；T 是换刀号和刀具偏置补偿号，范围为 00～44（高位为换刀号，低位为补偿号）；M 是辅助功能指令，范围为 00～99。

9.2.4　数控车床加工实例

现拟在数控车床上加工定位短轴零件，其图样如图 9-4 所示。

加工该轴的坐标系和加工路线如图 9-5 所示。图中 O 为绝对坐标系原点，O_1 为加工的起始点和换刀点；定义 1 号刀为右偏刀，2 号刀为螺纹车刀，3 号刀为圆弧尖刀，4 号刀为车槽刀。其加工路线为：O_1→换 1 号刀→A→B→C→D→A→E→F→G→A→H→I→J→A→

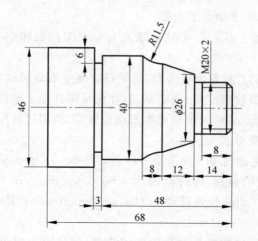

图 9-4　短轴零件图样

L→Q→M→I→J→A→S→T→S′→S″→O→O₁→换 2 号刀 O→LL′L→循环车螺纹→O₁→换 3 号刀→I→P→O₁→换 4 号刀→G→N→G→O₁→取消刀补、换 1 号刀。定位短轴的加工程序见表 9-1。

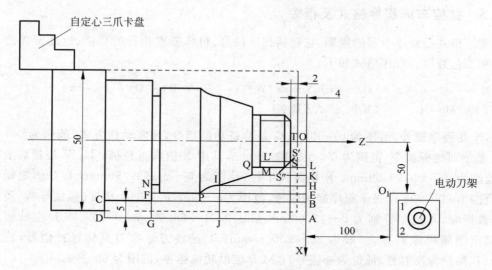

图 9-5　加工短轴零件时的坐标系和加工路线

表 9-1　短轴数控车床加工程序

程序段号	程序内容	程序说明
N10	G92　X100　Z100;	设定工件坐标系,每段程序末尾用分号结束
N20	S500;	设定主轴转速
N30	T11;	换 1 号刀

程序段号	程序内容	程序说明
N40	M03；	启动主轴
N50	G01　X56　Z2　F500；	(O_1→A)快速移动到 A 点
N60	G01　X46　Z2　F500；	(A→B)快速移动到 B 点
N70	G01　X46　Z-70　F50；	(B→C)车削 ϕ46 外圆
N80	G01　X56　Z-70　F50；	(C→D)横向退刀
N90	G01　X56　Z2　F500；	(D→A)纵向退刀
N100	G01　X40　Z2　F500；	(A→E)快速进刀
N110	G01　X40　Z-53　F50；	(E→F)车削 ϕ40 外圆
N120	G01　X56　Z-53　F50；	(F→G)横向退刀
N130	G01　X56　Z2　F500；	(G→A)纵向退刀
N140	G01　X34　Z2　F500；	(A→H)快速进刀
N150	G01　X34　Z-28　F50；	(H→I)车削 ϕ34 外圆
N160	G01　X56　Z-28　F500；	(I→J)横向退刀
N170	G01　X56　Z2　F500；	(J→A)纵向退刀
N180	G01　X20　Z2　F100；	(A→L)进刀
N190	G01　X20　Z-16　F50；	(L→Q)车削 ϕ20 外圆
N200	G01　X26　Z-16　F100；	(Q→M)横向退刀
N200	G01　X34　Z-28　F50；	(M→I)车削锥面
N210	G01　X56　Z-28　F100；	(I→J)横向退刀
N220	G01　X56　Z-2　F100；	(J→A)纵向退刀
N230	G01　X0　Z-2　F50；	(S→T)车削端面
N240	G01　X16　Z-1　F200；	(T→S′)退刀
N260	G01　X22　Z-3　F50；	(S′→S″)车削倒角
N270	G00　X100　Z100；	(O→O_1)退回换刀点
N280	T22；	换 2 号刀
N290	G01　X20　Z2　F500；	(O_1→L)快速移动到 L 点
N300	G86　U-0.54　W-8　L4　D0.27　F2；	(LL′L)循环 4 次车削螺纹
N310	G00　X100　Z100；	退回换刀点
N320	T33；	换 3 号刀
N330	G01　X34　Z-28　F200；	(O_1→I)移动到 I 点
N340	G01　X40　Z-36　F50；	(I→P)车削成形面
N350	G00　X100　Z100；	(P→O_1)退回换刀点

续表

程序段号	程序内容	程序说明
N360	T44;	换 4 号刀
N370	G01　X56　Z-53　F200;	(O_1→G)移动到 G 点
N380	G01　X34　Z-53　F50;	(G→N)切槽
N390	G01　X56　Z-53　F50;	(N→G)横向退刀
N400	G00　X100　Z100;	(G→O_1)退回换刀点
N410	T10;	取消刀补值、换回 1 号刀
N420	M05;	主轴停止
N430	M30;	程序结束

9.3　数控铣床加工

9.3.1　数控铣床概述

数控铣床也是目前使用较为广泛的数控机床之一。数控铣床由数控系统和机床本体两大部分组成,如图 9-6 所示。数控系统包括数控主机、控制电源、伺服电机装置和显示器等;机床本体包括床身、主轴箱、工作台、进给传动系统、冷却系统、润滑系统和安全保护系统等。主轴箱带动刀具沿立柱导轨作 Z 向移动,工作台带动工件沿滑鞍上的导轨作 X 向移动,滑鞍又沿床身上的导轨作 Y 向移动。X、Y、Z 三个方向的移动均靠伺服电机驱动滚珠丝杠来实现。

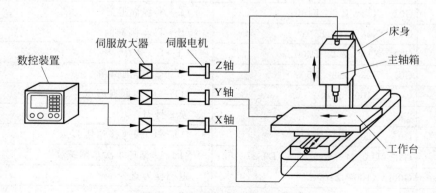

图 9-6　数控立式铣床工作原理示意图

根据零件形状、尺寸、精度和表面粗糙度等技术要求制定加工工艺,选择加工参数。通过手工编程或自动编程,将编好的加工程序输入数控主机。数控主机对加工程序处理后,向X、Y、Z 向伺服装置传送指令,从而实现工件的切削运动。

9.3.2 数控铣床加工工艺的制定

数控铣床加工工艺与数控车床类似。

(1) 分析零件图样,明确技术要求和加工内容。

(2) 确定工件坐标系原点位置。在数控铣床上加工的工件的情况较为复杂,一般被加工面朝着 Z 轴正向,可将坐标系原点定为工件上特征明显的位置,如对称工件的中心点等。将工件上此位置相对于机床原点的坐标值记入零点偏置存储器 G54。

(3) 确定加工工艺路线。首先选择铣刀,不同的表面或型腔要采用不同的刀具;然后确定刀具起始点位置。起始点应注意区分铣刀类型,没有端刃的立铣刀不要选择 Z 向直接扎入工件表面,若加工键槽等内腔表面,要选择有端刃的键槽铣刀;最后确定加工轨迹,即加工时刀具切削的进给方式,如环切或平行切等。

(4) 选择合理的切削用量。主轴转速 S 的范围一般为 300～3200r/min,根据工件材料和加工性质(粗、精加工)选取;进给速度 F 的范围为 1～3000mm/min,粗加工选用 70～100mm/min,精加工选用 1～70mm/min,快速移动选用 100～2500mm/min。

(5) 编制和调试加工程序。

(6) 完成零件加工。

9.3.3 数控铣床程序格式及指令

数控铣床所用加工程序格式及指令与数控车床的加工程序格式大致相同,参见 9.2 节。但由于数控铣床是三轴或多轴联动的机床,比数控车床复杂,因此加工指令与数控车床有下列不同:

(1) 在直线插补指令中允许有 X、Y、Z 三个坐标值出现。

(2) 数控系统具有孔加工(G80～G89)等专用指令。

(3) 在数控铣床加工中特有的加工指令还有零点偏置(G54～G57)。由于大部分零件的编程是用编程机或装有通用编程软件的微机来实现的,与所用机床无关,因此在工件坐标系和机床坐标系之间需有一种转换方式。为此,绝大多数数控铣床均设置零点偏置存储器,将工件编程原点相对于机床原点的坐标值在机床零点偏置存储器中记入 G54(或 G55、G56、G57 等),编程时可调用零点偏置存储器。

9.3.4 数控铣床加工实例

现拟在数控铣床上加工的零件图样如图 9-7(a)所示。加工时的坐标系和加工路线如图 9-7(b)所示。图中 O 为绝对坐标系的原点,A 为加工的起始点。加工程序及说明见表 9-2。

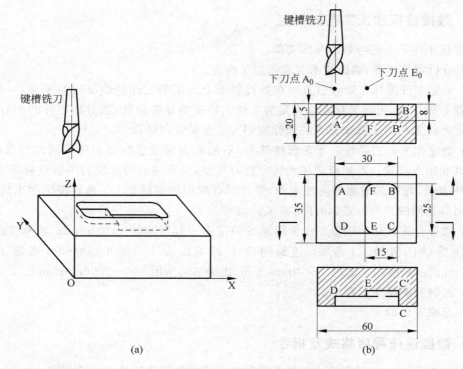

(a)

(b)

图 9-7　实例零件图样及加工路线

(a) 零件图；(b) 零件加工路线和坐标系示意图

表 9-2　实例零件数控铣加工程序

程 序 段 号	程 序 内 容	程 序 说 明
N10	G90　G54　G00　Z60.000	确定工件坐标系
N20	S600　M03	主轴旋转
N30	X-12.000　Y-9.500　Z60.000	移动至 A 点
N40	Z50.000	刀具接近工件
N50	G01　Z15.000　F15	切深为 5mm
N60	Y9.500　F30	切削至 B 点
N70	X12.000	切削至 C 点
N80	Y-9.500	切削至 D 点
N90	X-12.000	切削至 A 点
N100	Z50.000　F200	抬刀
N110	G00　X3.000	移动至 E 点
N120	Z27.000	刀具接近工件
N130	G01　Z12.000　F15	切深 3mm
N140	Y9.500　F30	切削至 F 点
N150	X12.000	切削至 C 点

续表

程序段号	程序内容	程序说明
N160	Y-9.500	切削至 D 点
N170	X3.000	切削至 E 点
N180	Z50.000　F200	抬刀
N190	G00　Z60.000	抬刀至安全高度
N200	M05	主轴停止
N210	M30	程序结束

9.4　加工中心简介

9.4.1　加工中心概述

加工中心是具有自动回转刀具库的多功能数控机床,在工件一次装夹后可自动转位、自动换刀、自动调整主轴转速和进给量、自动完成多工序的加工。加工中心的种类很多,最常见的有加工箱体类零件的镗铣加工中心和加工回转体零件的车削加工中心。

图 9-8 为卧式镗铣加工中心,它有一个链式回转刀具库,容纳 40～80 把刀具,可对工件自动进行镗、铣、钻、扩、铰和攻螺纹等多种加工。当一种加工完成后,机床主轴停止转动并

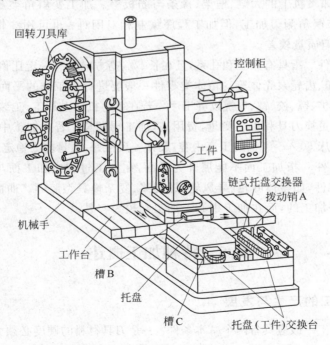

图 9-8　卧式镗铣加工中心

上升到换刀位置,主轴孔内的刀具拉紧机构自动松开,机械手即可将已用的刀具卸下,换上下一步加工所需的刀具。

加工中心用于实现多功能的自动化和多种加工,从而可大大简化工艺设计,减少零件运输量,提高设备的利用率和生产率,并可简化和改善生产管理。加工中心为实现 CAD(计算机辅助设计)、CAPP(计算机辅助制定工艺)和 CAM(计算机辅助制造)一体化提供了重要条件。

9.4.2　适宜加工中心加工的零件

加工中心适宜于加工形状复杂、工序较多、精度要求较高的零件,其加工对象主要有下列几类。

(1) 平面类零件　指单元面是平面或可以展开成为平面的一类零件。圆柱面属于平面类零件。它们是数控铣削加工对象中最简单的一类,一般只用 3 坐标数控铣床的两坐标联动加工即可。对于有些斜平面类零件的加工,常用方法如下:①当工件尺寸不大时,可用斜垫板垫平后加工,若机床主轴可以偏转角度,亦可将主轴偏转进行加工;②当工件尺寸很大、斜面坡度又较小时,常用行切法加工,对于加工面上留下的残余高度,可用电火花或钳工修整等方法加以清除;③加工斜面的最佳方法是用侧刃加工,加工质量好,加工效率高,但对机床坐标数要求较多,且编程较为复杂。

(2) 变斜角类零件　指加工面与水平面的夹角呈连续变化的零件。这类零件的加工面不能展开成平面,如飞机上的大梁、框架、橡条与筋板等。加工变斜角类零件常采用 4 坐标或 5 坐标数控铣床摆角侧刃加工,但加工程序编制相对困难;也可用 3 轴或 2.5 轴加工中心进行近似加工,但质量较差。

(3) 箱体类零件　指具有型腔和孔系,且在长、宽、高方向上有一定比例的零件,如汽车的发动机缸体、变速箱、齿轮泵壳体等。箱体类零件一般要进行多工位的平面加工和孔系加工。通常要经过铣、钻、扩、镗、铰、锪、攻螺纹等工序。若在普通机床上加工,工装设备多,需多次装夹、找正,需频繁地更换刀具和手工测量,费用高,加工周期长。若在加工中心上加工,一次装夹即可完成普通机床 60%~95% 的工序内容,尺寸一致性好,质量较为稳定,生产周期短。

(4) 曲面类零件　指加工面不能展开为平面,在加工过程中加工面与铣刀始终为点接触的空间曲面类零件,如整体叶轮、导风轮、螺旋桨、复杂模具型腔等。曲面零件在普通机床上是难以甚至无法加工的,而在加工中心上加工则较为容易。

9.5　特种加工概述

9.5.1　特种加工的产生与发展

传统的切削加工一般应具备两个基本条件:一是刀具材料的硬度必须大于工件材料的硬度;二是刀具和工件都必须具有一定的刚度和强度,以承受切削过程中不可避免的切削力。

这给切削加工带来两个局限:一是不能加工硬度接近或超过刀具硬度的工件材料;二是不能加工带有细微结构的零件。然而,随着工业生产和科学技术的发展,具有高硬度、高强度、高熔点、高脆性、高韧性等性能的新材料不断出现,具有各种细微结构与特殊工艺要求的零件越来越多,用传统的切削加工方法很难对其进行加工。特种加工就是在这种形势下应运而生的。

特种加工是 20 世纪 40 年代至 60 年代发展起来的新工艺,目前仍在不断地革新和发展。所谓"特种加工",是相对于传统的切削加工而言的,实质上是直接利用电能、声能、光能、化学能和电化学能等能量形式进行加工的一类方法的总称。特种加工的方法很多,常用的有电火花成形穿孔加工、电火花线切割加工、超声波加工和激光加工等。

9.5.2　特种加工的特点

与传统的切削加工相比,特种加工具有如下特点:

(1) 工具材料的硬度可以大大低于工件材料的硬度。

(2) 加工过程中不存在切削力。

(3) 某些特种加工方法可以有选择地复合成新的加工方法,使生产效率和加工精度大为提高。

9.5.3　特种加工的应用

特种加工主要应用于下列场合:

(1) 加工各种高强度、高硬度、高韧性、高脆性等难加工材料,如耐热钢、不锈钢、钛合金、淬硬钢、硬质合金、陶瓷、宝石、聚晶金刚石、锗和硅等。

(2) 加工各种形状复杂的零件及细微结构,如热锻模、冲裁模、冷拔模的型腔和型孔,整体蜗轮、喷气蜗轮的叶片,喷油嘴、喷丝头的微小型孔等。

(3) 加工各种有特殊要求的精密零件,如特别细长的低刚度螺杆、精度和表面质量要求特别高的陀螺仪等。

9.6　电火花加工

9.6.1　电火花加工的原理

电火花加工是利用脉冲放电对导电材料的腐蚀作用去除材料,满足一定形状和尺寸要求的一种加工方法,其原理如图 9-9 所示。

脉冲电源发出一连串脉冲电压,施加在浸入工作液(一种液体绝缘介质,一般用煤油)中的工件和工具电极之间。当两极之间的间隙很小(一般为 0.01~0.02mm)时,由于电极的微观表面凸凹不平,极间某凸点处电场强度最大,其间的工作液最先被电离为电子和正离子而被击穿,形成放电通道。在电场力的作用下,通道内的电子高速奔向阳极,正离子奔向阴

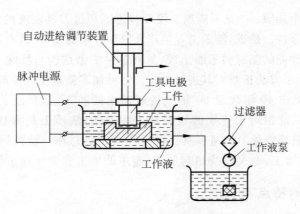

图 9-9　电火花加工原理示意图

极,产生火花放电。由于受到放电时磁场力和周围工作液的压缩,致使放电通道的横截面积很小,通道内电流密度很大,达到 $10^4 \sim 10^7 \, \mathrm{A/cm^2}$。电子和正离子在电场力作用下高速运动,互相碰撞,并分别轰击阳极和阴极,产生大量热量。整个放电通道形成一个瞬时热源,通道中心温度高达 10000℃ 左右,使电极表面局部金属迅速熔化甚至汽化。由于一个脉冲放电时间极短,熔化和汽化的速度极高,具有爆炸性质。爆炸力把熔化和汽化了的金属微粒迅速抛离电极表面。每个脉冲放电后,在工件表面上形成一个微小的圆坑。放电过程多次重复进行,随着工具电极不断进给,材料逐渐被蚀除,工具电极的轮廓形状即可精确地复印在工件上,从而达到成形加工的目的。若将工具电极继续进给,即成为穿孔加工。

9.6.2　电火花加工的应用

（1）它可以加工任何硬、韧、脆、软和高熔点的金属材料和导电材料。由于是靠放电时的电、热作用去除材料的,工具电极和工件之间并不直接接触,材料的可加工性主要取决于材料的导电性及其热学特性,如熔点、沸点、导热系数、电阻率等,而几乎与其力学性能（硬度、强度等）无关。这样可以突破传统切削加工对刀具硬度的限制,实现用软的工具加工硬韧的工件,甚至可以加工聚晶金刚石、立方氮化硼一类的超硬材料。目前电极材料多采用紫铜或石墨,因此工具电极较容易加工。

（2）可以加工形状复杂的表面。由于可以简单地将工具电极的形状复制到工件上,因此特别适用于复杂表面形状工件的加工,如复杂型腔模具加工等。数控技术的采用使得用简单的电极加工复杂形状零件成为可能。

（3）可以加工薄壁、弹性、低刚度、微细小孔、异形小孔、深小孔等有特殊要求的零件。由于加工中工具电极和工件不直接接触,没有切削力,因此适宜加工低刚度工件及微细加工,目前已能加工出 0.005mm 的短微细轴和 0.008mm 的浅微细孔,以及直径小于 1mm 的齿轮。在小深孔方面,已加工出直径 $0.8 \sim 1\mathrm{mm}$、深 500mm 的小孔,也可以加工圆弧形的弯孔。

电火花加工常见的有电火花成形穿孔加工和电火花线切割加工两种。

9.6.3 数控电火花成形加工机床

数控电火花成形加工机床由床身、立柱、主轴头、工作台、工作液箱等组成,如图 9-10 所示。主轴头是机床的关键部件,其下部安装工具电极,能自动调整工具电极的进给速度,使之随着工件蚀除而不断进行补偿进给,保持一定的放电间隙,使电火花放电持续进行。工作台用于支承和安装工件,并通过纵、横向坐标的调节,找正工件与电极的相对位置。工作液槽固定在工作台上,用于容纳工作液,使电极和工件的放电部位浸泡在工作液中。主轴和工作台各运动轴的方向定义如下:操作者面向机床,工具电极相对于工件,Z 轴向上为正(＋),向下为负(－);X 轴向右为正(＋),向左为负(－);Y 轴向前为正(＋),向后为负(－)。

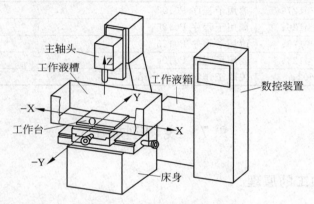

图 9-10 数控电火花成形加工机床

9.6.4 电火花成形加工实例

现以在数控电火花成形加工机床上加工图 9-11 所示零件上的鞋底塑料模型腔为例。其加工程序以 G 代码为主要编程代码,并配以 M 代码、H 代码和 T 代码。图 9-11 所示零件的加工程序见表 9-3,加工过程如图 9-12 所示。

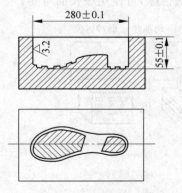

图 9-11 电火花成形加工实例

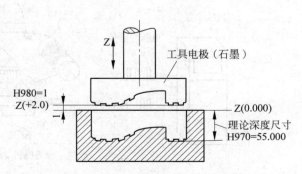

图 9-12 实例零件电火花加工示意图

表 9-3　实例零件电火花加工程序

程序段号	程序内容	程序说明
N10	T84；	开启工作液泵,每段程序以分号结束
N20	G90；	使用绝对坐标编程
N30	G30　Z＋；	指定抬刀方向为 Z 轴的正方向
N40	G17；	选择 XOY 平面进行加工
N50	H970＝55.000；	零件加工的理论深度,H970 为一地址变量
N60	H980＝1.000；	加工结束后,工具电极应停留的位置,距工件表面 1mm,见图 9-12
N70	G00　Z0＋H980；	将工具电极快速定位于距工件表面 1mm 处,见图 9-12
N80	M98　P0128；	调用子程序 P0128,M98 为子程序调用指令
N90	M98　P0127；	调用子程序 P0127
N100	M98　P0126；	调用子程序 P0126
N110	M98　P0125；	调用子程序 P0125
N120	M98　P0124；	调用子程序 P0124
N130	T85　M02；	关闭工作液泵,程序结束

9.7　线切割加工

9.7.1　线切割加工的原理

线切割加工是电火花线切割加工的简称,其原理在本质上与电火花加工相同,只是工具电极由钼丝代替,如图 9-13 所示。被切割的工件为工件电极。钼丝为工具电极,脉冲电源发出一连串的脉冲电压,加到工件电极和工具电极上。钼丝与工件之间施加足够的具有一定绝缘性能的工作液(图中未画出)。当钼丝与工件的距离小到一定程度时,在脉冲电压的作用下,工作液被击穿,在钼丝与工件之间形成瞬间放电通道,产生瞬时高温,使金属局部熔化甚至汽化而被蚀除。若工作台带动工件不断进给,就能切割出所需的形状。由于储丝筒带动钼丝交替作正、反向的高速移动,所以钼丝基本上不被蚀除,可使用较长的时间。

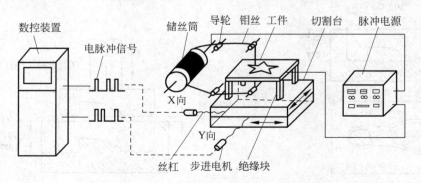

图 9-13　线切割加工原理示意图

9.7.2 数控线切割加工机床

数控线切割加工机床由机床本体、脉冲电源和数控装置三部分组成,其中机床本体又由床身、工作台、运丝机构、工作液系统等组成,如图 9-14 所示。

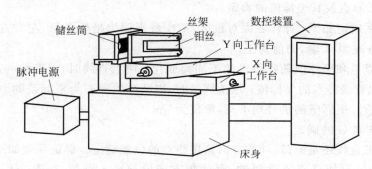

图 9-14 数控线切割加工机床

床身 用于支承和连接工作台、运丝机构、机床电器,及存放工作液系统。

工作台 用于安装并带动工件在工作台平面内作 X、Y 两个方向的移动。工作台分上、下两层,分别与 X、Y 向丝杠相连,由两个步进电机分别驱动。步进电机每接收到计算机发出的一个脉冲信号,其输出轴就旋转一个步距角,通过一对齿轮变速带动丝杠转动,从而使工作台在相应的方向上移动 0.01mm。工作台的有效行程为 250mm×320mm。

运丝机构 电动机通过联轴节带动储丝筒交替作正、反向运转,钼丝整齐地排列在储丝筒上,并经过丝架作往复高速移动(线速度为 9m/s 左右)。

工作液系统 由工作液、工作液箱、工作液泵和循环导管组成。工作液起绝缘、排屑和冷却的作用。每次脉冲放电后,工件与钼丝之间必须迅速恢复绝缘状态,否则脉冲放电就会转变为稳定持续的电弧放电,影响加工质量。在加工过程中,工作液可把加工过程中产生的金属颗粒迅速从电极之间冲走,使加工顺利进行。工作液还可冷却受热的电极和工件,防止工件变形。

脉冲电源 其作用是把普通的 50Hz 交流电转换成高频率的单向脉冲电压。加工时,钼丝接脉冲电源负极,工件接正极。

数控装置 以微机为核心,配备相关硬件和控制软件。加工程序可用键盘输入或直接自动生成。控制工作台 X、Y 两个方向步进电机或伺服电机的运动。

9.7.3 数控线切割加工程序的编制

1. 程序格式

数控线切割加工程序的格式与一般数控机床不一样,常采用如下的"3B"格式:

$$N \ R \ B \ X \ B \ Y \ B \ J \ G \ Z \ (FF)$$

其中 N 为程序段号；R 为圆弧半径,加工直线时 R 为零；X、Y 为 X、Y 向的坐标值；J 为计数长度；G 为计数方向；Z 为加工指令；3 个 B 为间隔符,其作用是将 X、Y、J 的数值区分开；FF 为停机符,用于一个完整程序之后。

(1) 坐标系原点及其坐标值的确定

平面坐标系规定如下：操作者面对机床,工作台平面为坐标平面,左右方向为 X 轴,向右为正；前后方向为 Y 轴,向前为正。

坐标系的原点和坐标值随程序段的不同而变化：加工直线时,以直线的起点为坐标系的原点,X、Y 取直线终点的坐标值；加工圆弧时,以圆弧的圆心为坐标系的原点,X、Y 取圆弧起点的坐标值。坐标值的负号均不写,单位为 μm。

(2) 计数方向 G 的确定

不管是加工直线还是圆弧,计数方向均按终点的位置确定。确定原则如下：

加工直线时,直线终点靠近何轴,则计数方向取该轴。例如,在图 9-15 中,加工直线 OA,计数方向取 X 轴,记作 GX；加工直线 OB,计数方向取 Y 轴,记作 GY；加工直线 OC,计数方向取 X 轴、Y 轴均可,记作 GX 或 GY。

加工圆弧时,终点靠近何轴,则计数方向取另一轴。例如：在图 9-16 中,加工圆弧 AB,计数方向取 X 轴,记作 GX；加工圆弧 MN,计数方向取 Y 轴,记作 GY；加工圆弧 PQ,计数方向取 X 轴、Y 轴均可,记作 GX 或 GY。

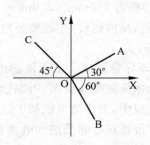

图 9-15　直线计数方向的确定

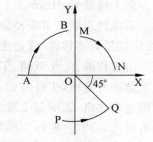

图 9-16　圆弧计数方向的确定

(3) 计数长度 J 的确定

计数长度在计数方向的基础上确定,是被加工的直线或圆弧在计数方向的坐标轴上投影的绝对值总和。单位为 μm。

例如,在图 9-17 中,加工直线 OA,计数方向为 X 轴,计数长度为 OB,其数值等于 A 点的 X 坐标值。在图 9-18 中,加工半径为 0.5mm 的圆弧 MN,计数方向为 X 轴,计数长度为 $500 \times 3 = 1500\mu$m,即 MN 中三段 90° 圆弧在 X 轴上投影的绝对值总和,而不是 $500 \times 2 = 1000\mu$m。

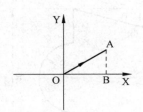

图 9-17　直线计数长度的确定

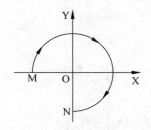

图 9-18　圆弧计数长度的确定

（4）加工指令 Z 的确定

加工直线时有四种加工指令：L_1、L_2、L_3、L_4，如图 9-19 所示，当直线处于第 I 象限（包括 X 轴而不包括 Y 轴）时，加工指令记作 L_1；当处于第 II 象限（包括 Y 轴而不包括 X 轴）时，记作 L_2；L_3、L_4 依此类推。

加工顺圆弧时有四种加工指令：SR_1、SR_2、SR_3、SR_4。如图 9-20 所示，当圆弧的起点在第 I 象限（包括 Y 轴而不包括 X 轴）时，加工指令记作 SR_1；当起点在第 II 象限（包括 X 轴而不包括 Y 轴）时，记作 SR_2；SR_3、SR_4 依此类推。

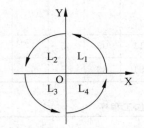

图 9-19　直线加工指令的确定

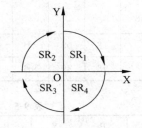

图 9-20　顺圆弧加工指令的确定

加工逆圆弧时有四种加工指令：NR_1、NR_2、NR_3、NR_4。如图 9-21 所示，当圆弧的起点在第 I 象限（包括 X 轴而不包括 Y 轴）时，加工指令记作 NR_1；当起点在第 II 象限（包括 Y 轴而不包括 X 轴）时，记作 NR_2；NR_3、NR_4 依此类推。

2. 编程方法

编制数控线切割加工程序有手工编程和机床自动编程两种。下面以图 9-22 所示样板零件为例，只介绍手工编程的方法。

（1）确定加工路线。起点和终点均为 A，加工路线按照图中所标的①②…⑧进行，共分 8 个程序段。其中①为切入程序段，⑧为切出程序段。

（2）计算坐标值。按照坐标系和坐标 X、Y 的规定，分别计算①～⑧程序段的坐标值。

（3）填写程序单。按程序标准格式逐段填写 N、R、B、X、B、Y、B、J、G、Z，见表 9-5。注意：表中的 G、Z 两项需转换成数控装置能识别的代码形式，具体转换见表 9-4。例如，GY 和 L_2 的代码为 89，输入计算机时，只需输入 89 即可。

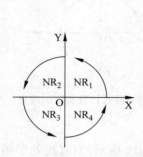

图 9-21　逆圆弧加工指令的确定

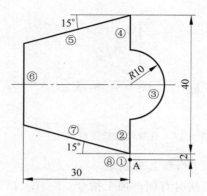

图 9-22　样板零件图样

表 9-4　G、Z 代码

G ＼ Z 代码	L_1	L_2	L_3	L_4	SR_1	SR_2	SR_3	SR_4	NR_1	NR_2	NR_3	NR_4
GX	18	09	1B	0A	12	00	11	03	05	17	06	14
GY	98	89	9B	8A	92	80	91	83	85	97	86	94

表 9-5　样板零件数控线切割加工程序

N	R	B	X	B	Y	B	J	G	Z	G、Z 代码
1	0	B	0	B	2000	B	2000	GY	L_2	89
2	0	B	0	B	10000	B	10000	GY	L_2	89
3	10000	B	0	B	10000	B	20000	GY	NR_4	14
4	0	B	0	B	10000	B	10000	GY	L_2	89
5	0	B	30000	B	8040	B	30000	GX	L_3	1B
6	0	B	0	B	23920	B	23920	GY	L_4	8A
7	0	B	30000	B	8040	B	30000	GX	L_4	0A
8	0	B	0	B	2000	B	2000	GY	L_4	8A
FF										

9.8 超声波加工和激光加工

9.8.1 超声波加工

1. 超声波加工的原理

超声波加工是利用超声频振动(16~30kHz)的工具冲击磨料对工件进行加工的一种方法,其加工原理如图 9-23 所示。超声波发生器产生的超声频电振荡,通过换能器转变为超声频机械振动。这种振动的振幅很小,不能直接用来对材料加工,需要借助于振幅扩大棒将振幅放大(放大后的振幅为 0.01~0.15mm),再传给工具,驱动工具振动。在工具与工件之间不断注入磨料悬浮液,以超声频振动的工具冲击工件表面上的磨料,磨料再冲击工件,致使工件加工区域内的材料粉碎成很细的微粒。随着悬浮液的循环流动,磨料不断更新,并带走被粉碎下来的材料微粒,工具逐步深入到工件内部,工具的形状便"复印"到工件上。工具材料常用不淬火的 45 钢,磨料常用碳化硼或碳化硅、氧化铝和金刚砂粉等。磨料颗粒大,生产效率高,但加工表面粗糙;颗粒小时则相反。

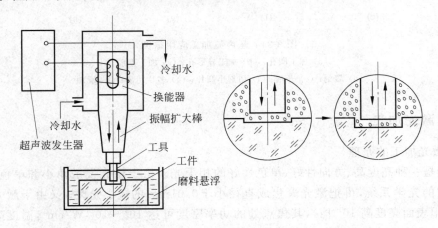

图 9-23 超声波加工原理示意图

2. 超声波加工的应用

超声波加工的生产效率虽比电火花加工低,但加工精度和表面粗糙度却比电火花加工好,而且能加工非导体、半导体等硬脆材料,如玻璃、石英、宝石、锗、硅甚至金刚石等,即使是电火花加工后的一些用淬硬钢、硬质合金制作的冲模、拉丝模、铸塑模,还常采用超声波进行后续的光整加工。超声波加工的尺寸精度可达 0.05~0.01mm,表面粗糙度 Ra 值可达 0.8~0.1μm,它适宜加工各种型孔和型腔,也可以进行套料、切割、开槽和雕刻等,如图 9-24 所示。

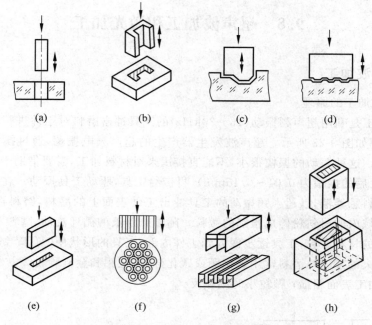

图 9-24　超声波加工应用举例

（a）加工圆孔；（b）加工异形孔；（c）加工型腔；

（d）雕刻；（e）开槽；（f）切割小圆片；（g）多片切割；（h）套料

9.8.2　激光加工

1. 激光加工的原理

激光是一种亮度高、方向性好、单色性好的相干光。由于激光发散角小和单色性好，通过一系列的光学系统，可把激光聚焦成直径小于0.01mm 的极小光斑；又由于激光的亮度高（比太阳表面亮度高 10^{10} 倍），其焦点处的功率密度可达 $10^8 \sim 10^{10}\,\text{W/cm}^2$，温度高至万度左右。在此高温下，任何坚硬的材料都将瞬时熔化或汽化，并产生强烈的冲击波，使熔化或汽化的物质爆炸式地喷射出去，激光加工就是基于这种原理进行的。

图 9-25 是利用固体激光器加工原理示意图。当激光工作物质受到光泵（即激励脉冲灯）的激发后，吸收特定波长的光，在一定条件下形成工作物质中亚稳态粒子数目大于低能级粒子数目的状态。这种现象称为粒子数反转。此时一旦有少量激发粒子产生受激辐射跃迁，将造成光放大，并通过谐振腔中的全反射镜和部分反射镜的反馈作用产生振荡，由谐振腔一端输出激光。通过透镜将激光聚焦到工件表面上，即可对工件进行加工。

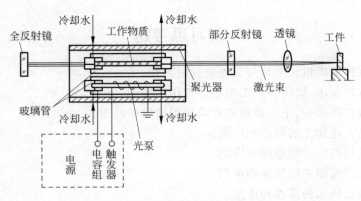

图 9-25　激光加工原理示意图

2. 激光加工的应用

（1）激光加工属高能束流加工，功率密度可高达 $10^8 \sim 10^{10}\,\mathrm{W/cm^2}$，几乎可以加工任何金属材料和非金属材料，如硬质合金、不锈钢、耐热合金、金刚石、宝石、陶瓷等。

（2）激光打孔的功率密度一般为 $10^7 \sim 10^8\,\mathrm{W/cm^2}$，主要用于特殊零件或特殊材料上打孔，如火箭发动机和柴油机的喷油嘴、化学纤维的喷丝板、钟表上的宝石轴承和聚晶金刚石拉丝模等零件上的微小孔。尤其是在硬脆材料上加工微小孔（$\phi 0.01 \sim \phi 0.1$），更具有优越性。激光打孔的效率很高，如在聚晶金刚石拉丝模坯料上加工直径为 0.04mm 的小孔，仅需十几秒钟。

（3）激光切割的功率密度一般为 $10^5 \sim 10^7\,\mathrm{W/cm^2}$，切割半导体硅片和化学纤维喷丝头异型孔，常用固体激光器输出的脉冲式激光；切割钢板、钛板、石英和陶瓷，多用大功率的 CO_2 气体激光器输出的连续激光。激光可通过玻璃等透明材料进行加工，可以透过玻璃切割真空管内的灯丝，这是其他任何方法难以实现的。它还能切割塑料、木材、纸张和布匹等。

（4）激光淬火的功率密度为 $10^3 \sim 10^5\,\mathrm{W/cm^2}$，可对铸铁、中碳钢，甚至低碳钢等材料进行表面淬火。淬火层深度一般为 $0.7 \sim 1.1\mathrm{mm}$，淬火层硬度比常规淬火高 20% 左右，激光淬火变形小，还能解决低碳钢表面淬火的强化问题。

（5）激光加工无切削力，不存在工具损耗，加工速度快，热影响区小，易实现加工过程自动化。例如钟表宝石轴承孔，直径 $0.12 \sim 0.18\mathrm{mm}$，深 $0.6 \sim 1.2\mathrm{mm}$，采用激光打孔，若工件自动传送，每分钟可加工数十件，这是机械钻孔无法比拟的。

（6）激光加工平均精度可达 0.01mm，最高可达 0.001mm，表面粗糙度 Ra 值可达 $0.4 \sim 0.1\mu\mathrm{m}$。影响激光加工的主要参数有激光的功率密度、波长、脉宽、照射时间以及工件对激光能量的吸收程度等。只要选用合理参数，利用激光便可进行多种加工，如打孔、打标、切割、焊接、表面热处理及微细加工等。

复习思考题

(1) 简述数控机床机床坐标与工件坐标的区别。

(2) 简述数控车床、铣床与加工中心的工作范围。

(3) 简述数控机床中,手工编程和自动编程的应用范围。

(4) 简述电火花加工的原理和应用。

(5) 简述线切割加工的原理和应用。

(6) 简述超声波加工的原理和应用。

(7) 简述激光加工的原理和应用。

第 10 章

增材制造（3D 打印）

10.1　增材制造概述

10.1.1　增材制造技术原理

增材制造（additive manufacturing，AM）技术是通过 CAD 软件建模，采用材料逐层累加的方法制造任意复杂形状的实体零件的技术。该技术是 20 世纪 80 年代后期世界制造领域的一项重大创新，它率先产生于美国，并迅速扩展到欧洲、亚洲等地，20 世纪 90 年代初引入我国，也称为快速原型技术或 3D 打印技术。经过 20 多年的快速发展，现在已经成为制造领域不可或缺的重要技术。增材制造技术借助计算机、激光、新材料、数控技术等新技术手段，由 CAD 软件设计出所需零件的计算机三维曲面或实体模型，然后在 Z 向（图 10-1）将其按一定厚度进行离散（习惯称为分层或切片），把三维数字模型变成一系列的二维层片，再根据每个层片的轮廓信息，自动生成数控代码，最后由 3D 打印机接受控制指令，通过对材料进行粘接、聚合、熔结、焊接或化学反应等技术手段制造出一系列层片并自动将它们连接起来，得到一个三维物理实体。我们把这一类基于离散—堆积原理，由零件三维数据驱动直

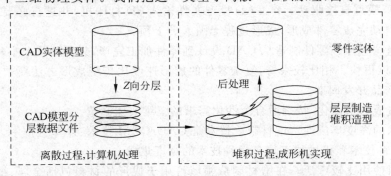

图 10-1　增材制造中三维数字、二维层片、三维实体转化示意图

接制造零件的技术,统称为增材制造技术或3D打印技术。这种在很短的时间内就可以打印(堆积)出三维实体零件的技术,改变了以往零件制造中不断对零件毛坯做减法的模式,而是以材料逐层叠加的增材方式,使零件实体不断增长,这一技术使设计、制造工作进入一种全新的境界。

增材制造过程中的三维数字模型、二维层片、三维物理实体之间的转化示意如图10-1所示,增材制造工艺流程如图10-2所示。

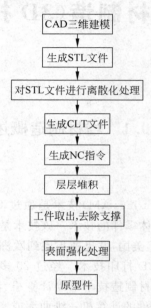

图10-2　增材制造工艺流程示意图

10.1.2　增材制造技术特点

(1) 高度柔性,适应性强,可以制造任意复杂结构形状的三维实体。

(2) CAD模型直接驱动。将CAD模型文件输入3D打印机,并进行必要的参数设定,打印机就可自动完成零件成形,成形过程无须人员干预。

(3) 快速响应性。零件制造从CAD设计到零件加工完毕,只需要几个小时到几十个小时,甚至还可以更快。相比较来看,复杂零件的成形速度比传统成形方法要快得多,这样可大大缩短新产品开发周期。

(4) 制造成形自由化,特别适合个性化需求的三维实体制造。

(5) 技术的高度集成性。增材制造技术是CAD/CAM技术、计算机技术、数控技术、激光技术、新材料技术和机械加工等多学科技术的高度集成。

(6) 材料使用比较广泛。在增材制造领域可用于成形的材料包括金属、纸张、树脂、塑料、石蜡、陶瓷、水泥、石膏、型砂等。

10.1.3　增材制造技术的工程应用

随着增材制造技术的成熟和发展，其工程应用越来越广泛。目前已广泛应用于航空航天、汽车制造、机械、电子、电器、医学、建筑、玩具、文化创意、工艺品和食品制作等领域的产品研发和单件、小批量产品的生产中。如图 10-3 所示的四旋翼无人机机身、图 10-4 所示的飞机钛合金大型复杂整体结构件都是应用增材制造技术完成的。

图 10-3　四旋翼无人机机身

图 10-4　飞机钛合金大型复杂整体结构件

10.2　增材制造工艺方法

在众多的增材制造成形工艺中，代表性的工艺有熔融沉积成形工艺、光固化成形工艺（又称为立体光刻工艺）、分层实体制造工艺和选择性激光烧结工艺等。

10.2.1　熔融沉积成形（FDM）工艺

1. 工艺原理

熔融沉积成形（fused deposition modeling，FDM）工艺是利用热塑性材料的热熔性、粘结性，在计算机控制下层层堆积成形，如图 10-5 所示。

2. 工艺过程

材料先抽成丝状，通过送丝机构送入喷头，在喷头内材料被加热熔化。喷头沿零件截面轮廓和填充轨迹运动，同时，将熔化的材料挤出。挤出的材料与周围的材料粘结，并迅速固化，层层堆积成形。由于 FDM 工艺简单，材料和设备成本低，所以该工艺发展极为迅速。

3. 后处理

这种成形工艺的模型后处理工作较简单，一般情况下，只需用钳子剥去支撑即可完成零件后处理工作，还可经过打磨后做彩色喷漆处理。

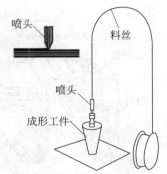

图 10-5　FDM 工艺原理图

10.2.2 光固化成形(SL)工艺

光固化成形(stereo lithography,SL)工艺是最早发展起来的增材制造技术,又称为立体光刻工艺。它是目前研究最深入、技术最成熟、应用最广泛的增材制造技术之一。

1. 工艺原理

主要使用光敏树脂为材料,通过紫外光或者其他光源照射凝固成形,逐层固化,最终得到完整的产品。

2. 工艺过程

如图 10-6 所示,由计算机传输来的实体数据,经离散化处理软件分层处理后,驱动一个扫描振镜,控制紫外激光按零件的层片形状进行扫描。液态紫外光敏树脂表层受激光束照射的区域发生聚合反应,分子量急剧增大变成固态,形成零件的一个薄层。每一层的扫描完成之后,工作台下降一个层厚的距离,树脂涂覆系统在已固化零件表面涂覆上一层新的树脂,然后进行下一层的扫描,新固化的一层牢固地粘结在前一层上,由此层层叠加,得到一个三维实体。

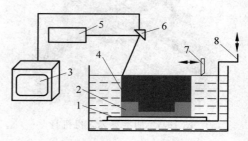

图 10-6   SL 工艺原理示意图

1—加工平台;2—支撑;3—PC;4—成形零件;
5—激光器;6—振镜;7—刮板;8—升降台

3. 后处理

这种成形工艺模型后处理工作较为复杂,要通过烘箱加热去除支撑(蜡),然后再经过植物油分解和超声清洗才能最终得到设计的三维实体零件。

10.2.3 分层实体制造(LOM)工艺

1. 工艺原理

分层实体制造(laminated object manufacturing,LOM)工艺是将特殊的箔材或纸粘接后,激光束(或雕刻刀)按截面轮廓扫描切割,得到零件的一个薄层,这样层层粘接,层层切割,最后去掉多余的部分,即可获得三维实体,如图 10-7 所示。

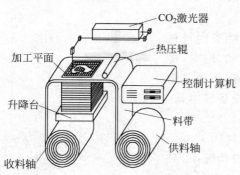

图 10-7   LOM 工艺原理图

2. 工艺过程

箔材从一个供料卷筒拉出,胶面朝下平整地经过造型平台,由位于另一方的收料卷筒收卷起来。每覆一层纸,就由一个热压辊压过纸的背面,将其粘合在造型平台或前一层纸上。经准确聚焦的激光束开始沿着当前层的轮廓进行切割,使之刚好能切穿一层纸的厚度。其他不需要的部分，也进行碎片式切割，以便后处理时方便去除。当一个薄层完成后，工作平台下降一个层的厚度，箔材已切割的四周剩余部分被收料卷筒卷起，拉动连续的箔材进行下一个层的敷覆，如此周而复始，直至整个模型文件完成。

3. 后处理

这种成形工艺的后处理方法较简单，只需用钳子等工具直接剥离非成形实体部分即可，需要的话还可进行打磨、喷漆、涂胶等处理，以保证实体美观、防潮、坚固等。

10.2.4　选择性激光烧结（SLS）工艺

1. 工艺原理

选择性激光烧结（selective laser sintering，SLS）工艺是采用 CO_2 激光器对粉末材料（如塑料粉、陶瓷与黏合剂的混合粉、金属粉、尼龙粉等材料）进行选择性烧结，是一种由离散点一层层堆积成三维实体的工艺方法，如图 10-8 所示。

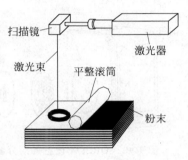

图 10-8　SLS 工艺原理图

2. 工艺过程

采用激光束对铺在成形基板上的预热（或不预热）粉末状成形材料进行分层扫描，受到激光束照射的粉末被烧结（熔化后再固化）。当一个层被扫描烧结完毕后，工作台下降一个层的厚度，敷料装置在上面再敷上一层（一般层厚 $0.02 \sim 0.1\text{mm}$）均匀密实的粉末，直至完成整个造型再将多余的粉末材料去除。

3. 后处理

这种工艺成形的零件后处理工作较为复杂，需要许多辅助设备才能完成。第一，需要将成形零件连同成形基板一起放入热处理炉进行去除应力处理，防止零件取下后由于内应力的存在而损坏成形件；第二，将成形零件连同成形基板一起装卡到线切割机床上，利用线切割的方法将成形零件取下；第三，利用钳子、锉刀或其他辅助工具去除支撑；第四，将成形零件放入喷砂机内进行喷砂处理，以提高成形零件表面质量和保证成形尺寸。

10.3　增材制造设备简介

根据增材制造工艺原理的不同，增材制造设备在市场上的应用也不尽相同。目前在市场上应用较好的增材制造设备主要有熔融沉积成形工艺设备（成形材料：ABS 或 PLA）、选择性激光烧结成形工艺设备（成形材料：金属粉末、尼龙粉末等）、树脂光固化成形工艺设备（成形材料：光敏树脂）和三维粉末粘接成形工艺设备（成形材料：石膏粉末、陶瓷粉末、尼龙粉末等）等。本节仅介绍熔融沉积成形工艺设备和选择性激光烧结成形工艺设备。

10.3.1　熔融沉积成形工艺设备

以型号为 UPBOX 熔融挤压工艺桌面 3D 打印机为例。设备外形分解如图 10-9 所示，设备内部结构如图 10-10 所示。

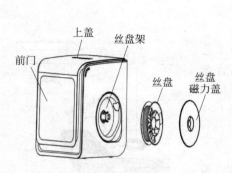

图 10-9　UPBOX 设备外形分解

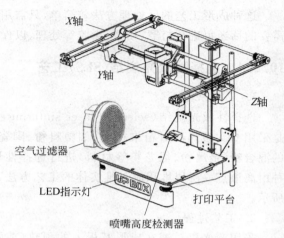

图 10-10　UPBOX 设备内部结构图

1. 设备结构

该设备主要由主机和数控系统两部分组成。

主机由设备外壳、设备执行机构两大部分组成。其中设备外壳包括前门、上盖、丝盘磁力盖、丝盘架等；设备执行机构主要由 X、Y、Z 轴直流电机驱动机构、打印平台、打印喷头、空气过滤器等组成。数控系统主要由 I/O 接口板、驱动器、电机、检测系统、加热元件、测温元件、计算机等组成。

2. 成形原理

ABS 丝材通过喷头被加热至 220～270℃，在送丝电机的驱动下，熔融状态的丝材从喷头挤出，在数控系统控制下，打印喷头沿 X 轴、Y 轴按零件轮廓连续扫描，完成一层扫描后，打印平台(Z 轴)下降一个层厚(0.1 ～ 0.4mm)，再继续扫描，这样层层堆积就可以完成零件打印。

10.3.2　选择性激光烧结成形工艺设备

以 EOSINT M280 型选择性激光烧结金属 3D 打印机为例，设备外形如图 10-11 所示。

1. 设备结构

选择性激光烧结金属 3D 打印机主要由设备主机、数控系统组成。

设备主机主要包括机床本体、光纤激光器及其冷却系统、粉缸与铺粉系统、零件成形工作缸、成形底板(加工平台)、粉末回收缸、惰性气体过滤循环系统几部分组成。数控系统主

图 10-11　EOSINT M280 设备外形图

要功能是控制机床各个部件的协调运动,主要由 I/O 接口板、驱动器、电机、检测系统、加热元件、测温元件、计算机等组成,如图 10-12 所示。

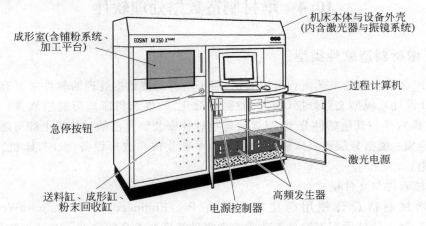

图 10-12　EOSINT M280 设备内部结构图

2. 成形原理

零件成形时,设备成形室充入足够的惰性气体(氮气或氩气),当成形室内惰性气体浓度小于 0.01% 时,即可开始零件打印工作。首先预热成形底板到 150～200℃,铺粉刮刀将金属粉末铺到成形底板上,激光束按轮廓扫描金属粉末,金属粉末熔化并凝固后,铺粉刮刀再一次铺粉,直至打印完成。零件打印完成后,清理成形室内的金属粉末并取出成形底板,如图 10-13 所示。

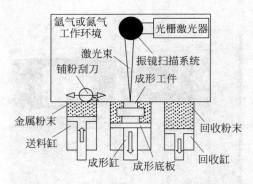

图 10-13　EOSINT M280 成形原理图

成形底板取出后,还需做进一步的后处理工作。这些工作包括热处理、线切割和喷砂。热处理的主要作用是去除成形时零件和底板的内应力,保证零件取下后变形在可控制范围之内;线切割的主要功能是从成形底板上取下零件;喷砂的主要作用是提高成形零件的尺寸精度和表面粗糙度。

10.4　增材制造数据处理软件

10.4.1　增材制造软件类型

由图 10-2 增材制造工艺流程可以看出,用于增材制造数据处理的软件主要有三维建模软件(CAD 设计)、模型文件分层(切片、数据离散化)软件和机床成形制造软件。一般情况下,三维建模软件与其他软件分离,只要将建模软件安装到自己的计算机上即可随时随地来设计完成建模;模型分层和机床成形制造软件一般集成在成形设备(3D 打印机)软件数据处理系统中。

1. 建模软件与文件格式

用于增材制造设计使用的建模软件有 Pro/Engineer、CATIA、SolidWorks、UG、Inventor 等,这类软件适用于设计工业类或者零件精度要求高的模型。对于工艺品、艺术品等曲面复杂的模型,建议用 Freeform、Zbrush、Maya、3DMax 等软件进行建模。增材制造设备识别的通用文件格式是 STL 格式,可以从 3D 建模软件中直接导出 STL 格式,也可以通过逆向扫描设备扫描物体后直接导出 STL 格式。

2. 模型分层与成形制造软件

各个设备厂商根据本厂设备配置模型分层与成形制造软件,都可以完成整个增材制造流程,获得所设计的模型零件,举例如下。

(1) 型号为 UPBOX 型的 3D 打印机所用数据处理软件为 UPBOX,可完成模型文件的缩放、旋转、移动、布局、合并、分解、分割、分层等操作,还可以完成打印时间的预估、打印喷头调试和数控系统的操控。

(2) 型号为 Project3510SD 的树脂光固化 3D 打印机所用数据处理软件为 Client Manager,该软件可以完成文件导入、模型显示、STL 模型变形(旋转、缩放、镜像、复制、平移)、自动添加支撑、直接打印、打印预估时间、显示剩余材料等功能。

(3) 型号为 AM400 的选择性激光烧结金属 3D 打印机所用的数据处理软件为 quantAM,可以完成 STL 文件几何形状导入、零件摆放、添加支撑结构、编辑文件、复制、摆放和定位多个工件、按切片逐一快速查看几何形状和激光加工路径、检查每层切片中离散激光曝光情况等功能,还可以完成机床数控系统操控等功能。

10.4.2 增材制造数据处理软件处理过程

以 UPBOX 型增材制造设备为例,来说明数据处理软件处理过程。

1. 实验样件的设计

实验之前实验教师使用 PRO/E、SolidWorks 等三维实体设计软件设计实验样件(三维 CAD 模型),样件为一个杯子,杯子最大外形尺寸为:64mm×40mm×50mm,文件输出格式为 STL 格式,如图 10-14 所示。

2. 实验数据准备

(1) 开机床总电源和计算机电源。

(2) 运行数据处理软件 UPBOX

UPBOX 是专业的 3D 打印机制造数据处理软件,它接受 STL 模型(STL 模型是三维 CAD 模型的表面模型,由许多三角面片组成)。软件运行后,主菜单和快捷键菜单如图 10-15、图 10-16 所示。

图 10-14 杯子的 STL 文件

文件	三维打印	编辑	视图	工具	帮助

图 10-15 软件主菜单

①	②	③	④	⑤	⑥	⑦			⑧	⑨			⑩	⑪
打开	保存	卸载	打印	关于	标准	移动	旋转	缩放	调值	X 轴	Y 轴	Z 轴	布局	停止

图 10-16 软件快捷键

其中编辑菜单可以完成模型移动、旋转、缩放、布局、修复、合并功能;三维打印菜单可以完成打印机设置、校准、平台水平校正、自动水平校准、喷嘴高度测试、打印预览、设备初始化、设备维护和平台预热等功能。

快捷键含义如下：

① 载入模型：可以载入 *.stl 文件；

② 将模型保存为 *.stl，这是 3D 打印机的通用 3D 文件格式；

③ 卸载所选的模型；

④ 打印当前文件；

⑤ 显示软件版本、打印机型号、固件版本等；

⑥ 多个透视图预置；

⑦ 摆放调整：移动、旋转、缩放；

⑧ 设置调整值：旋转角度和缩放比例数据；

⑨ 设置调整方向：X、Y、Z 轴向选择；

⑩ 自动放置：将模型放在打印工作台板中心及表面，如果存在一个以上的模型，软件将优化它们的位置和相互之间的距离；

⑪ STOP（停止）：如果连接到打印机，单击此处将会停止打印过程（不能恢复）。

（3）系统初始化　操作路径：选择菜单"文件→三维打印→初始化"，则 X、Y、Z 轴回原点。待初始化完成后，系统鸣笛报警，完成系统初始化。

（4）加载 STL 文件　在 UPBOX 软件中，载入 STL 模型：选择菜单"文件→打开→STL 文件"，则显示如图 10-17 所示图形。

（5）模型自动布局、复制（其他功能略）

① 自动布局　STL 文件输入后，单击快捷键"自动布局"，则数据处理软件自动把原型放在工作台中心，距工作台面高度为 2mm。如造型位置和角度不合理，再进行模型移动、旋转和缩放。

② 复制　按下面顺序操作：鼠标左键选中模型文件，然后右击弹出复制数量，选择相应数据（1 个），即可在成形框内显示出复制的模型文件，如图 10-18 所示。

图 10-17　杯子的 STL 文件

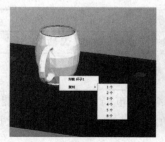

（a）原模型文件

（b）复制后的模型文件

图 10-18　模型的复制

（6）参数设置 零件成形的大部分参数已经固化在成形系统软件中，用户只需根据模型精度、强度和成形时间选择合适的即可。参数设置如图 10-19、图 10-20 和图 10-21 所示。

选择"三维打印→设置"，弹出"设置"对话框。该对话框内包含层片厚度、密封表面、支撑、其他、填充和角度选项。

三维打印	编辑	视图
设置		
校准		
平台水平校正		

图 10-19 三维打印对话框

设置:UPBOX(M-A)-SN:501169

1—层片厚度:0.1~0.4mm;

2—密封表面:2~6层;

3—支撑:2~6层;

4—稳固支撑;

5—填充(参照图10-21)。

图 10-20 参数设置对话框

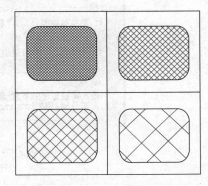

图 10-21 填充形式对话框

① 层片厚度 每层打印厚度，该值越小，生成的细节越多，可选 0.1~0.4mm。

② 密封表面 表面密封层可选 2~6 层，角度（30°~60°），决定密封层生成范围。

③ 支撑 密封层：选择密封层（2~6 层），间距（3~15 lines），设置支撑结构的密度，该值越大，支撑结构越疏。

④ 稳固支撑 产生更稳定的支撑，但是更难剥除。

⑤ 填充 图 10-21 显示了 4 种不同的填充效果。

（7）模型打印 单击图 10-16 中的"打印"按钮，弹出打印对话框，如图 10-22 所示。设定好相关参数后，单击"确定"开始打印。程序将处理模型，并将数据传输到打印机。

（8）在数据传输完成后，程序将在弹出窗口中显示模型所需的材料质量和预计打印时间，如图 10-23 所示。同时，喷嘴将开始加热。打印工作将自动开始。

（9）模型后处理 原型制作完毕后，系统自动关闭温控按钮，工作台下降，喷头移至安全位置。将原型留在成形室内，保温 5~10min。10min 后，用小铲子小心从工作台板上取下原型，并清理工作台面，关闭计算机，关闭机床电源。

最后进行原型后处理。用钳子等工具小心去除支撑材料，用砂纸打磨台阶效应比较明显处，用填补液处理台阶效应造成的缺陷。如需要可用少量丙酮溶液给原型表面上光。以上工作完成后，即可得到精度和表面粗糙度达到要求的原型零件，如图 10-24 所示。

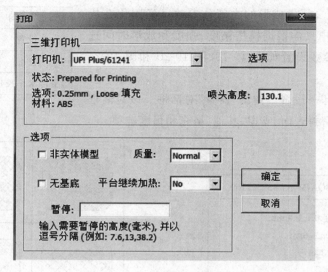

图 10-22　"打印"对话框

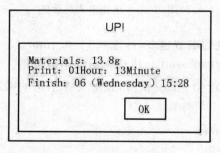

图 10-23　打印信息对话框

图 10-24　打印完成的零件

复习思考题

(1) 增材制造技术的基本原理和特点是什么?

(2) 增材制造一般工艺流程是什么?

(3) 熔融沉积制造(FDM)工艺的原理、工艺过程和特点是什么?

(4) 增材制造技术工艺种类有哪些?

(5) 增材制造技术有哪些应用?

第 11 章
非金属制品成形与加工

11.1 塑料制品的成形与加工

11.1.1 塑料制品的成形

塑料制品是以合成树脂和各种添加剂的混合料或压缩料为原料,采用注射、挤出、模压和压注等方法制成。在成形的同时,塑料制品获得最终的性能。因此,成形过程是生产塑料制品的关键。

1. 注射成形

注射成形又称注射模塑,主要用于热塑性塑料,其成形原理如图 11-1 所示。粒状塑料依靠重力从料斗送入料筒,柱塞推进时,塑料被推入加热器预热,继而压过分流梭,在那里熔化并调节流量,再通过顶着模具的喷嘴将熔化的塑料注入模腔中。这种方法由于模具保持冷态,塑料在充满模具时几乎立即固化,打开模具即可获得所需形状的塑料制品。利用注射成形可以制作尺寸精度高、形状复杂、薄壁或带金属嵌件的塑料制品,其产品占目前塑件生产量的 30% 左右。

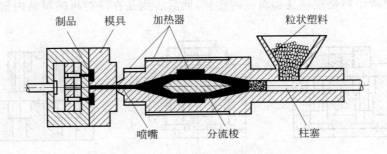

图 11-1 塑料注射成形原理示意图

2. 挤出成形

挤出成形又称挤出模塑,主要用于热塑性塑料。生产长而截面均匀的塑料制品常采用挤出成形法,其成形原理如图 11-2 所示。粒状塑料从料斗送入螺旋推进室,然后由送料螺杆将原料输送到加热器预热并使其受到压缩,迫使它经过模具落到转送带上,用喷射空气或水的方法使它冷却变硬,以保持模具压出的形状。挤出法是一种快速廉价的成形方法,主要用于生产热塑性塑料的各种板材、管材和线材等塑料型材。

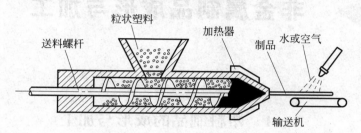

图 11-2　塑料挤出成形原理示意图

3. 模压成形

模压成形又称压缩成形、压塑成形、压制成形等,主要用于热固性塑料,其成形原理如图 11-3 所示。将粒状或片状塑料装入加热至一定温度的下模模腔中,再合上上模加压,同时加热模具,使塑料软化呈可塑状态。在压力作用下,已软化的塑料流动并充满型腔,继而在热和压力的综合作用下固化成形。

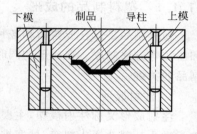

图 11-3　塑料模压成形原理示意图

4. 压注成形工艺

压注成形又称传递成形,是在模压成形基础上发展起来的一种热固性塑料的成形方法。其成形原理如图 11-4 所示。将固态成形物料装入压注模具的加料腔内,使其受热软化,并在压力作用下充满型腔,塑料在型腔内继续受热受压而固化定型。压注成形和注射成形不同之处在于前者塑料是在模具加料腔内塑化,而后者则是在注射机的料筒内塑化。

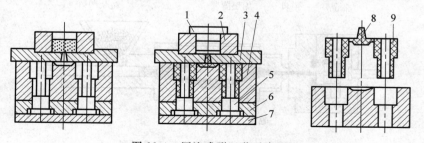

图 11-4　压注成形工艺示意图

1—柱塞;2—加料室;3—上模座;4—凹模;5—凸模;

6—凸模固定板;7—下模座;8—浇注系统凝料;9—制品

11.1.2　塑料制品的加工

除使塑料成形外,还可对塑料制品进行切削、焊接和粘接等加工,将已获得的塑料型材加工成零件,或将已成形的塑料制品进行修整或进一步加工。

1.　塑料的切削加工

塑料的切削加工一般采用与金属切削同样的设备和工具。但由于塑料的弹性较大,导热性差,切削加工时材料易变形、分层和开裂,甚至产生高温熔化,因此在加工中应采取如下措施:

(1) 切削时应加切削液充分冷却,以降低切削温度。

(2) 刀具材料应选用高速钢,采用较大的前角和后角,使刀刃锋利。

(3) 车削热塑性塑料时往往不易断屑,粗加工时,为便于断屑和排屑,应加大进给量。

(4) 精加工时,为减少变形,工件不宜夹持过紧;为降低表面粗糙度 Ra 值,应采用较大的切削速度和较小的进给量。

2.　塑料的焊接

塑料焊接一般用于热塑性塑料。将两个零件欲连接处的表层加热,使之熔融,在一定的外力作用下使其熔为一体。常用的方法有热板焊接和热风焊接。

(1) 热板焊接　将用电加热或火焰加热的一块金属板,放置在两塑料件需焊接处的中间,使之同时受热并具有一定厚度的熔融层,然后取出金属板并迅速将两焊件压合在一起。为防止粘料,常在金属板的表层镀镍或涂覆一层聚四氟乙烯。

(2) 热风焊接　利用焊枪喷出的热气流,将塑料焊条熔接在两待焊接件的接口处,使其成为一体。大多数热塑性塑料均可采用热风焊接。焊条材料一般与被焊塑料相同。

3.　塑料的胶接

借助熔剂或胶粘剂使塑料与其他材料粘合在一起,使之成为不可拆卸的整体。在需胶接的塑料表面涂以适当的熔剂,并施以适当的压力,待溶剂挥发后即实现粘接。其中二氯乙烷适用于有机玻璃胶接,环乙酮适用于聚苯乙烯、聚氯乙烯和 ABS 塑料的胶接。

11.2　橡胶制品的成形与加工

11.2.1　橡胶制品的成形

橡胶制品是以生胶(天然胶、合成胶、再生胶)为基础加入适量配合剂(硫化剂、防老剂、填充剂、软化剂、发泡剂、补强剂、着色剂等),经混合均匀后放入一定形状的模具中,经加热、加压(即硫化处理),获得所需形状和性能的制品。橡胶制品的成形方法与塑料成形方法相似,主要有压制成形、注射成形、挤出成形和压铸成形等。

1. 压制成形

橡胶压制成形是将经过塑炼和混炼预先压延好的橡胶坯料加入到压制模中,合模后进行压制,使胶料在受热受压下以塑性流动充满型腔,经过一定时间完成硫化后脱模成形。压制成形是橡胶制品生产中应用最早、最多的方法。

2. 注射成形

橡胶注射成形是将混炼好的胶料加入料筒中加热塑化,塑化后的胶料推射进入到模具中并加热,使胶料硫化成形。注射成形的橡胶制品具有质量较好、精度较高,而且生产效率较高的工艺特点。

3. 挤出成形

橡胶挤出成形又称压出成形,是在挤出机中对胶料加热与塑化,通过螺杆的旋转推送,使胶料不断向前移动,并通过成形模具而制成各种截面形状的橡胶型材半成品,而后经过冷却定型输送到硫化罐内进行硫化或用作压制成形所需的预成形半成品胶料。

4. 压铸成形

橡胶压铸成形又称传递成形或挤胶法成形,是将一定量的、混炼过的胶料半成品置于压铸模具中挤压,并使胶料进入模具型腔中硫化定型。

11.2.2　橡胶的切削加工

橡胶是机械加工中较难切削的材料之一。橡胶的弹性好,切削时变形大,尺寸难以控制;橡胶的导热性、耐热性较差,切削温度超过 60～150℃时,就可能变质、熔化并产生臭味;橡胶的强度低、韧性大,有时制品中还含有一定的杂质,容易使刀具崩刃。因此,在切削橡胶时,其加工刀具与加工金属材料的刀具相比,要求刃口尽可能锋利,刀具材料应选用高速钢,其前、后角要尽可能大,前角一般要大于 30°。

11.3　工业陶瓷的成形与加工

11.3.1　工业陶瓷的成形

这里只简介氮化硅陶瓷的成形方法,它又分反应烧结法和热压烧结法。

1. 反应烧结法

首先用一定比例的硅粉和氮化硅粉的混合料制成生坯,然后在 1200℃的高温下进行预氮化处理,经切削加工到预定尺寸后,再在 1400℃的高温下进行氮化烧结,几十个小时后便形成具有一定强度的氮化硅陶瓷制品。用反应烧结法得到的陶瓷气孔率较高(20%～30%),故强度低。最大的优点是尺寸精度高,可制成形状复杂的制品,但厚度不宜大于30mm。目前此法多用于生产各种泵的耐蚀耐磨密封环和高温轴承等零件。

2．热压烧结法

将氮化硅粉掺入少量促进烧结、提高密度的添加剂,和匀后置于石墨模具中,在 1700℃的高温和 20～30MPa 的压力下烧结成陶瓷。热压氮化硅陶瓷的组织致密,强度和硬度高,具有良好的耐磨性,但不适宜制作复杂形状制品。主要用作高温轴承、转子叶片以及加工淬火钢、冷硬铸铁和硬质合金等难切削材料的刀具。

11.3.2　工业陶瓷的切削加工

用热压法制得的工业陶瓷硬度很高,硬质合金刀具已不能加工,普通砂轮也难以磨削。对于大块的工业陶瓷,目前先用薄片的金刚石砂轮切割成所需的粗坯,再用金刚石砂轮磨削,以达到预定的尺寸精度和表面粗糙度 Ra 值。此时切削力很大,机床和夹具必须具有足够的刚度。

对于用热压法生产的导电陶瓷,还可采用电火花加工。

11.4　复合材料的成形与加工

11.4.1　复合材料的成形

这里只简介树脂基复合材料的主要成形方法。

1．手糊成形和喷射成形

手糊成形是先在模具上涂上树脂混合液,再将纤维增强织物铺设到模具上,用刮刀、毛刷或压棍使其平整并均匀浸透树脂、排出气泡。多次重复以上步骤,层层铺贴,直至所需层数,然后固化成形,脱模修整获得坯件或制品。手糊成形可用于制造船体、储罐、储槽、大口径管道、风机叶片、汽车壳体、飞机蒙皮、机翼、火箭外壳等大中型制件。将手糊成形中的糊制工序改用喷枪来完成,则称为喷射成形。喷射成形生产效率提高,劳动强度降低,可用于成形船体、容器、汽车车身、机器外罩、大型板等制品。

2．缠绕法成形

图 11-5 为缠绕法成形示意图。采用预浸料或将连续纤维、布带浸渍树脂后,缠绕到芯模上至一定厚度,经固化脱模获得制品。缠绕成形主要成形固体火箭发动机壳体、压力容器、管道、火箭尾喷管、导弹防热壳体、储罐、槽车等。

3．模压成形

模压成形是指将置于金属模具中的模压料,在一定的温度和压力作用下,经过塑化、熔融流动、充满模腔、成形固化而获得制品。模压成形方法适用于异型制品的成形,生产效率高,制品的尺寸精确、重复性好,表面粗糙度小、外观

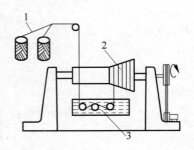

图 11-5　缠绕法成形示意图
1—纤维；2—模具；3—树脂浴槽

好,材料质量均匀、强度高,适于大批量生产。

4. 层压成形

将纸、棉布、玻璃布等片状增强材料,在浸胶机中浸渍树脂,经干燥制成浸胶材料,然后按层压制品的大小,对浸胶材料进行裁剪,并根据制品要求的厚度(或质量)计算所需浸胶材料的张数,逐层叠放在多层压机上,进行加热层压固化,脱模获得层压制品。

11.4.2　复合材料的切削加工

复合材料的基体主要是各种树脂,增强材料主要是各种纤维,因此切削加工时应注意以下几点:

(1)复合材料中的树脂不像钢铁材料那样能承受较高的切削温度而不改变材料本身的性能。加工中要尽量降低切削温度,以免基体材料树脂处于微熔或熔化状态。

(2)树脂和其中的增强材料往往具有很高的耐磨性,极易磨损刀刃。因此刀具材料应选用硬质合金或人造聚晶金刚石。尤其是人造聚晶金刚石更适宜用作加工复合材料的刀具材料。

(3)复合材料中的增强纤维往往呈层状分布,切削加工中必须保持刀刃锋利,否则容易造成材料的撕裂和表面起毛,影响加工后工件的外观和表面的完整性。

复习思考题

(1)简述工程塑料的成形方法和加工方法。

(2)简述氮化硅陶瓷的成形方法和切削加工方法。

(3)简述橡胶的成形方法和切削加工方法。

(4)简述复合材料的成形方法和切削加工方法。

第 12 章
零件加工工艺及结构工艺性

12.1　机械加工方法的选择

机器零件的结构形状尽管多种多样,但均由一些基本表面组成。每一种表面又有许多加工方法。正确选择加工方法,对保证质量、提高生产率和降低成本有着重要意义。本节将对组成零件的基本表面,即外圆、内圆(孔)、平面的加工方案进行分析比较,为合理选择加工方法和拟定零件的工艺过程打下必要的基础。

12.1.1　外圆和内圆加工方法的选择

外圆表面是轴、盘套类零件的重要表面之一。外圆表面粗糙度和尺寸公差等级是选择加工方法的重要依据。此外还需考虑工件的材料、结构、尺寸和热处理要求。外圆常用的加工方案如图 12-1 所示。

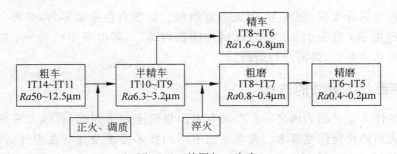

图 12-1　外圆加工方案

一般来说,公差等级低于 IT9～IT8、表面粗糙度 Ra 值大于 $3.2\mu m$ 的外圆通常由车削加工完成。粗车—半精车—磨削的加工方案主要用于加工尺寸公差等级为 IT7～IT6、表面粗糙度 Ra 值为 $0.8～0.2\mu m$ 的轴类和套类零件的外圆表面。外圆磨削前的车削精度无须很高,否则对车削不经济,对磨削也毫无意义。若公差等级要求更高(如 IT5 以上),表面粗糙度 Ra 值要求更小(如 $0.2\mu m$ 以下),可在磨削后进行研磨。研磨前的外圆尺寸公差等级和表面粗糙度对生产效率和加工质量均有极大的影响,所以研磨前一般要进行精磨。

内圆(孔)也是组成零件的基本表面之一。零件上孔的类型很多,常见的有零件轴线上的孔和箱体零件上的轴承支承孔以及紧固螺钉孔等。由于孔的作用不同,致使孔径、深径比以及孔的精度和表面粗糙度等方面的要求差别很大,常用的孔的加工方案如图 12-2 所示。在成批生产或深径比较大时常采用钻—扩—铰加工方案,单件小批生产则采用车削加工。

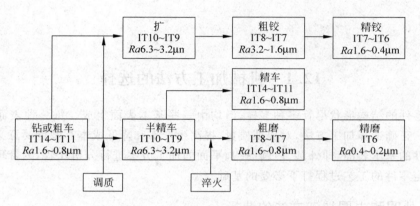

图 12-2　孔加工方案

轴类零件轴线部位的孔,一般在车床上加工较为方便。为了加工时零件便于装夹,保证孔与外圆、端面的位置精度,一般要尽量在车床上与外圆、端面一次装夹基础上加工出来。

由于有色金属硬度低、韧性大,因此不宜磨削。对于有色金属零件,公差等级为 IT7～IT6,表面粗糙度 Ra 值为 $1.6\sim0.8\mu m$ 的外圆和内圆,一般也采用粗车—半精车—精车的加工方案。要求更高的,尚需进行研磨。

12.1.2　平面加工方法的选择

平面是零件上常见的表面之一。平面有表面粗糙度和平面度、直线度等形状精度要求以及与其他表面的位置精度要求。根据平面不同的技术要求及其所在零件的结构特点,可分别采用车、铣、刨、磨、研磨等加工方法。除回转体零件上的端面常要车削加工之外,铣削、刨削是平面加工的主要方法。对精度要求高的平面,一般通过磨削、研磨等方法来达到。韧性较大的有色金属不宜磨削,常采用粗刨(铣)—半精刨(铣)—精刨(铣)的加工方案。平面加工的常用方案如图 12-3 所示,图中的公差等级是指两平面之间的距离尺寸。

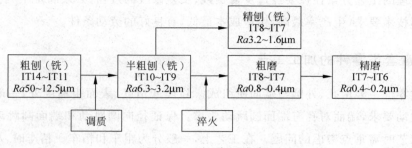

图 12-3　平面加工方案

12.2　典型零件的加工工艺

12.2.1　零件机械加工工艺的制定

零件机械加工工艺就是零件加工的方法和步骤。其内容一般包括：排列加工工序（包括毛坯制造、热处理和检验工序）、确定各工序所用的机床、装夹方法、加工方法、度量方法、加工余量、切削用量和工时定额等。

步骤一般是：首先对零件的结构、尺寸、精度、表面粗糙度、材料、热处理、数量等作全面的了解和分析，确定其中工艺技术的关键问题；其次，采用型钢或通过铸造、锻造等加工方法制成毛坯，再经过切削加工来完成；第三是进行工艺分析，一般要着重分析和确定主要加工表面的加工方法、主要定位精基准以及热处理工序（图 12-4）的安排，这三个问题不仅是保证零件质量的关键，而且是拟定工艺过程的核心部分，对其他表面加工工序的安排也有很大影响。第四是拟定工艺过程，即把零件各表面的加工顺序做合理的安排，一般遵循基准先行、粗精加工分开、基准统一（俗称一刀活）的原则。第五是根据加工量和成本，选定机床和工夹量具，然后再确定各工序的加工余量、切削用量和工时定额。最后将工艺过程填写在一定形式的卡片上，即为通常所说的"机械加工工艺卡片"。

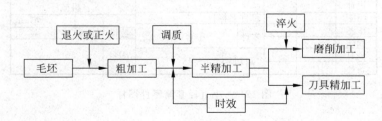

图 12-4　热处理工序安排示意图

一个合理的工艺方案往往要经过反复实践、反复修改的过程,必须满足下列要求:保证零件的全部技术要求,生产率最高,生产成本最低,有良好的劳动条件。

12. 2. 2 盘套类零件的加工工艺

盘套类零件主要由孔、外圆与端面所组成。除尺寸精度、表面粗糙度外,一般外圆对孔有径向圆跳动要求,端面对孔有端面圆跳动要求。保证径向圆跳动和端面圆跳动是制定盘套类零件工艺时需重点考虑的问题。在工艺上,一般分为粗车和精车。精车时,尽可能把有位置精度要求的外圆、孔、端面在一次装夹中完成。若有位置精度要求的表面不可能在一次装夹中完成时,通常先把孔加工出来,然后以孔定位安装在心轴上加工外圆或端面,如图 6-53 所示。有条件也可在平面磨床上磨削端面。

1. 小直径套筒的加工工艺

所谓"小直径套筒"是指毛坯直径小于车床主轴通孔直径的套类零件,如图 12-5 所示。由于零件直径较小,加工若干件时,可选用一根长度适当的棒料,插入车床主轴通孔内,用三爪自定心卡盘夹持,逐件加工。其加工特点是:在一次装夹中将主要部分车削完毕,然后切断,车另一端面,其工艺过程见表 12-1。

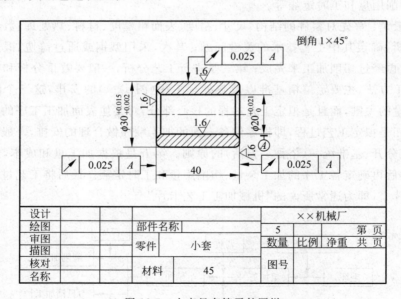

图 12-5　小直径套筒零件图样

表 12-1　小直径套筒加工工艺

工序号	工种	工序内容	加工简图	设备
1	下料	$\phi 35 \times 255$ 圆钢一根(5 件)		机锯
2	车	装夹 $\phi 35$ 外圆,伸出长 55 粗车:车端面见平;车 $\phi 30$ 外圆到 $\phi 32$,长 45;钻孔 $\phi 16$,深 47;车孔到 $\phi 19$ 精车:精车孔至尺寸 $\phi 20^{+0.021}_{0}$;精车外圆 $\phi 30^{+0.015}_{+0.002}$ 至尺寸;精车端面;内外倒角 1×45;切断保证长度 $41 \sim 42$		车床
3	车	调头装夹 $\phi 30$ 外圆,车另一端面,保证总长 $40.3^{+0.2}_{0}$,内外倒角 $1.3 \times 45°$		车床
4	磨	以"一刀活"的那个端面为定位基准,在平面磨床磨另一端面,保证总长 40	 电磁吸盘	平面磨床
5	检	检验		

2. 盘类零件加工工艺

图 12-6 所示的齿轮坯是比较典型的盘类零件。根据齿轮坯的技术要求,关键是要保证 $\phi 85^{0}_{-0.062}$ 外圆表面对 $\phi 32^{+0.025}_{0}$ 孔轴线的径向圆跳动以及两端面相对轴线的端面圆跳动要求。由于各表面粗糙度 Ra 值均为 $1.6 \mu m$,故可在车床上加工成形。其工艺过程见表 12-2。

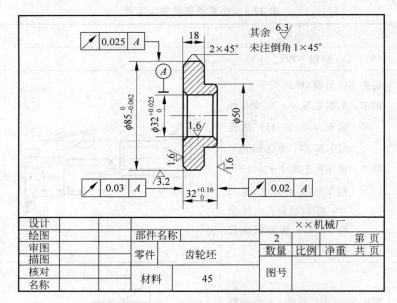

图 12-6　齿轮坯零件图样

表 12-2　齿轮坯加工工艺

工序号	工种	工序内容	加工简图	设备
1	下料	$\phi90\times36$ 圆钢(2 件)		机锯
2	车	装夹 $\phi90$ 外圆,伸出长 20;车端面见平;车外圆 $\phi53$,长 10		车床
3	车	装夹 $\phi53$ 外圆,粗车端面见平;粗车外圆至 $\phi87$;钻孔 $\phi28$,粗车孔至 $\phi31$		车床
		精车孔 $\phi32^{+0.025}_{0}$ 至尺寸;精车外圆 $\phi85^{0}_{-0.062}$ 至尺寸;精车端面,保证总长 33;倒内角 $1\times45°$,外角 $2\times45°$		

续表

工序号	工种	工序内容	加工简图	设备
4	车	装夹 ϕ85 外圆,垫铜皮,找正;精车台肩面保证长度 18;车小端面,总长 $32.3^{+0.2}_{0}$;精车外圆 ϕ50 至尺寸;倒内角 $1.3\times45°$,外角 $1.3\times45°$ 和 $2\times45°$		车床
5*	车	以孔定位安装在锥度心轴上,精车小端面,保证总长 $32^{+0.16}_{0}$		车床
6	检	检验		

　　注　*表示工序 5 也可在平面磨床,以大端面为基准磨小端面,保证总长 $32^{+0.16}_{0}$。

12.2.3　轴类零件的加工工艺

　　阶梯轴是轴类零件中用得最多的一种。阶梯轴的加工工艺较为典型,反映了轴类零件加工的基本规律。下面以减速箱中的传动轴为例,介绍阶梯轴的典型工艺过程,传动轴如图 12-7 所示。

　　传动轴一般由外圆、轴肩、螺纹、螺尾退刀槽、砂轮越程槽和键槽等组成。用于安装轴承的支承轴颈、安装齿轮或带轮的配合轴颈以及轴肩的精度要求较高;表面粗糙度 Ra 值要求较小。轴类零件常用的毛坯是圆钢料和锻件,对于光滑轴、直径相差不大的阶梯轴,多采用圆钢料。对于直径相差悬殊的阶梯轴,多采用锻件,可节省材料和减少机加工工时。图 12-7 所示传动轴各外圆直径尺寸差距不大,且数量为 10 件,可选择 ϕ60 的圆钢作为毛坯。

　　传动轴大都是回转表面,应以中心孔定位,采用双顶尖装夹,首先车削成形。由于该轴的主要表面 M、N、P、Q 的公差等级较高及表面粗糙度 Ra 值较小,车削后还需进行磨削,其加工顺序是:粗车—半精车—磨削。调质处理安排在粗车之后。

　　定位精基准中心孔应在粗车之前加工,在调质之后和磨削之前各需安排一次修研中心孔工序。前者为消除中心孔的热处理变形和氧化皮;后者为提高定位精基准的精度和减小表面粗糙度 Ra 值。

　　综合上述分析,传动轴的工艺过程如下:下料—车两端面,钻中心孔—粗车各外圆—调质—修研中心孔—半精车各外圆,切槽,倒角—车螺纹—划键槽加工线—铣键槽—修研中心孔—磨削—检验。其工艺过程卡片见表 12-3。

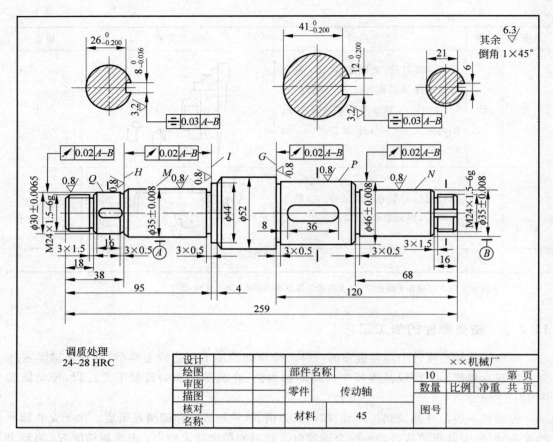

图 12-7 传动轴零件图样

表 12-3 传动轴加工工艺

工序号	工种	工序内容	加 工 简 图	设备
1	下料	$\phi 60 \times 265$ 圆钢(10 件)		机锯
2	车	三爪自定心卡盘夹持工件,车端面见平,钻中心孔。用尾座顶尖顶住,粗车 3 个台阶,直径、长度均留余量2mm		车床

续表

工序号	工种	工序内容	加工简图	设备
2	车	调头，三爪自定心卡盘夹持工件另一端，车端面保证总长 259，钻中心孔。用尾座顶尖顶住。粗车另外 4 个台阶，直径、长度均留余量 2mm		车床
3	热	调质处理，24～28HRC		
4	钳	修研两端中心孔		车床
5	车	双顶尖装夹，半精车 3 个台阶。螺纹大径车到 $\phi24^{-0.1}_{-0.2}$；其余两个台阶直径上留余量 0.5mm；车槽 3 个；倒角 3 个		车床
		调头，双顶尖装夹，半精车余下的 5 个台阶。$\phi44$ 及 $\phi52$ 台阶车到图样规定的尺寸；螺纹大径车到 $\phi24^{-0.1}_{-0.2}$；其余两台阶直径上留余量 0.5mm；车槽 3 个；倒角 4 个		

续表

工序号	工种	工序内容	加工简图	设备
6	车	双顶尖装夹,车一端螺纹 M24×1.5—6g。调头,双顶尖装夹,车另一端螺纹 M24×1.5—6g		车床
7	钳	划键槽及一个止动垫圈槽加工线		
8	铣	铣两个键槽及一个止动垫圈槽。键槽深度比图样规定尺寸多铣 0.25mm,作为磨削的余量,轴用虎钳或机床用平口钳装夹		键槽铣床或立铣
9	钳	修研两端中心孔		车床
10	磨	磨外圆 Q、M,并用砂轮端面靠磨台肩 H、I;调头,磨外圆 N、P,靠磨台肩 G		外圆磨床
11	检	检验		

12.3 零件的结构工艺性

12.3.1 零件结构工艺性的概念

设计机械产品和零件时,不仅要保证使用要求,而且还要便于毛坯制造、切削加工、热处理、装配和维修。在一定的生产条件下,如果所设计的零件能够高效低耗地制造出来,并便于装配和维修,则该零件就具有良好的结构工艺性。

零件的结构工艺性包括零件结构的铸造工艺性、锻压工艺性、焊接工艺性、切削加工工艺性、热处理工艺性和装配工艺性等,在产品和零件设计时,必须全面考虑。若不能同时兼顾,则应分清主次,保证主要方面,照顾次要方面。因此,要求设计人员应具备比较全面的机械制造的工艺知识和一定的实践经验。

12.3.2 切削加工结构工艺性举例

在机器的整个制造过程中,由于切削加工仍是目前用来获得零件最后形状和尺寸精度的主要方法,因此零件的切削加工工艺性显得尤为重要。下面仅通过一些常见的实例,来分析单件小批生产中切削加工对零件结构的一些基本要求。

1. 尽量采用标准化参数

在设计零件时,对于孔径、锥度、螺距、模数等参数,应尽量采用标准化数值,以便使用标准刀具和量具,减少专用刀具、量具的设计和制造。

图 12-8 所示的轴套,数量为 500 件,其孔的加工应采用钻—扩—铰方案。但图(a)孔径尺寸和公差值都是非标准值,图(b)孔径尺寸虽为标准值,但公差值却是非标准,两种情况均不便采用标准铰刀加工和标准塞规测量。图(c)的尺寸和公差均为标准值,选用合理。

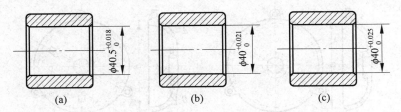

图 12-8 配合孔的尺寸和公差应取标准值
(a) 非标准; (b) 不够标准; (c) 标准

在图 12-9 中,图(a)为箱体上螺纹孔,其公称直径为非标准值,不能采用标准丝锥攻螺纹,应改成图(c)的标准螺纹孔;图(b)为轴上外螺纹,其公称直径虽为标准值,但螺距却是非标准值,不能采用标准螺纹环规检验,应改成图(d)的标准外螺纹。

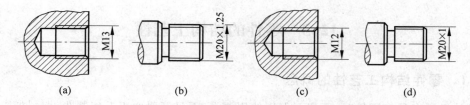

图 12-9　螺纹公称直径和螺距应取标准值

（a）非标准；（b）不够标准；（c）标准；（d）标准

2. 便于在机床或夹具上安装

在零件设计时，应使结构装夹方便可靠，装夹次数最少，有相互位置精度要求的表面尽可能在一次装夹中加工完成。

图 12-10 所示锥度心轴，在车削和磨削时，均要采用双顶尖、拨盘和卡箍装夹。图（a）的结构无法安装卡箍，应改成图（b）的结构。

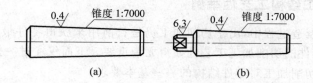

图 12-10　锥度心轴的结构

（a）不合理；（b）合理

图 12-11 为电机端盖，除螺钉孔外，各表面要求在一次装夹中车削完成。图（a）的结构无法采用三爪自定心卡盘装夹，图（b）在弧面 A 上均布 3 个凸台 B 即可解决装夹问题。为减少装夹变形，可增添 3 个肋板 C。

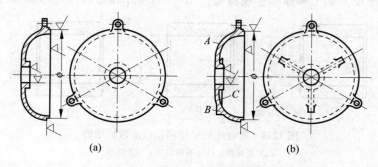

图 12-11　电机端盖的结构

（a）不合理；（b）合理

3. 便于加工，提高切削效率

使零件的结构便于加工，提高切削效率，是结构工艺性中一个重要问题。它包括的内容十分广泛,例如零件结构应有足够的刚度,尽量减少内表面的加工,减少加工面积,减少机床调整次数,减少刀具种类,减少走刀次数,有利于进刀和退刀,有助于提高刀具的刚度和寿命等。

（1）零件结构应有足够的刚度　如图 12-12（a）所示的薄壁套筒,常因夹紧力和切削力的作用而变形,若结构允许可在一端加凸缘,如图 12-12（b）所示,以增加零件的刚度。

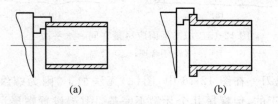

图 12-12　薄壁套筒增加刚度的结构
(a) 刚度差; (b) 刚度好

（2）尽可能避免内表面的加工　如图 12-13 所示,将箱体内表面的加工改为外表面的加工,不仅使加工大为简便、经济,而且使装配也较为容易。

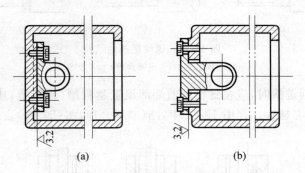

图 12-13　在箱体内安装轴承座的结构
(a) 不合理; (b) 合理

（3）减少加工面积　图 12-14 所示支架,一般应设计成图（b）的结构,而不应设计成图（a）的结构。这样既减少机加工工时,又有利于提高支架与底座的接触刚度。

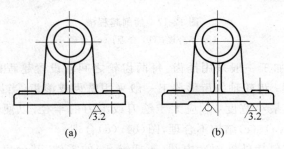

图 12-14　减少加工面积
(a) 不合理; (b) 合理

(4) 减少机床调整　零件上的各种凸台面,应尽可能等高,以减少铣削时机床的调整。在图 12-15 中,图(a)结构不合理,图(b)合理。

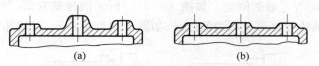

图 12-15　加工平面应尽量在同一水平面上
(a) 不合理;(b) 合理

(5) 便于进刀和退刀　在图 12-16 中,图(a)无法加工,因为螺纹刀具不能加工到螺纹根部;图(b)是可以加工的,但螺尾几个牙型不完整,图(c)设置螺尾退刀槽,退刀方便,且可在螺纹全长上获得完整的牙型。若螺纹为左旋,则此槽为进刀槽,供进刀用。

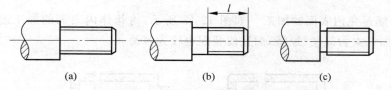

图 12-16　螺纹尾部的结构
(a) 不合理;(b) 不够合理;(c) 合理

在长套筒上插削键槽时,应在键槽的前端部设置越程槽(回转槽)或一个直径略大于键槽宽度的孔,以便插刀越程。在图 12-17 中,图(a)不合理,图(b)、(c)合理。

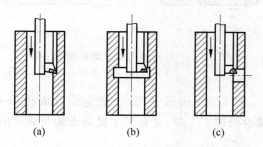

图 12-17　插削越程槽
(a) 不合理;(b) 合理;(c) 合理

多联齿轮的齿形加工一般采用插齿,每两齿轮之间应设置越程槽,其最小宽度 $h_{min} \geqslant$ 5mm,以便插齿刀越程;齿轮轴的齿形加工一般采用铣齿或滚齿,当齿轮端部有台肩时,其间亦应设置越程槽,其最小宽度 h_{nim} 应大于铣刀或滚刀的半径,以便铣齿或滚齿时刀具越程。在图 12-18 中,图(a)、(c)结构不合理,图(b)、(d)合理。

需要磨削的外圆(包括外锥面)、内圆(包括锥孔)的零件,其台肩根部应设置砂轮越程槽。在图 12-19 中,图(a)不合理,图(b)合理。

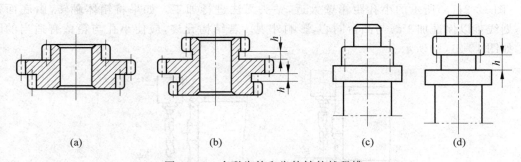

图 12-18　多联齿轮和齿轮轴的越程槽

（a）不合理；（b）合理；（c）不合理；（d）合理

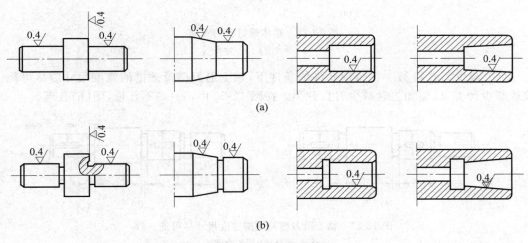

图 12-19　砂轮越程槽

（a）不合理；（b）合理

钻头进出表面应与孔的轴线垂直，否则钻孔时钻头易引偏，甚至折断。在图 12-20 中，图（a）不合理，图（b）合理。

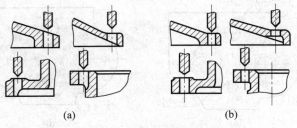

图 12-20　钻头进出表面的结构

（a）不合理；（b）合理

图 12-21(a)所示的小孔距箱壁太近,钻头无法进行加工。如果将箱体翻转,由底面钻孔,划线难以保证加工线与凸台同心,影响外观。若结构允许,应使小孔与箱壁有适当的距离,如图 12-21(b)所示。

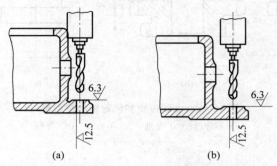

图 12-21   箱体螺钉孔的布局
(a) 不合理;(b) 合理

(6) 减少刀具种类   在结构允许的条件下,轴上退刀槽及键槽的宽度尺寸应尽可能一致或减少种类,以便加工时减少刀具种类。在图 12-22 中,图(a)不合理,图(b)合理。

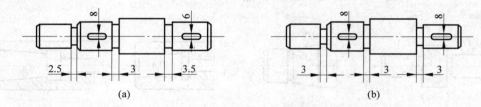

图 12-22   轴上退刀槽及键槽宽度尺寸尽可能一致
(a) 不合理;(b) 合理

箱体上螺纹孔的尺寸规格在一定范围内应尽可能一致或减少种类,以减少加工时钻头和丝锥的种类。在图 12-23 中,图(a)不合理。图(b)合理。若将图(b)中的两种螺纹孔尺寸规格改为一种,则更为合理。

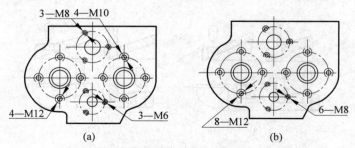

图 12-23   箱体上螺纹孔尺寸规格尽可能一致
(a) 不合理;(b) 合理

12.3.3　装配结构工艺性举例

在设计机械产品和零件时,不仅要考虑零件结构的切削加工工艺性,而且还要考虑零件结构的装配工艺性。不合理的结构常给装配和维修带来困难,有时甚至因无法装配而使零件或部件报废。下面仅就零件之间常见的装配工艺性问题举例说明。

有配合要求的零件端部应有倒角,以便装配时起导向作用,且使外露部分较为美观,如图 12-24(b)所示。图 12-24(a)所示的结构,不仅不便于装配,而且端部毛刺也容易伤人和划伤配合表面。

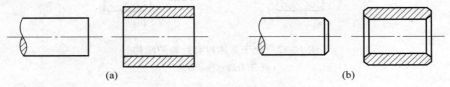

图 12-24　配合件端部结构
(a) 不合理；(b) 合理

相配合的零件在同一方向上的接触面只能有一对。否则,必须提高有关表面的尺寸精度和位置精度,既不经济,也无必要。在图 12-25 中,图(a)、(c)的结构不合理,图(b)、(d)的结构合理。

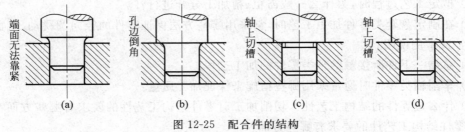

图 12-25　配合件的结构
(a) 不合理；(b) 合理；(c) 合理；(d) 合理

在螺钉连接处,应考虑安装螺钉的空间和扳手活动的空间。在图 12-26 中,图(a)、(c)的结构不合理,图(b)、(d)合理。

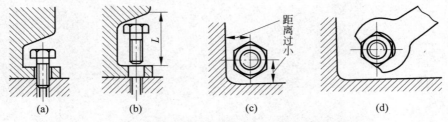

图 12-26　螺钉连接处应有安放螺钉和扳手活动空间
(a) 不合理；(b) 合理；(c) 不合理；(d) 合理

图 12-27 为泵体轴承支承孔中镶嵌衬套的情况。图（a）的结构衬套更换时难以拆卸。若改成图（b）的结构，在泵体上设置三个螺钉孔，拆卸衬套时可用螺钉顶出。

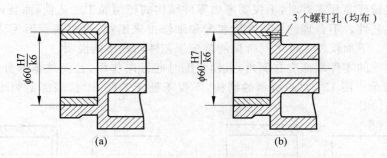

图 12-27　便于泵体衬套拆卸的结构

（a）不合理；（b）合理

复习思考题

（1）什么是零件的加工工艺？它包括哪些内容？简述制定零件加工工艺的一般步骤。

（2）正火、调质、时效和淬火等热处理工序在工艺过程中应如何安排？为什么？

（3）拟定工艺过程时，为什么一般需粗、精加工分开进行？

（4）在制定盘套类零件加工工艺时，常采用哪些方法保证零件的径向圆跳动、端面圆跳动要求？试举例说明。

（5）总结一下你所接触的轴类零件的加工过程。

（6）车削轴类零件时通常采用哪些措施来保证加工质量？

（7）什么是零件的结构工艺性？切削加工对零件结构工艺性的要求有哪些方面？机械装配对零件结构工艺性的要求有哪些方面？

参 考 文 献

[1] 傅水根,李双寿.机械制造实习[M].北京:清华大学出版社,2009.
[2] 朱张校,姚可夫.工程材料[M].4版.北京:清华大学出版社,2009.
[3] 王文清,李魁盛.铸造工艺学[M].北京:机械工业出版社,1998.
[4] 中国机械工程学会铸造分会.铸造手册[M].2版.北京:机械工业出版社,2002.
[5] 林再学,樊铁船.现代铸造方法[M].北京:航空工业出版社,1991.
[6] 铸造工程师手册编写组.铸造工程师手册[M].北京:机械工业出版社,1997.
[7] 张学政,李家枢.金属工艺学实习教材[M].3版.北京:高等教育出版社,2003.
[8] 曹善堂,曹立人.铸造设备选用手册[M].北京:机械工业出版社,1995.
[9] 严绍华.材料成形工艺基础[M].2版.北京:清华大学出版社,2008.
[10] 李家枢,严绍华.实用锻工手册[M].北京:中国劳动出版社,1990.
[11] 严绍华.热加工工艺基础[M].3版.北京:高等教育出版社,2010.
[12] 汤酞则.材料成形技术基础[M].北京:清华大学出版社,2008.
[13] 中国机械工程学会焊接学会.焊接手册[M].3版.北京:机械工业出版社,2008.
[14] 陈祝年.焊接工程师手册[M].北京:机械工业出版社,2002.
[15] 龚国尚,严绍华.焊工实用手册[M].北京:中国劳动出版社,1993.
[16] 侯伟,张益民,赵天鹏.金工实习[M].北京:华中科技大学出版社,2014.
[17] 邵念勤,刘少平.机械制造基础[M].西安:西安地图出版社,2007.
[18] 郑勋,雷小强.机电工程训练基础教程[M].北京:清华大学出版社,2012.
[19] 刘胜青,陈金水.工程训练[M].北京:高等教育出版社,2005.
[20] 傅水根.机械制造工艺基础[M].3版.北京:清华大学出版社,2010.
[21] 张民安.机械工程标准手册[M].北京:中国标准出版社,2003.
[22] 卢秉恒,李涤尘.增材制造和3D打印[N].机械工程导报,2012-11/12.
[23] 孙艳萍.快速原型制造技术PPT.昆明:昆明自动控制与机械工程学院,2013.
[24] 颜永年.快速成形技术发展现状与趋势研究[J].机械工艺师,1998(11):32-34.
[25] 朱林泉.快速成形与快速制造技术[M].北京:国防工业出版社,2003.
[26] 刘伟军.快速成形技术及应用[M].北京:机械工业出版社,2005.
[27] 王章忠.材料科学基础[M].北京:机械工业出版社,2005.
[28] 刘春廷.工程材料及成形工艺[M].西安:西安电子科技大学出版社,2009.
[29] 刘新佳.材料成形工艺基础[M].北京:化学工业出版社,2006.
[30] 柳秉毅.材料成形工艺基础[M].北京:高等教育出版社,2005.
[31] 鞠鲁粤.工程材料与成形技术基础[M].修订版.北京:高等教育出版社,2007.